쉽게 배우는

뷰티 서비스 경영

Beauty Service Management

NCS 기반

이영주 · 박혜경 · 박미경 · 황선순 · 박정원 · 황혜주 · 김영희

청구문화사

Preface

인간은 남녀노소를 불문하고 아름답고 건강하게 살고자하는 근본적인 욕구를 가지고 있으며, 이러한 욕구를 가진 사람들이 사회를 형성하면서 이와 관련된 산업들을 발전시켜 왔습니다. 우리가 살고 있는 세상은 과학기술의 발달로 셀 수 없을 정도로 다양한 분야의 산업화가 이루어졌으며 직업군도 급격하게 변화하고 있는 실정입니다. 새롭게 태어나는 직업도 있으며, 점점 쇠퇴하고 있는 직업군도 있습니다. 다양한 직종의 생성과 발전, 퇴화는 순환을 되풀이 하고 있지만 요즘 4차 산업혁명 이라는 세계적 흐름에 사람의 일자리가 줄어들고 기계로 대체되는 인공지능의 기계화에 대처하는 길은 유일하게 인간만이 할 수 있는 독보적인 직업으로 살아 남아야한다고 생각합니다.

여기서 주목해야 할 것은 아무리 기계화와 더불어 인공지능으로 대체 된다 하더라도 인간만이 가지고 있는 특별한 체감온도에 따른 느낌과 함께 인체를 다루는 일은 인류가 멸망하지 않는 한 기계로 대체할 수 없으며, 인간의 근본적인 욕구를 만족시키기 위해 뷰티 서비스분야는 더욱 발전해 갈 것입니다. 현재 사회적 변화 속에서 뷰티 서비스 종사자의 이미지 관리는 고객 서비스 분야에서 매우 중요하게 요구되고 있으며, 모든 직업인들에게도 이미지 관리는 필요하다고 인식하고 있습니다. 또한 사람으로 구성된 집단은 작은 것부터 큰 것에 이르기까지 경영 시스템이 이루어져야하고 다양한 방법론들이 소개되어진 상태입니다.

그리고 뷰티 서비스 분야는 헤어미용, 피부미용, 메이크업, 네일 미용으로 세분화 되어 국가기술자격증이 실시되고 있으며, 국가적으로 기술직의 평가기준을 평준화하기 위한 작업으로 국가직무능력표준(NCS ; National Competency Standards)을 구축하여 교육기관과 산업체에서 진행 중에 있습니다. 따라서 본 책의 저자들은 각 뷰티분야에서 NCS기반의 실무능력과 기초소양을 갖춘 인재 양성에 기초하여 서비스 매너와 이미지 관리, 경영 마인드 구축을 하는 것이 미래 지향적인 산업을 이끌어 가는데 중요한 요소라고 생각하며 보다 쉽게 이해하고 접근할 수 있도록 집필하게 되었습니다.

이 책을 쓰기에 앞서 뷰티분야를 포함하여 서비스업을 직업으로 하는 모든 이들에게 필요한 서비스 매너는 고객과 서로 소통하고 존중할 때 중요한 매개체이며, 올바른 인성은 서비스의 근본으로 영업이익 창출에 밑거름이라고 생각하는 뜻을 갖고 교육으로 실천하고자 했던 월드뷰티아트협회 박혜경 회장님의 의지로 시작한 글이 이렇게 세상에 나오게 되었음을 감사드립니다. 따라서 본 교재가 뷰티 서비스 분야를 비롯하여 교육기관, 참된 직업인을 꿈꾸는 학생들 모두에게 전문직업인으로서 필요한 입문서가 되기를 기대합니다. 다소 부족한 부분이 있더라도 양해해 주시고 앞으로 많은 조언을 들으며 거듭 성장할 수 있도록 노력하겠습니다.

마지막으로 이 책이 세상에 빛을 볼 수 있도록 출판에 도움을 주신 청구문화사 이상태 사장님과 직원 여러분의 노고에 진심어린 감사를 드립니다. 지나온 시간들과 올해 무더운 여름에도 뜻을 함께하여 마무리에 노력해 주신 박혜경, 박정원, 박미경, 황혜주, 황선순, 김영희 교수님들의 수고에도 감사드립니다.

2017년 가을
대표저자

Contents

Part 1. 뷰티서비스 개론 ······ 009

제 1 장 뷰티서비스 이론 ······ 011

1. 뷰티서비스의 정의 … 011
 1) 뷰티(Beauty)의 의미 / 011
 2) 서비스(Service)의 의미 / 011
 3) 뷰티서비스의 의미 / 011
 4) 뷰티서비스 경영의 정의 및 역할 / 012
2. 뷰티서비스의 역할 … 013
 1) 뷰티(=미용)의 목적 / 013
 2) 뷰티서비스의 변천사 / 013
3. 뷰티서비스 직업인의 역할 … 017
 1) 뷰티서비스 경영인의 의미 / 017
 2) 뷰티서비스 경영인의 실천사항 / 018
 3) 뷰티서비스 직업인의 자세 / 018
 4) 뷰티서비스 직업인의 준비 / 021

제 2 장 뷰티서비스 실무 ······ 023

1. 이미지 메이킹(Image Making) … 023
 1) 이미지메이킹의 이해 / 023
 2) 이미지 형성요소와 분류 / 024
 3) 인간의 욕구와 이미지 추구성향 / 024
 4) 이미지 분류 / 025
2. 이미지 메이킹의 실무 … 026
 1) 시각적 이미지 메이킹 / 026
 2) 태도 이미지 메이킹 / 029
 3) 청각적 이미지 메이킹 / 031
 4) 컬러(color) 이미지 메이킹 / 034
 5) 메이크업 이미지 메이킹 / 037
3. 서비스 매너 … 043
 1) 매너(Manner)의 개념 / 043
 2) 에티켓과 매너 / 043
 3) 서비스 매너의 기본 / 043
 4) 서비스 직업인의 자세 / 047
4. 생활예절 … 052
 1) 서비스인의 용모 · 복장, 바른 자세를 위한 점검할 사항 / 052
 2) 직장생활 에티켓 / 054

제 3 장 뷰티서비스 마케팅 ······ 057

1) 마케팅의 정의 / 057
2) 마케팅 개념의 구성요소 / 057
3) 마케팅을 구성하는 네 가지 중요한 요소 / 058
4) 마케팅전략 / 058

1. 서비스 상품 기획 … 061
1) 상품기획 / 061
2) 시장분석 / 061
3) 시장 세분화와 표적시장 설정 / 062
4) 환경분석 / 062
5) 고객분석 / 064

2. 뷰티서비스 상품 개발 … 065
1) 아이디어 창출 / 065
2) 고객 만족도 관리 및 수요예측 / 066
3) 제품 마케팅 경로와 공급망 관리 / 069

3. 통합 커뮤니케이션 … 070
1) 커뮤니케이션의 중요성 / 070
2) 커뮤니케이션의 유형 / 070
3) 고객접점관리[MOT] / 076
4) 고객 접점 유형별 상담훈련 / 079
5) 상황에 따른 접객 예절 / 100
6) 뷰티샵에서 고객접점의 순간시 고객에게 불쾌감을 주는 사례 / 102
7) 불만고객 응대요령 / 102

Part 2. 뷰티서비스 경영관리 ······ 105

제 4 장 고객만족을 위한 뷰티서비스 경영 ······ 107

1. 고객만족 경영 … 107
1) 고객 만족을 위한 고객의 종류와 성향 분석 / 107
2) 고객만족경영 시스템 / 109

2. 고객만족 서비스 … 110
1) 고객만족도 / 110
2) 고객만족에 영향을 미치는 요인 / 110
3) 고객만족을 위한 경영자의 역할 / 111

3. 뷰티서비스의 중요성 … 110
1) 고객만족도를 위한 뷰티서비스의 특징 / 112
2) 뷰티서비스를 위한 경영자의 역할 / 112

제 5 장 위생관리 이론 ······ 113

1.위생관리 … 113
1) 위생 / 113
2) 소독 / 113

2. 환경관리 … 1151
1) 청소 / 115
2) 환기 / 115
3. 서비스 종사자 위생관리 … 117
1) 감염 / 117

제 6 장 재고관리 이론 …… 119

1. 재고관리 … 119
1) 재고관리의 의미 / 119
2) 재고관리의 대상 / 119
3) 재고관리의 목적 / 120
4) 재고물품의 보관관리 / 120
5) 물류관리 / 120
6) 재고 삭감방법 / 120
7) 서비스 수준관리 / 121
8) 효율적 발주방법 / 121
9) 재고관리의 비용 / 121
10) 시장이 필요로 하지 않은 재고의 증가 / 122
2. 재고관리 방법 … 123
1) 적정 재고유지를 위한 정보수집 필요/ 123
2) 재고 제품이 부족한 이유 / 124
3) 재고 파악 / 124
4) 적정재고 설정 / 126
5) 재고차이 발생원인 / 126
6) 재고관리의 효율적인 방안모색 / 127

제 7 장 재무관리 이론 …… 129

1. 재무관리 … 129
1) 재무관리의 의미 / 129
2) 재무관리의 특성 / 129
3) 재무관리의 기능 / 129
2. 재무관리의 역사 … 130
1) 재무관리의 변천단계 / 130
2) 재무관리의 연구영역 / 131
3. 재무관리의 원칙 … 133
1) 자본유지의 원칙 / 133
2) 수익성의 원칙 / 133
3) 유동성의 원칙 / 133
4. 재무계획의 내용 … 134
1) 현금수지 계획 / 134
2) 운전자본 계획 / 134
3) 이익계획 또는 견적손익계산서 / 134
4) 재무보고와 재무제표 / 134
5) 재무상태표 / 138
5. 손익분기점 … 139
1) 손익분기점의 개념 / 139
2) 손익계산서의 내용과 양식 / 139
3) 손익계산서의 작성기준 / 139

6. 뷰티샵 재무관리 성공방법 … 140

7. 뷰티사업 실패를 가져오는 유형 … 142
1) 법률 지식 부족형 / 142
2) 경영 관리 능력 부족형 / 142
3) 조기 시장 진입형 / 142
4) 현실 안주형 / 142

8. 뷰티샵 창업을 위한 단계 … 143
1) 뷰티샵 오픈절차 / 143
2) 창업절차 / 143
3) 사업규모에 따른 과세자 유형 / 143
4) 뷰티샵 사업용 계좌를 만드는 방법 / 144

제 8 장 홍보관리 이론 ………… 145

1. 홍보마케팅 계획수립 … 145
1) 마케팅 계획의 이해 / 145
2) 마케팅 계획 수립 방법 / 145
3) 사례소개 및 마케팅 계획수립 실습 / 148

2. 매체별 홍보 및 마케팅 방법 파악 … 150
1) TV / 150
2) 라디오 광고 / 152
3) 신문광고 / 152
4) ATL / 153
5) BTL / 153
6) PPM / 153
7) 개념에 의한 방식적 마케팅 / 154
8) 특수한 방법의 마케팅 / 154
9) 디지털 환경과 소비자 / 154

3. 온라인 매체 노출 방법 및 전략 … 159
1) 온라인 마케팅 무료 운영채널 / 159
2) 온라인 시장 상황 파악하기 / 160
3) 온라인 마케팅 / 160

4. 샵 마케팅 기획하기 … 166
1) 뷰티 샵 경영의 개념, 필요성, 경영관리 / 166
2) 뷰티 샵과 상권 / 166
3) 입지 및 점포 선택 시 우선 고려 사항 / 167
4) 뷰티샵 운영계획 / 170
5) 정보수집 관리(정보수집의 필요성) / 175

국가직무능력표준(NCS) 기반 직무내용 활용 … 179

참고문헌 … 254

Part Ⅰ

뷰티서비스 개론

01 뷰티서비스 이론
02 뷰티서비스 실무
03 뷰티서비스 마케팅

Chapter 01

뷰티서비스 이론 (Beauty Service Theory)

1. 뷰티서비스(Beauty Service)의 정의

1) 뷰티(Beauty)의 개념

우리가 알고 있는 뷰티(beauty)의 사전적 정의는 아름다움(美) 즉 미인, 미녀, 아름다운 곳들을 설명하고 있는데 그 밖의 다른 의미로 이야기한다면 '최고(최상)의', '매력'들이란 단어를 나열해 볼 수 있다.

2) 서비스(Service)의 개념

현대 사회에서 다양한 뜻으로 사용되고 있는 서비스(Service)는 봉사, 접대, 시중 등의 행위를 가리키는 무형의 상품으로 부가가치가 높은 생산 활동을 말한다. 따라서 진정한 서비스의 의미는 고객이 원하는 것을 제공하여 만족스럽게 하는 일을 말하며, 고객의 불만족한 부분은 상품이나 정보제공을 통해 보완하고, 고객을 대하는 자세와 태도를 뜻한다.

3) 뷰티서비스(=미용서비스)의 개념

① 뷰티서비스란 고객의 욕구를 충족시켜 주기 위해 미용분야의 종사자 또는 미용분야 종사자의 기술 및 부대시설의 상호 작용을 통해 제공 되는 무형의 것을 말한다.

② 뷰티서비스업은 단순히 물건을 판매하는 것이 아니라 미용기술을 이용하여 고객에게 필요한 미용적 측면에서 만족을 제공하고 고객에게 필요한 사후관리 제품을 제공 또는 판매하는 것을 의미한다.

③ 뷰티서비스에 있어 '아름다움'이라는 것은 객관적인 요소 보다는 개인적 주관에 따른 것으로 미용 기술적 서비스 외에 다양한 서비스 요소들이 고객의 주관적 요소들을 충족시키는데 많은 영향력을 가지고 있다고 할 수 있다.

④ 뷰티분야의 소재는 고객을 대상으로 신체의 일부를 이용해 각기 다른 개성을 창출함으로써 고객의 만족도를 이끌어내는 도구이다. 이는 고객과의 관계적 주요한 요소로 작용한다.

따라서 현재 미용(美容)이라는 직업군에서 파생된 다양한 분야에 종사하는 헤어, 메이크업, 피부미용, 네일아트 전문인들은 자신이 연마한 기술을 통해 고객의 머리와 얼굴, 피부, 체형, 손톱, 발톱과 같은 신체의 특정부위를 아름답게 꾸미는 것 이상의 최고의 매력을 발산하는 직업인으로 업무상 기술적 부분이외에 최상의 서비스로 거듭나야한다. 그리고 뷰티서비스의 개념을 이해하고 맞춤서비스로 바르게 안내해 줄 수 있는 '뷰티서비스 디렉터'라는 새로운 직업인을 창출하여 트랜드에 맡는 서비스를 제공할 수 있도록 한다.

4) 뷰티서비스 경영의 정의 및 역할

뷰티서비스 경영이란 뷰티샵의 목표 달성을 위해 필요한 경영 활동을 직접 수행하는 과정을 말한다. 이때 경영자의 역할은 경영에 필요한 의사 결정을 하고 조직 구성원의 활동을 지휘하는 권한과 책임을 갖고 있으며, 사업의 주체자로서 경영에 필요한 제반 사항을 파악하고 필요한 부분은 조직 구성원에게 전달하여 그들의 활동을 감독하는 사람을 말한다.

경영자는 다음과 같이 세 분류하여 정의할 수 있다.

① 최고 경영자 : 조직 전체를 지휘하는 사람을 말한다.
② 중간 경영자 : 중간 단계의 조직을 관리하는 사람을 말한다.
③ 하위 경영자 : 가장 아래 단계의 조직(직원)을 감독하는 사람을 말한다.

경영자와 직원의 차이는 경영자는 경영을 하면서 업무를 직접 하는 경우도 있지만 본인에게 활동이나 상황보고를 하는 직원이 있을 경우에는 경영자라 하며, 자신이 직접 업무만 수행하는 경우는 직원으로 볼 수 있다.

2. 뷰티서비스의 역할

1) 뷰티(=미용)의 목적

① 종족보존의 목적 : 인간이 종족보존을 위한 원초적인 목적으로 성적 매력을 표현하기 위한 도구로 시작되었다.
② 종족표시의 목적 : 사회생활을 도모하며 같은 종족임을 표시하여 종족을 보호하고 타종족의 침입을 방어하기 위해 시작되었다.
③ 종교적인 목적 : 종교적인 의례행사에서 행하였던 것이 메이크업으로 변천되었다.
④ 표시적인 목적 : 전쟁에서 투사를 표시하거나 결혼 등과 같이 어떠한 상황을 표시하기 위한 목적에서 미용적인 분장이 시작되었다.

2) 뷰티서비스의 변천사

(1) 피부미용 서비스의 변천사

① 1980년대엔 '에스테틱(estetic)'이라는 용어가 생소하였으며, 단순히 미용실에서 머리와 더불어 간단한 피부관리를 해주는 정도에서 출발하였던 것으로 결혼식이나 약혼식 같은 특별한 날에 헤어스타일과 함께 팩을 해 주는 정도로 평생에 한 번 경험하는 것으로 인식하였다.
- 체계적인 교육을 통한 미용 기술이기보다 개인적인 손재주에 의존한 기술 제공

② 1990년대 초반에는 일부 경제력을 과시하는 일부계층을 중심으로 '에스테틱 살롱'이 자리 잡게 되면서 특정인을 대상으로 하는 무형의 서비스와 제품판매를 통한 수익창출이 이루어졌다.
- 체계적인 미용교육 활성화시작, 독자적인 광고와 고객확보, 판촉물 제공

③ 2000년대 21세기에 들어와 에스테틱 분야는 대중에게 널리 인지되기 시작하였고, 인터넷 발달과 스마트폰의 확산으로 정보습득이 빠르고 쉬워짐에 따라 고객의 요구는 다양하게 늘어났다.
- 제품과 기술, 서비스를 제공하여 고객만족경영, 고객감동의 서비스로 전환

(2) 헤어미용 서비스 변천사

① 1930년대 오엽주 여사가 일본에서 미용을 배우고 돌아와 서울화신백화점내 화신미용실을 오픈함으로써 헤어 미용 서비스가 본격적으로 시작하였다.

② 일제 강점기에 일본인에 의한 미용실이 운영되었고 서울 회현동에 우리나라 최초의 미용학교인 다나까 미용학교가 설립되어 한국인 미용사가 그 곳을 통해 많이 배출되면서 일본식 헤어기술과 용어, 서비스가 형성되었다.
③ 일제 강점기를 지나 해방이 된 후 현대 미용학원이 설립되어 일본식과 한국식이 혼합된 형태의 서비스로 전환하였다.
④ 현대 헤어미용서비스는 유럽과 미국, 다양한 나라의 기술과 서비스를 도입하고 발전시켜 글로벌하게 성장하였으며 K-Beauty의 확산 속에 한국의 미용사들이 해외로 진출하여 그 기술과 서비스 능력을 인정받고 역량을 발휘하고 있다.

(3) 메이크업 미용 서비스의 변천사

① **선사시대 (prehistoric)** : 문헌자료가 전혀 존재하지 않는 시대이다.
석기시대와 청동기시대를 거쳐 문자가 만들어지기 이전의 아주 오랜 옛날부터 사람은 동물과 본질적으로 다르다는 인식을 갖고 머리를 다듬거나 자르거나 꾸미는 것은 인간만의 특권이라 생각하였으며, 이는 그들의 문화를 상징하기도 하였다

② **이집트(Egypt)** : 이집트에서 영생을 믿는 종교관을 기초로 하여 초기화장이 시작되었으며, 절대왕권을 중심으로 하는 계급사회로 계급의 표시를 화장으로 구분하였다. 클레오파트 시대에 이르러 이집트의 메이크업은 절정을 이루었다.

〈화장법〉

- 눈 화장은 풍요와 다산을 상징하는 물고기 모양의 라인으로 화장하였다.
- 눈썹은 관자놀이까지 청색과 검정으로 그리는 큰 스케일의 화장하였다.
- 분, 볼, 연지 등에 화장하였다.
- 벌레나 햇빛으로부터 피부보호를 위해 향유를 발랐다.
  (참조 : 향유와 함께 바르는 크림의 경우 납이 첨가된 백납분이 사용되었다.)

③ **그리스(Greece)** :
고대 그리스의 화장 문화는 특별한 화장법이 없었다. 그리하여 이집트의 화장법을 이어 받아 메이크업 기술이 발달하였고, 분장의 발상지로 알려져 있다.

〈화장법〉

- 일반 여성들은 기본적인 간단한 화장을 하였다.
- 직업여성(헤타이라 hetaira)은 오늘날의 접대부를 가리키며, 이들 직업여성들은 전신에 화장과 더불어 강한 색조화장을 즐겨했다.
- 그리스 후기 : 여성들의 외출이 늘어나면서 하층 계급의 그리스 여성들을 중심으로 붉은색 염료, 백연, 석고 등으로 하는 메이크업이 유행하였다.

④ **로마시대** :

그리스 시대와 같이 인위적 화장을 하지 않았다.

- 로마시대는 "메이크업을 하지 않은 여성은 소금 없는 빵과 같다"라고 표현 할 정도로 메이크업이 중시되었다. 전신에 하는 화장과 메이크업은 노예들의 도움을 받아가면서 3~4시간이상 많은 시간과 인력을 이용해서 신체의 모든 부분에 걸쳐 화장을 하였다.
- 제정시대의 여인들 화장은 자연스러운 화장(아르스 오르나트릭스 Ars Ornatrix)과 과한 화장술(아르스 푸카르트릭스 Ars Fucatrix)로 나누어졌다.
- 화장품과 화장술의 학문적 기초 형성하였다.

⑤ **중세시대** :

금욕주의를 추종하는 종교의 영향으로 과한 색조화장을 제재하였다.

- 중세의 금욕주의는 여성의 얼굴과 신체에 하는 화장행위를 엄격히 제한 하였으며 머리에 쓰는 관이나 장식을 중시했다.
- 검정색 또는 흑갈색으로 머리카락과 눈썹을 색칠하여 하얀 얼굴을 강조하였다.

⑥ **근세(르네상스 ~ 로코코)** : 인본주의사상의 영향은 예술의 발전을 가져왔다.

〈르네상스 (Renaissance)시대〉

- 14~16 세기는 남녀를 불문한 과한 장식과 화장이 유행하였으며, 메이크업은 사교의 필수조건으로 외출할 때는 꼭하고 나갔다.
- 15세기 초에서 중반 이후에는 이탈리아 여성을 중심으로 해서 주변국가로 퍼져나간 메이크업은 눈 주위에 색조화장을 하고 치아에도 메이크업을 하였다.
- 르네상스 시대의 여인들은 이마를 넓게 드러내는 것이 아름답다고 생각하여 눈썹과 이마선의 머리털을 깍아내고, 눈썹은 가는 곡선을 형성하였다.
- 르네상스 시대의 남녀는 모두 화장을 하였으며, 백납분 등을 이용하여 피부를 하얗고 창백하게 화장하는 것이 유행하였다.

〈바로크 시대 (17세기)〉

- 바로크 시대에는 쾌락과 사치를 추구하였으며, 사교의 필수조건으로 남성과 여성모두가 과도하게 장식하고 과도한 메이크업을 하는 것이 유행하였다.
- 얼굴은 하얀 인형처럼 백납으로 만든 분을 발라 화장하였다.
- 눈썹은 깨끗하고 밝게 강조하였다.
- 볼은 볼의 위치보다 약간 밑에 홍조를 띠게 하거나 붉은 연지를 칠하였다.
- 입술은 장미꽃 같은 모양과 색깔로 화장 하였다.
- 기타 ~ 살이 찌고 둥근 얼굴에 애교점(beauty spot)을 선호하였다.

[참 조]

① 바로크양식 :
16세기말 이탈리아에서 시작하여 17세기에 유럽에서 활성화 되었다.

② 바로크 (Baroque)의 어원 :
'일그러진 진주' 라는 뜻이다.
강렬하고 활동적인 남성적 이미지가 강조되어 붙여진 이름이다.

〈로코코 시대 (Rococo , 18세기)〉

- 홍색 화장법 : 뺨의 약간 아랫부분을 붉게 칠하여 상기된 느낌을 갖게 하였으며, '플럼프' 라는 호두를 입에 물어 불룩한 뺨을 연출하기도 하였다.
  쥐의 속눈썹을 사용하여 인위적으로 숱이 적은 눈썹을 보충하였으며, 옷감이나 가죽을 이용하여 얼굴에 생긴 색소침착이나 상처를 가리기 위해 뷰티패치로 사용하기도 했다.

⑦ **근대 (近代, Modernity)** :

- 근대는 18세기이후로 근세와 현대 사이의 시대를 가리키며, 서양사에서 프랑스 혁명 이후에서 20세기 중엽까지로 주로 제2차 세계대전이 일어난 시기이다.
- 19세기 : 로코코시대에서 이어진 흰 피부와 자연주의 영향으로 연하고, 색조를 강조하지 않은 가벼운 화장과 자연스러운 화장을 하였다. 머리를 자연스럽게 늘어뜨린 낭만적인 화장법을 선호하였다.
- 19세기 말 : 전쟁이후 화장품의 생산이 산업화 되었으며, 미용에 관한 기사가 정기 간행물에 실리는 비중이 커지고 여성들이 아름다움에 대한 관심이 높아졌다.

⑧ **현대** : 20세기 이후를 현대로 보며, 이 시기는 19세기 말 산업화의 영향으로 사회가 도시화 혹은 대중화가 되었고, 과학 등의 발달로 화장품 제조기술이 급속하게 발전하였다. 또한 신문, 잡지, 방송과 같은 대중매체를 통해 유행의 변화가 빨라지게 되었다.

- 다양한 화장품이 대량생산되어 화장이 대중화 되었다.
- 자연스러운 피부건강과 아름다움을 추구하는 것을 목적으로 화장하였다.
- 미용에 체계적인 과학이 도입되었다.
- 산업혁명에 의한 다양한 기술발전으로 화장법은 실용적이고, 기능적인 방향으로 개성화되고 있다.

(4) 네일 미용 서비스의 변천사

① 네일미용의 역사는 약5000년 전 고대 이집트에서 헤나(henna)를 사용하여 손톱에 물을 들이며 시작하였다.
- 파라오의 무덤에서 금으로 만든 매니큐어 세트 발견으로 네일아트 기술 추측
- 헤나를 이용한 신분계층 구분 (상류층은 진한 색, 하류층은 옅은 색)
- 태양신에 바치는 제사용으로 미이라 손톱에 붉은색을 입혀 이용

② 그리스·로마시대에는 상류계층의 여성들이 네일 미용에 많은 치장을 하였다.
특히 네일 컬러는 신분을 나타내는 표시로 사용 되어 신분이 높을수록 진한 적색을 발랐고, 신분이 낮을수록 연한 색을 발랐다.

③ 중국에서는 신분에 따라 계란 흰자나 아교, 고무를 섞어 손톱에 매니큐어를 칠했다는 기록이 전해지고 있다.

④ 19세기에 와서 네일아트로 불리어지며 전 세계적으로 널리 유행하게 되었다.

⑤ 우리나라에서는 오래전부터 봉선화 꽃물을 손톱에 물들이는 풍습이 있었다.

현대적 의미로 우리나라 네일 미용의 시작은 1988년 이태원에서 네일샵 개업을 시작으로 1990년대 이후 백화점에 네일 샵 코너와 네일 재료상, 미용학원, 네일 협회들이 파생되어 꾸준히 성장하였다. 그리고 2015년 네일 국가 자격증이 시행되면서 네일 미용분야가 명실상부한 미용문화의 새로운 영역으로 자리매김하는 계기가 되었다.

3. 뷰티서비스 직업인의 역할

1) 뷰티서비스 경영인의 의미

뷰티서비스 경영인은 미용서비스를 위한 미용경영을 하는 사람을 말하며, 최상의 서비스를 창출하는 관리자이다. 또한 단순한 예의범절과 고객응대 교육에만 그치지 않고, 전문적인 미용기술 및 지식습득과 더불어 리더십을 겸비한 사람을 "뷰티서비스 경영인"라고 할 수 있다.

(1) 뷰티서비스 경영인의 역할 및 임무

① 뷰티서비스 직업인의 자세와 준비를 교육하고, 조직 구성원들의 활동에 영향력을 행사하여 자발적인 서비스의 성과를 달성하도록 한다.

② 뷰티서비스를 행하고 있는 전문직업인으로서 비젼을 제시하고 목표설정에 조언자 역할을 한다.

③ 고객만족의 목표달성을 위해 종사자간의 의사소통을 유도하고 타인에게 영향력을 끼친다.

2) 뷰티서비스 경영인의 실천사항

① 항상 웃는 얼굴을 만들기 위해 노력한다.
② 뷰티 종사자의 적성을 파악하여 적절한 조언을 한다.
③ 신중하게 조언하고, 신뢰를 받도록 노력한다.
④ 전문지식을 더 많이 알도록 노력한다.
⑤ 부하직원의 잘못한 일은 본인만 알게 지적해 주고, 잘 한 일은 공개적으로 칭찬한다.

3) 뷰티서비스 직업인(경영인 & 고용인)의 인성과 자세

(1) 뷰티서비스 직업인(경영인&고용인) 의 인성

"미용"이라함은 용모를 아름답고, 건강하게 만드는 일을 말한다. 따라서 뷰티서비스는 경영인과 고용인이 아름다워지고 싶어 하는 고객의 욕구를 얼마만큼 만족시키느냐에 따라 서비스의 목적과 성과를 얻을 수 있는 일이다. 경영인, 고용인, 고객, 즉 사람 간에 이루어지는 일이므로 가장 중요한 것은 인성을 바탕으로 서비스가 이루어져야 한다는 것이다. 인성은 사람의 성품으로서 그 사람의 성격이나 마음가짐, 도덕성, 사회적 정서 등을 의미하며, 인간성 또는 인간다움으로 생각할 수 있다. 좋은 성품으로 대할 때 경영인, 고용인, 고객의 상호관계는 이미 성공적인 서비스 결과를 볼 수 있을 것이다.

※ 인성은 어떻게 갖춰나가야 할까?

인성은 오랜 반복적 실천을 통해 생활화, 습관화하는 것이 가장 중요한 과제가 된다. 내면과 외면의 아름다움을 만들어주는 직업인으로서 갖추어야할 가장 중요한 자세는 자기 자신부터 마음에서 우러나오는 좋은 성품으로 태도. 예절, 표정, 자세를 몸에 익히는 일이다.

좋은 성품이란 긍정마인드, 남을 배려하는 친절함, 기쁨, 감사, 인내, 책임감, 보람, 행복, 사랑 등의 덕목과 가치를 실현하는 것이다.

▸ 인성의 덕목

- 생활습관 : 규칙적인 생활, 정리정돈, 청결, 물자절약
- 자아확립 : 정체성, 정직, 근면, 자주
- 공동체 의식 : 질서, 협동, 준법, 타인존중, 책임, 봉사, 정의, 효

▸ 추구해야할 가치와 원칙 알아보기

내가 추구해야 할 가치는 무엇인지 체크해 보면?				
			내가 바라보는 나	**타인이 바라보는 나**
기쁨	자율성	정직		
흥미진진	우수성	봉사		
즐거움	공정성	인내		
진취적	자기신뢰	정의		
아름다움	자유	배려		
충족	변화	진실		
행복한	도전	사랑		
조화로움	정돈	존엄성		
유머있는	안내	협동		
쾌활	안전	성숙		
좋은	안정	경청		
생기발랄	수용	감사		
보람찬	조절	나눔		
열정	배움	자아실현		
현명함	능력	의지		
우직함	안전	존중		
우아함	숙달	칭찬		
선과 악	도덕성	통제		
참다운	동기부여	행복		
미소	개발	긍정적		
온화함	배움	소통		

(2) 뷰티서비스 직업인(경영인 & 고용인)의 자세

뷰티서비스는 글로벌 시대를 맞이한 뷰티문화의 파생으로 국내시장에만 국한된 것이 아니라 세계적인 흐름을 갖고 방향을 설정해야 한다. 그리고 고객의 욕구는 빠르게 변화하고 있다. 스마트한 인터넷 세상에 살다보니 고객들의 전문적인 정보습득이 쉬워지므로 정확하고 폭넓은 뷰티서비스의 전문화가 고객유치의 중요한 요소로 작용함을 알아야 한다.

① 뷰티서비스 종사자는 고객이 서비스업체를 선택하는 기준을 파악한다.
② 선택기준에 대응하기 위해서 전문적이고도 다양한 기술을 연마하고 지식을 습득한다.
③ 고객이 필요로 하는 개인의 욕구에 부응하는 맞춤상담을 할 수 있어야 한다.
④ 서비스관리를 하는 종사자로서 고객만족 서비스를 위해 끊임없이 시대적 변화의 흐름을 연구하고 노력해야 한다.

경영인이나 고용인 모두는 자기가 근무하는 사업장의 인적자원, 조직의 특성, 자금, 문화적 흐름, 제품 등과 같은 것을 정확하게 파악하고 냉철히 분석하여 마케팅 전략에 이용할 수 있어야 한다. 고객만족서비스는 다양하고 전문화된 마케팅 전략과 기업화되고 있는 대중화 뷰티시장에서 수익창출을 유도하며, 경제적 안정은 고객에 대한 서비스의 창출로 선순환이 되어야 한다.

[Tip] 뷰티서비스를 받고자하는 고객의 선택요소

① 기술력 ② 서비스 ③ 가격

① 뷰티서비스 직업인으로서 자부심을 갖는다.
전문적 직업의식이 없다면 진정한 서비스는 나올 수 없다.

② 고객과의 대화는 신뢰가 바탕이 되도록 한다.
고객의 마음을 읽을 줄 아는 사람은 충성고객을 확보한다.

③ 고객뿐만 아니라 동료와의 원만한 인간관계를 유지한다.
일하는 장소의 편안한 환경은 인간관계에서부터 시작되며, 마음의 안정에서 고객만족 서비스가 창출된다.

④ 공사(公私)를 구분하고, 일관성 있고 공평하게 행동한다.
모든 고객에게 최선을 다하여 공정하게 서비스를 해야 한다.

⑤ 고객의 입장에서 생각한다.
모든 서비스의 대상은 고객이므로 고객의 입장을 고려하는 것이 필요하다.

⑥ 긍정의 마인드를 갖는다.

- 세상의 모든 일은 가능할 수도 있고, 불가능할 수도 있으므로 가능성을 꿈꾸도록 한다.

⑦ 전문직업인으로서 자신만의 원칙을 세운다.

- 고객서비스에 있어 자신만의 원칙을 세워 한결같이 응대할 수 있도록 한다.

⑧ 서비스의 기본으로 참을성을 갖는다.

- 고객서비스를 행하다보면 참아야할 일이 많다.

⑨ 항상 자신감을 갖고 일한다.

고객을 접대할 때 불가결의 요소는 자신감을 갖는 것이다.

⑩ 항상 반성하고 개선하도록 한다.

고객에 대한 배려와 자신에 대한 반성은 발전된 서비스를 가능하게 한다.

4) 뷰티서비스 직업인의 준비

① 뷰티서비스 직업인은 분야별 전문교육이 필수이다.

- 미용분야의 특성상 헤어, 피부미용, 메이크업, 네일아트 등의 분야별 전문적인 기술교육이 이루어져야 한다. 또한 각 분야의 특성은 달라도 공통적인 업무분장으로 뷰티분야만의 서비스에 다양화를 추구해야 할 것이다.

② 뷰티서비스 종사자는 고객과의 커뮤니케이션 능력을 키워야 한다.

- 실전적인 측면에 종사하는 경영인, 고용인, 미용분야를 공부하고 있는 학생들은 인성적인 배려가 지침이 되어야 한다. 예를 들면 고객층 대부분은 여성이기에 고객의 말을 잘 들어주어야 하며 그들의 말을 옮기지 말아야한다. 또한 고객에 대한 편안한 접근성으로 고객의 요구(needs)를 먼저 파악하고 만족시킬 수 있어야 한다.

③ 뷰티서비스 종사자들의 정규적인 교육이 반복적으로 이루어져야 한다.

- 재교육을 반복적으로 실시하여 서비스 종사자들의 질적인 만족감을 채울 수 있도록 하고, 직업에 대한 자긍심을 갖게 해 주어야 고객 서비스의 질이 높아진다.

④ 끊임없는 훈련을 통해 서비스마인드를 갖도록 한다.

- 직무에 앞서 대인관계, 의사소통, 문제해결 능력 등을 겸비하도록 한다. 일부 사람은 타고난 성품이나 성향이 서비스마인드를 쉽게 갖는 것은 사실이지만 일반적인 모든 사람은 끊임없는 교육을 통해 훌륭한 뷰티서비스를 실천할 수 있다.

Chapter 02

뷰티서비스 실무

1. 이미지 메이킹(Image Making)

1) 이미지 메이킹의 이해

성공하는 사람들은 대개 뚜렷한 자기 이미지를 가지고 있다. 그들을 생각하면 '성공 이미지'의 선명한 그림이 떠오른다. 그들은 스스로의 이미지를 향상시키는데 성공했기 때문이다. 따라서 '이미지(image)'란 그 사람이 가지고 있는 외모, 능력, 태도, 마음가짐 등이 한눈에 보이는 것이라고 할 수 있다. '이미지 메이킹'이란 자신이 갖고 싶은 목표를 이루기 위해 자신의 이미지를 전체적으로 관리하는 행위를 말한다. 자신의 개성과 직업 등을 바탕으로 각자가 가지고 있는 내적·외적인 요소와 통합하여 그 사람이 원하는 방향으로 이미지화하고 상대방에게 호감을 줄 수 있는 최상의 모습을 만드는 것이다.

(1) 산업교육의 흐름과 이미지 메이킹 과정설계의 배경과 변화

70년대 (설비투자의 시대)	• 경제개발 시대 • 증산수출에 역점 • 정신교육의 강화
80년대 (유행.성장시대)	• 만들면 팔리던 시대/기업중심경영 • 소품종 다량생산 • 세일즈 판매기법 교육강화
90년대 (감성,성숙시대)	• 소비자 위주 경영 • 다품종 소량생산을 위한 마케팅 전략 • '고객이 왕이다' 친절, 서비스교육 강화
21세기 (개성,다양성,IT시대)	• 개인별 맞춤시대 • 핵심고객중심 경영 기업과 개인의 이미지메이킹교육
미래 (최첨단시대)	• 멀티 네트워크 경영 • 개인의 핵심역량 강화 • 내츄럴 회귀형 교육예상

2) 이미지 형성요소와 분류

(1) 이미지 형성요소

: 심성, 생각, 습관, 감정, 외모, 표정, 태도, 행동, 말투 등이 있다.

(2) 이미지를 형성하는 요소 분류

: 크게 네 가지로 용모, 표정, 태도, 언행으로 나뉜다.

① 용모(Appearance) : 옷차림, 헤어스타일, 메이크업, 액세서리등
② 표정(Expression) : 눈, 입, 미소, 첫인상 영향
③ 태도(Attitude) : 표정과 바른말, 자세, 행동 등
④ 언행(Speech) : 바른 대화법, 상대방에 대한 배려

3) 인간의 욕구와 이미지 추구성향

인간에게 있는 욕구는 행동을 유발하게 된다. 자신의 이미지를 성공적으로 만들어간다는 것은 매슬로우(A.Maslow)가 주장한 인간의 욕구 5단계 이론과 같은 맥락이다.

- 1단계 : 생리적 욕구
- 2단계 : 안전(안정)욕구
- 3단계 : 사회적 욕구
- 4단계 : 자아존중의 욕구
- 5단계 : 자아실현의 욕구

4) 이미지 분류

이미지는 내적 이미지와 외적 이미지로 구분하며, 내적이미지가 외적이미지를 만들어 내고, 외적이미지는 사회적인 관계형성으로 이어진다.

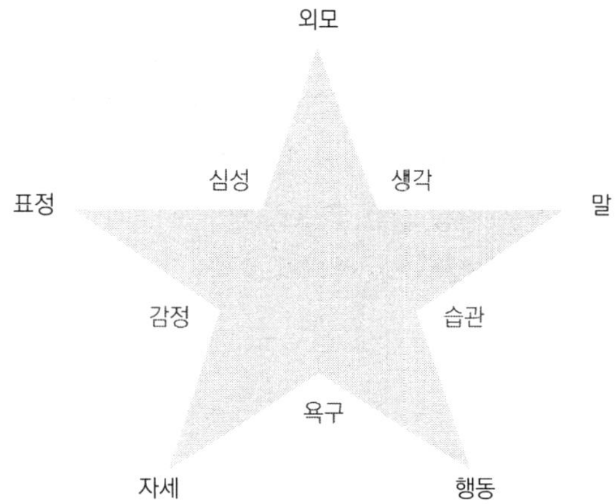

① **내적 이미지 (정서적 요소)**

: 자신감, 친근감 등 정서적 요소를 말한다. 심성, 감정, 욕구, 습관, 생각을 말하며, 언어적 이미지로 이어진다.

② **외적 이미지 (시각적 요소)**

: 용모, 목소리, 행동, 등 시각적 요소를 말한다. 즉, 외모, 표정, 말, 자세, 행동에 따른 외적이미지는 시각적, 청각적 이미지로 나눌 수 있다.

③ **퍼스널 이미지(Personal Image)**

: 퍼스널 이미지는 개인의 독특한 이미지 형성에 자신의 경험과 지식을 반영하여 만들어지므로 개인차가 나타날 수 있다. 개인의 장점을 부각시키고, 단점을 보완하여 호감을 갖게 하는 것이 기본으로 직업별로 정치인, 기업인, 전문인, 직장인에 따라 이미지를 분류할 수 있다.

2. 이미지 메이킹(Image Making)의 실무

1) 시각적 이미지 메이킹

(1) 첫인상의 결정 요소

첫인상은 표정, 체형, 옷차림, 태도, 행동, 자세 등의 외모가 80%를 결정하고, 말의 높낮이(억양), 말하는 속도 등의 목소리가 13%, 인격이 7%를 차지한다.

① 첫인상은 상대방에게 오랫동안 영향을 미치기 때문에 중요하다.
② 첫인상이 결정되는 시간은 처음 만남 후 3초 정도에 불과하다.
③ 첫인상은 후천적이며, 적극적으로 노력해서 호감이 가는 첫인상을 갖도록 하여야 한다.

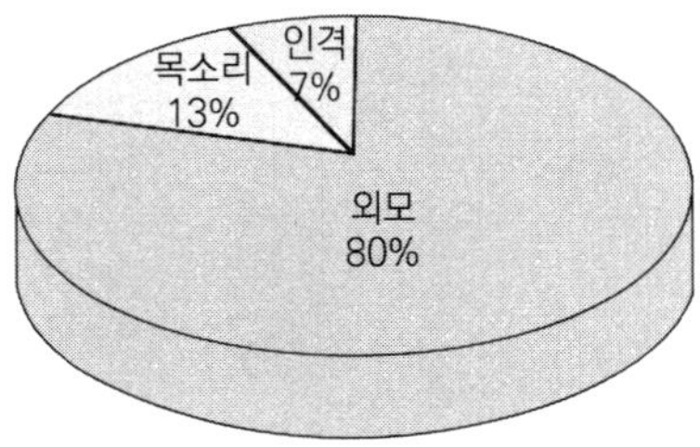

(2) 표정관리

사람의 얼굴 근육은 80개로 되어있고 그 근육으로 수천가지의 다양한 표정을 지을 수 있다. 첫인상에서 좋은 얼굴표정은 필수적이므로 항상 표정관리에 관심을 가지고 노력해야 하는데 첫인상을 좌우하는 핵심적인 요소는 '미소'이다.

"눈을 감고 좋은 얼굴 표정을 상상해 보자!"

① 표정관리를 위한 체크포인트

- 시선은 부드럽거나 편안하지 못하고, 눈동자가 불안정하게 움직이고 있지 않았는가?
- 웃고 있는 입술이 한쪽만 올라가지 않았는가?
- 자신도 모르는 사이에 양미간을 찌푸리는 습관을 반복하고 있는가?
- 긴장하면 입술을 깨물거나 오므리지 않은가?
- 곤란한 상황에서 혀를 내미는 습관이 있는가?
- 말할 때 눈을 너무 자주 깜박거리지 않았는가?

(3) 호감을 주는 표정 관리

① 입모양 발성법

- 입술을 앞으로 쭉 내밀고 큰소리로 분명하게 '후'하고 소리를 내며 다섯을 센다.
- 입술을 최대한 동그랗게 만들어 '호'하고 소리를 내며 다섯을 센다.

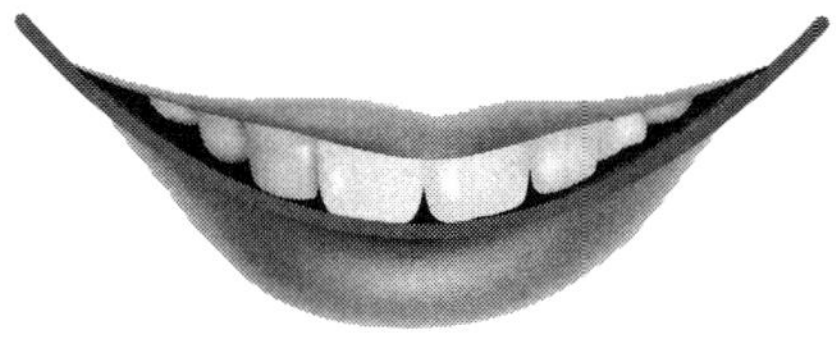

② 스마일 라인

a. 검지를 이용한 스마일 라인

: 검지로 입 꼬리를 올려준 다음 다섯을 센 후 원위치로 돌아온다.

b. 발음을 이용한 스마일 라인

- 위스키 : 먼저 '우' 발음을 한 다음 '위스키' 하고 소리를 내면서 입꼬리를 올려준다.
- 와이키키 : 먼저'오'발음을 낸 다음'와이키키'하고 소리를 내면서 입꼬리를 올려준다. 눈꼬리는 아래로 내려준다.

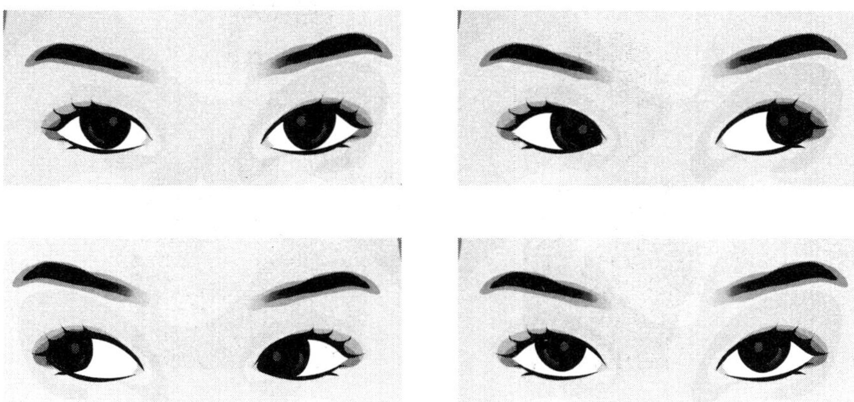

c. 눈의 표정

: 눈썹은 얼굴의 지붕과 같아서 표정 연출에 있어서 매우 중요하다

- 맑고 선한 눈매와 부드럽고 안정적인 눈매를 만들기
- 총명하고 밝은 눈빛

정면을 바라보며 눈을 크게 뜨고 입은 크게 벌리고 5초 동안 있는다. 다섯 번 반복한다. 정면을 보고 눈동자를 힘껏 오른쪽으로 돌린 채 5초 동안, 다음엔 왼쪽으로 돌려서 5초 동안, 그리고 한 번 눈을 감는다.

눈을 크게 뜨고 힘껏 오른쪽 위를 보고 5초 동안, 왼쪽 아래를 보고 5초 동안, 왼쪽 위를 보고 5초, 오른쪽 아래를 보고 5초 동안, 그리고 한번 천천히 눈을 감는다.

다음엔 눈동자를 돌려준다. 우회전 다섯 번, 좌회전 다섯 번씩 해 준다.

목을 좌우로 천천히, 크게 10번씩 돌린다.

d. 입, 뺨 : 밝은 표정을 나타낼 수 있는 가장 중요한 부분

[호감을 주는 표정 연습]

1단계 ⇒ 으~음 ~ ~

2단계 ⇒ 그렇지 ~ 이~~~ 좋지 ~ 이~~~

3단계 ⇒ 배시시 ~ ~

4단계 ⇒ 와이키키~~~

5단계 ⇒ 우 와 ~ 신난다!!

"세상에서 가장 가난한 사람은 미소 지을 줄 모르는 사람이다."

★밝은 표정과 미소는 타고나는 것이라기보다는
연습을 통해서 가꾸고, 습관화 할 수 있다.

2) 태도(=자세) 이미지 메이킹

자세는 똑바로 걷고 시선을 세우고 있는 사람과 비교하면 움츠린 자세를 하고 있는 사람의 느낌이 어떤지 금방 알 수 있다. 대부분의 경우 취하고 있는 자세는 우리의 기분이 어떤지를 잘 반영한다.

(1) 바른 자세 및 종류

① 선 자세

- 호흡을 가다듬고 등과 허리는 곧게, 가슴을 활짝 펴고 똑바로 선다.
- 눈은 정면을 바라보고, 턱은 당겨서 목이 수평이 되도록 한다.
- 상체와 하체가 기울지 않게 머리, 어깨, 허리는 일직선으로 허리를 세운다.
- 배꼽 아래와 엉덩이에 힘을 주며 위로 끌어당기는 느낌으로 선다.
- 머리와 어깨는 힘을 빼고, 앞뒤로 젖히지 말고, 수평을 이루도록 한다.
- 팔은 가지런히 몸체에 붙이고, 두 손은 자연스럽게 바지선에 붙인다.
- 손을 앞으로 모을 경우 남성은 왼손을, 여성은 오른손을 위로 얹는다.
- 무릎과 발의 뒤꿈치는 나란히 붙이고, 앞부리는 15°정도 벌려 선다.
- 몸의 무게중심이 위로 향하는 듯하게 똑 바로하고 편안하게 선다.

② 앉은 자세

- 의자가 밀리지 않도록 고정시켜 의자의 왼쪽으로부터 앉는다.
- 의자에 앉을 때는 의자 깊숙하게 앉고 허리를 반듯하게 세운다.
- 시선은 정면을 향하여 상대방을 바라본다.
- 허리와 가슴을 펴고 곧고 안정되게 앉는다.
- 여성의 경우는 손을 모아 무릎 위에 얹는다.
- 남성의 경우는 가볍게 주먹을 쥐고 양쪽 무릎 위에 올린다.
- 여성의 무릎과 다리는 가지런히 모아 세우거나 옆으로 비스듬히 뻗는다.
- 남성은 다리를 어깨넓이로 벌려 앉는다.
- 다리를 떨거나 꼬지 말고 편안한 마음의 자세를 갖고 앉는다.

③ 걷는(=보행) 자세

- 얼굴의 턱과 어깨는 수평을 이뤄 당기고, 눈은 자연스럽게 앞을 본다.
- 가슴은 활짝 피고, 배와 엉덩이는 힘을 주어 최대한 위로 당겨 중심을 허리 높이에 둔다.
- 허리와 등을 곧게 세우고, 어깨에 힘을 빼고, 시선은 눈높이보다 15°정도 올려 고정시킨다.
- 가슴은 세워서 넓게 펴주며, 몸의 중심은 내딛는 발에 모은다.
- 손은 자연스럽게 쥐고, 팔은 앞으로 40°, 뒤로 15° 정도를 움직이며 걷는다.
- 바지 옆선을 스치면서 자연스럽게 흔들어준다,

- 무릎은 굽히지 말고, 쭉 뻗히면서 무릎과 발목이 스치듯이 걷는다.
- 발은 여성의 경우 앞부리가 먼저 닿도록 하고, 남성은 뒤꿈치를 먼저 내딛으며 일직선으로 곧게 걷는다.
- 걷는 방향은 직선이 되도록 걸으면 아름다운 신체라인이 살아난다.

◆ 올바른 자세를 위해 주의할 점

- 서 있는 자세에서 한쪽 발에 중심을 두고 서 있거나 흔들리는 자세를 하지 않는다.
- 앉은 자세에서 다리를 꼬고 앉아 다리를 흔드는 자세를 하지 않는다.
- 걷는 자세에서 양손을 주머니에 넣고 걷는 자세를 하지 않는다.
- 대화 시 책상이나 컴퓨터에 기대어 말하는 자세를 하지 않는다.
- 상에 팔꿈치를 올려놓는 자세를 하지 않는다.

3) 청각적 이미지 메이킹

(1) 음성 : 정확성, 친근성, 친밀감이 있어야 한다

① 개인별 음성을 자신감 있게 살리는 것이 중요하다.
② 의도적인 변음보다 자연스러운 음색과 품위 있는 목소리가 외모보다 더 긍정적인 힘을 발휘한다.
③ 평소에 대화 할 때는 입모양을 정확하게 만들어 발음을 정확하게 하는 습관을 기른다.
④ 기분이 좋지 않으면 기분 나쁜 목소리가 나오기 때문에 항상 대화중에는 기분 좋은 상태를 유지하도록 노력하는 것이 필요하다.

(2) 억양 : 속도, 어감, 톤

① 기본적으로 명랑하고 생동감 있게 말한다.
② 늘 똑같은 톤 보다는 상황에 따라 적당한 억양으로 조율한다.
③ 너무 빨리 말하면 상대가 정확히 알아듣기 어렵다.
④ 너무 천천히 말하면 지루하며 열의가 없다는 느낌이 든다.
⑤ 일반적인 적당한 말의 속도는 1분에 300음절이 적당하다.

a) 발성법 연습용

가	구	거	고	그	기	게	개	괴	귀
나	누	너	노	느	니	네	내	뇌	뉘
다	두	더	도	드	디	데	대	되	뒤
라	루	러	로	르	리	레	래	뢰	뤼
마	무	머	모	므	미	메	매	뫼	뮈
바	부	버	보	브	비	베	배	뵈	뷔
사	수	서	소	스	시	세	새	쇠	쉬
아	우	어	오	으	이	에	애	외	위
자	주	저	조	즈	지	제	재	죄	쥐
차	추	처	초	츠	치	체	채	최	취
카	쿠	커	코	크	키	케	캐	쾨	퀴
타	투	터	토	트	티	테	태	퇴	튀
파	푸	퍼	포	프	피	페	패	푀	퓌
하	후	허	호	흐	히	헤	해	회	휘

b) 발음법 연습 예시문

- 꿀꿀이네 멍멍이는 꿀꿀해도 멍멍하고
- 멍멍이네 꿀꿀이는 멍멍해도 꿀꿀하네
- 저기 저 뜀틀이 내가 뛸 뜀틀인가 내가 안 뛸 뜀틀인가
- 한양 양장점 옆 한영 양장점 한영 양장점 옆 한양 양장점
- 저기 가는 저 상장사가 새 상 상장사냐 헌상 상장사냐
- 강낭콩 옆 빈 콩깍지는 완두콩 깐 콩깍지고

(3) 말씨 : 긍정적, 플러스 화법으로 상대방을 배려한다.

(4) 경청 : 잘 들어 주며 호응해 주고, 상대방 말을 자르지 않는다.

① 상대방을 정면으로 바라본다.
② 편안한 자세를 갖고 들어주며 손이나 다리를 꼬지 않는다.
③ 자연스럽게 맞장구를 친다.

(긍정의 맞장구를 쳐라 〈예〉 "그래서" "어떻게 됐지요." "그렇군요.")

④ 시선을 자주 마주친다.

⑤ 1,2,3 화법 : 한 번 말하고 (자기 말은 짧게 한다),
두 번 들어주고 (상대가 말을 많이 하도록 해 준다),
세 번 호응하자!

(5) 느낌이 좋은 대화

① 소리에 미소를 담는다.
② 상대방이 좋아하지 않는 말을 삼간다.
③ 내용은 이해하기 쉽게 한다.
④ 어감이 좋은 단어를 사용한다.
⑤ 경어를 바르게 사용한다.

(6) 고객응대에 대한 공통용어

① 네, 그렇습니다.
② 어서 오십시오.(오세요)
③ 감사합니다.(고맙습니다)
④ 어서 오세요. 몇 분이십니까?
⑤ 예, 잘 알겠습니다.
⑥ 미안합니다.
⑦ 죄송합니다.
⑧ 실례합니다.
⑨ 잠시만 기다려 주십시오.
⑩ 오래 기다리셨습니다. (기다리시게 해서 죄송합니다.)

(7) 감사인사

① 감사합니다.
② 늘 찾아주셔서 고맙습니다.
③ 또 찾아주시면 고맙겠습니다.
④ 감사합니다. 또 오십시오.

4) 컬러(color) 이미지 메이킹

메이크업, 의상 등에서 컬러는 의식적이거나 무의식적인 육체적, 감정적 반응에 영향을 불러일으키며 생활환경이나 체험에 의해 사람의 심리와 몸에 다양한 영향을 미치게 된다. 컬러로 표현 될 수 있는 이미지의 변화는 매우 다양하고 그 범위가 무한하므로 컬러이미지를 이해하는 것은 다양한 방면에 활용하는데 도움이 된다.

(1) 퍼스널 컬러(Personal Color)

퍼스널 컬러의 의미는 자신이 갖고 있는 신체의 색과 어우러져 생기가 나게 보이는 각자 개인의 색깔을 말하며, 1928년 바우하우스가 자연의 사계절 색과 사람의 타고난 신체색상이 서로 연결되어 있다고 알아내었다. 요하네스 이텐은 사람의 피부색과 일치하는 계절 이미지색을 비교 분석하였고, 로버트 도어는 1928년 배색의 조화와 부조화의 원리를 발견하였다.

퍼스널 컬러는 베이스 컬러(base color)를 기본으로 한다. 그리고 색채 유형에 따라 분리하면 베이직 컬러(basic color), 베스트 컬러(best color), 워스트 컬러(worstcolor)로 구분할 수 있다. 퍼스널 컬러는 선천적으로 타고난 자신의 피부 바탕색, 눈동자 색, 머리카락 색에 따라 결정된다. 또한 계절유형에 맞는 사계절 컬러(four seasons color)를 기초로 하여 자신의 신체 이미지 연출을 하는 것이다. 또한 사람이 갖고 있는 퍼스널 컬러는 끊임없이 변화하므로 자신만의 색으로 첫 인상을 표현하는 것은 중요한 일이라 할 수 있다.

① 컬러테스트

사람의 피부색도 다양하게 구분이 된다. 자신의 피부톤과 색을 정확히 알면 옷 색이나 머리카락 색, 화장 색을 고를 때 도움이 된다. 이와 같이 자신의 피부색을 정확히 알고 나서 어울리는 색을 선택하면 성공적이고 자연스러운 자기표현을 할 수 있게 될 것이다. 퍼스널 컬러 진단은 컬러 패브릭 드레이핑을 이용하여 개인의 신체색상(피부색, 머리카락 색, 눈동자 색)을 바탕으로 자신에게 어울리거나 어울리지 않는 개인 색을 찾아내는 진단방법이다.

② 퍼스널 컬러분석

자신에게 잘 어울리는 색상은 개인이 좋아하는 선호색이 아닌 자신의 신체 색상에 의해 결정된다. 자신에게 맞는 색상을 선택하기 위해서는 정확한 자신의 신체 색상에 따른 색채진단이 요구된다.

- 피부색 :

인류는 백인종, 황인종, 흑인종으로 나누어져 있다. 사람의 피부는 지역, 연령, 성별 등에 따라 다르고, 또한 건강상태나 스트레스 정도에 의해 멜라닌 색소가 발현된다.

- 머리카락 색 :

멜라닌 색소의 분포 및 양에 따라 흑갈색, 붉은 색, 노랑 색 등의 다양한 모발색상이 결정된다.

- 눈동자 색 :

홍채 색을 말하는데 한국인의 눈동자 색은 대개 흑갈색으로 보인다.

- 뒷머리 두피 색 :

뒷머리 피부색은 햇빛에 거의 노출되지 않아서 두피색을 보는 것이 거의 정확하다.

- 손목안쪽 색 :

자외선을 덜 받는 부위로 정확히 판단하려면 다른 사람의 손목과 비교하면 좋다.

③ 사계절에 따른 퍼스널컬러

사계절의 느낌과 감정을 색채로 표현하여 이들 색을 감각적으로 느낄 수 있도록 계절을 대표하는 색을 정의 할 수 있다. 이러한 사계절의 색을 메이크업이나 의상 헤어 색상 선택에 접목하여 계절에 따른 퍼스널컬러를 진단하여 얼굴에 맞는 의상과 헤어, 메이크업을 선택한다.

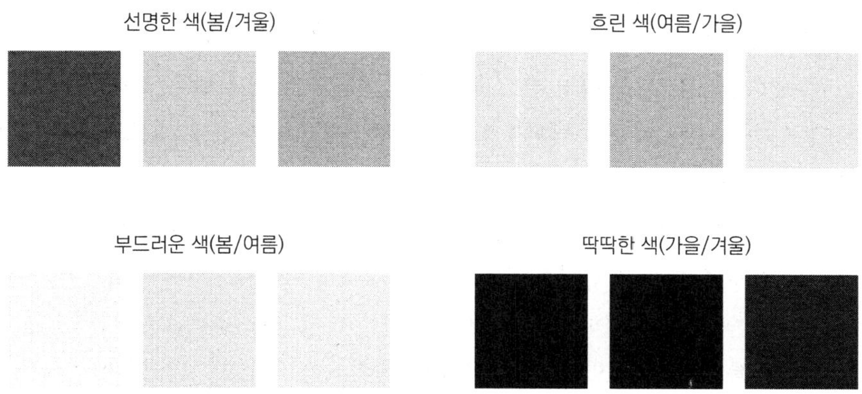

a. 봄 타입의 특성 : 밝고 가벼운 느낌의 선명한 컬러

산뜻하면서도 귀여운 인상, 깨끗하면서도 톡톡 튀는 활발한 인상이 특성이다.

어울리는 색상은 기본적으로 노란색이 가미된 원색과 중간색의 베이지색이다.

핑크색, 노란색, 연두색 같은 따뜻한 느낌의 밝은 색상이 어울린다. 한색계열과 무채색, 은색 등은 피하는 것이 좋다. 메이크업을 하고자 할 때에는 너무 강하거나 짙게 하는 것 보다 가벼운 느낌이 나도록 한다.

b. 여름 타입의 특성 : 파스텔 톤의 시원하고 밝은 느낌의 컬러

여름의 특성은 산뜻하면서도 화사하며 은은한 느낌이다. 부드럽고, 옅은 느낌의 색상으로 안정 되고 엘레강스한 것이 어울리는 색상의 종류도 다양하다. 라이트 그레쉬톤의 핑크계열 파스텔 톤이나 차가운 느낌의 흰색과 파란 색을 배색하면 잘 어울린다. 여름 이미지를 가진 사람은 부드러운 파스텔 톤의 채도가 낮은 색상이 잘 어울린다. 반면 어울리지 않는 색으로는 노란계열의 색으로 오렌지색, 금색, 너무 어두운 색 등이다.

c. 가을 타입의 특성 : 깊고 짙은 느낌의 중후한 컬러

부드럽고 깊은 눈빛과 부드러운 피부색을 가지고 모든 사람에게 친근감을 느끼게 하는 사람으로 갈색의 눈동자와 갈색의 머리카락이 부드러운 이미지를 만들어 낸다. 가을은 주변 환경이 차분하게 가라앉고 여유로움을 찾게 되므로 차분한 톤의 중간색으로 이미지를 나타낼 수 있다.

전체적으로 그린, 카키, 베이지, 올리브, 브라운, 오렌지 등이 따뜻한 톤으로 자연의 색상이다. 피부가 밝은 경우 라이트 그레이쉬톤, 덜톤 등을 사용, 어두운 피부 톤은 다크그레이쉬(dark grayish), 다크톤(dark tone), 딥톤(deep tone)등을 사용할 수 있다. 명도와 채도가 낮은 색이 잘 어울리며, 한색계열은 피해야 할 색상이다.

d. 겨울 타입의 특성 : 강렬하고 비비드한 대비감이 강한 컬러

겨울색은 생생하고 깔끔한 원색으로 샤프하며, 이지적이고 고급스러운 느낌이다. 또한 차고 시원한 색조들이며 흰색, 검정 등의 무채색이 겨울 이미지를 더욱 부각시킨다. 겨울 색상은 깨끗하고, 푸르면서 흰색이 기본으로 모든 색에 푸른빛 색깔과 대조되는 색이 강렬하면서 어울리는 색상이다.

겨울타입의 사람은 다양한 색상보다 절제되고 통일감 있는 이미지를 부여하는 것이 좋다. 또한 포인트 색상을 최대로 활용하면 더욱 효과적이다. 특히 무채색이 잘 어울리나 피해야 할 색상은 따뜻한 원색, 희미하고 탁한 색은 어울리지 않는다. 톤으로는 라이트한 색이나 중간색조, 탁색류를 제외한 페일톤, 브라이트톤, 비비드톤, 다크톤, 다크그레이쉬톤이 적당하다.

5) 메이크업 이미지 메이킹

(1) 얼굴의 균형도

① 얼굴의 수평 비율은 한쪽 귀에서 반대쪽 귀를 연결한 가상의 직선을 5등분한 비율이다.
② 얼굴의 수직 비율은 이마 발제선에서 턱 끝까지의 가상 수직선을 3등분한 비율이다.
- 이마 발제선에서 눈썹 위까지(⅓)
- 눈썹 위에서 코끝까지(⅓)
- 코끝에서 턱 끝까지(⅓)

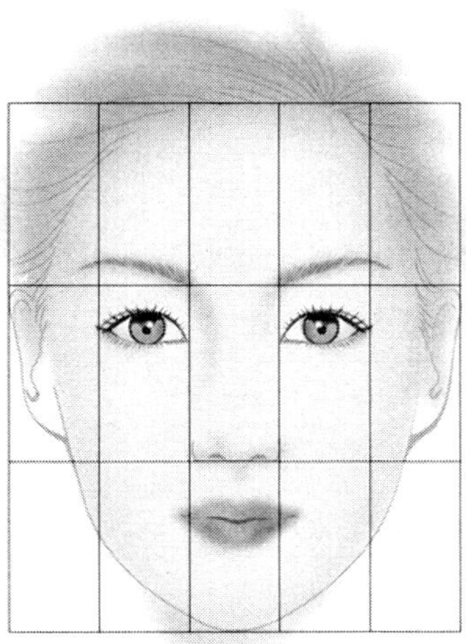

(2) 기초메이크업(Base Make-up)

끊임없는 변화와 온도, 먼지, 세균, 자외선 등으로 얼굴의 피부는 민감한 반응을 나타낸다. 이러한 외적 조건의 변화에서 피부상태를 정상적이고 건강한 피부로 만들기 위해 기초화장품을 사용한다. 그 외에 색조화장품을 사용하여 개인의 개성과 아름다움을 나타내고자 하였으며 과거역사를 보면 화장법에 따라 신분과 이미지를 나타냈다. 기초 메이크업을 할 때에는 자신의 피부 타입에 맞는 제품을 선택하여 피부 톤과 얼굴형을 수정하고 보완하여 메이크업 지속력과 상승효과를 얻는다.

① 메이크업베이스(Make-up Base)

메이크업 베이스는 피부색의 결점을 커버하고 파운데이션 전 단계에서 사용하여 밀착감을 높여 피부톤을 정리해 준다. 파운데이션 전 단계에 사용하여 자외선으로부터 피부를 보호하고, 파운데이션의 지속력을 높여준다.

가. 메이크업 베이스의 종류

구 분	내 용
액상타입 (Liquid type)	수분 함량이 높은 제품으로 피부색에 따라 색상을 선택하여 얼굴의 각 부위에 적당량을 도포해 손이나 라텍스로 펴바른다.
크림타입 (Cream type)	유분 함량이 높아 액상타입에 비하여 커버력이 우수하여 건성피부에 효과적이며 라텍스를 이용하여 사용한다.

나. 피부타입에 따른 색상 선택

색 상	피 부 타 입
연핑크	혈색이 없고 창백한 피부
그린 컬러	모세혈관이 확장된 피부, 여드름 자국의 피부, 붉은 피부
흰 색	어둡고 칙칙한 피부
블루 컬러	기미, 주근깨, 잡티가 많은 피부
바이올렛 컬러	노르스름한 피부
옐로 컬러	햇볕에 그을린 갈색 피부

(3) 파운데이션(Foundation)

파운데이션은 피부 톤을 정리하며 얼굴에 입체감을 주고, 외부의 자극으로부터 피부를 보호하며, 파우더의 밀착력과 지속력을 높여준다.

파운데이션을 고를 때 고려해야 할 점은 다음과 같다.

① 각자의 피부 심도 단계 즉, 유분, 수분, 색소의 양과 질, 피부의 질감, 피지분비량에 따라 선택한다.

② 균일한 피부 색조를 형성하기 위해 본인의 원래 피부 톤과 일치시켜 부분메이크업의 색감과 효과를 높인다.

③ 파우더 선택 요령

- 파우더는 입자가 섬세해야 한다.
- 보습성분이 들어있는 제품, 피지를 조절하는 성분이 들어간 제품, 유분이 많이 포함된 제품 등이 다양하므로 피부 타입에 따라 잘 선택한다.

- 건성 피부의 경우에 피지를 흡수하는 파우더를 사용하면 건조화를 촉진시키므로 주의한다.
- 지성피부는 유분기가 많은 파우더를 쓰면 메이크업이 쉽게 지워지고 번지게 되므로 주의한다.

(4) 눈썹 모양에 따른 이미지

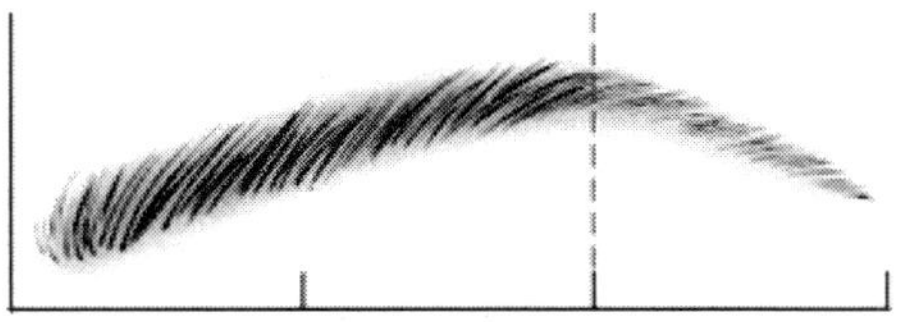

표준형 눈썹
기본적인 눈썹모양으로 누구에게나 잘 어울린다.

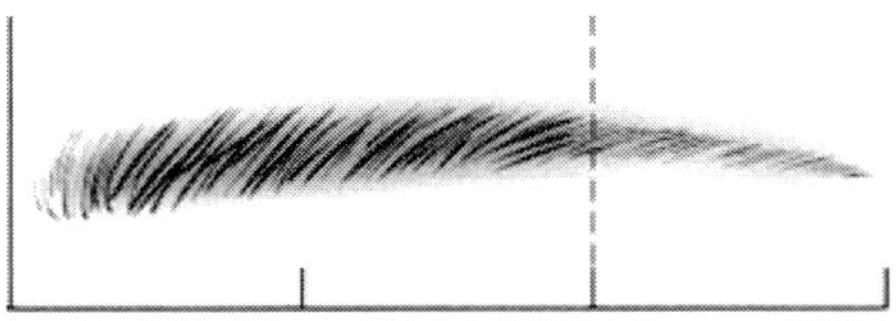

직선형(수평형) 눈썹
젊고 활동적인 느낌을 주며 긴 얼굴형이나 폭이 좁은 얼굴에 효과적이다.

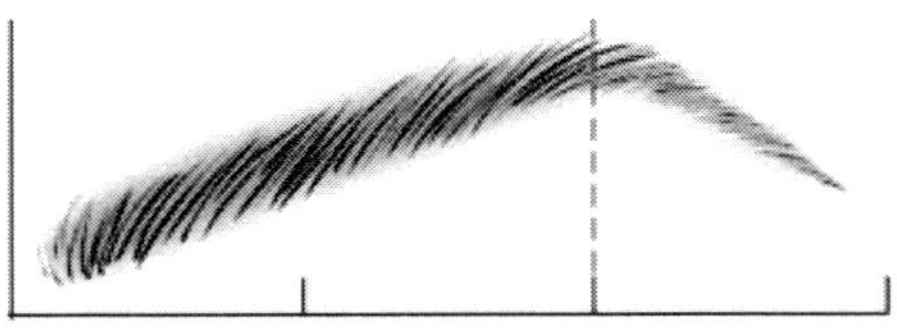

각진형 눈썹
단정하고 세련되어 보이며 둥근 얼굴이나 얼굴의 길이가 짧은 사람에게 이상적이다.

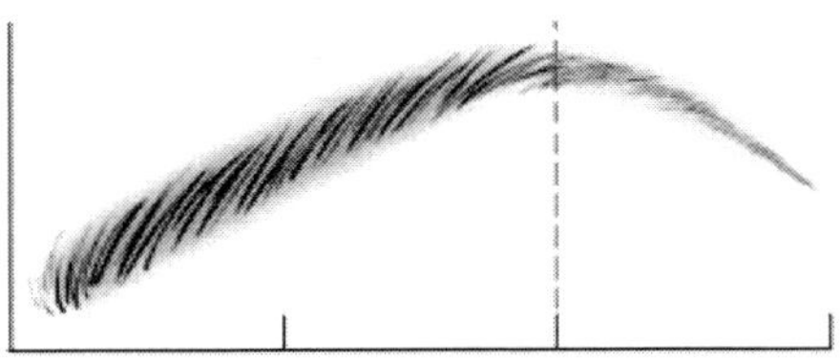

아치형 눈썹
우아하고 여성적인 느낌으로 이마가 넓은 얼굴형에 잘 어울린다.

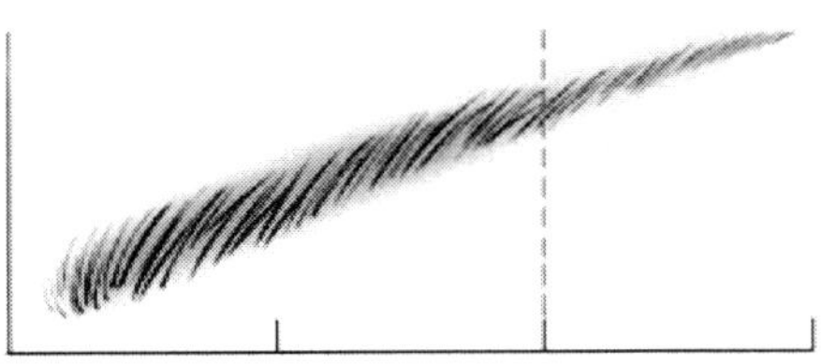

상승형(화살형) 눈썹
활동적인 느낌으로 둥근 얼굴이나 개성이 없는 얼굴에 좋다. 눈썹을 짧게 그려주는 것이 중요하다.

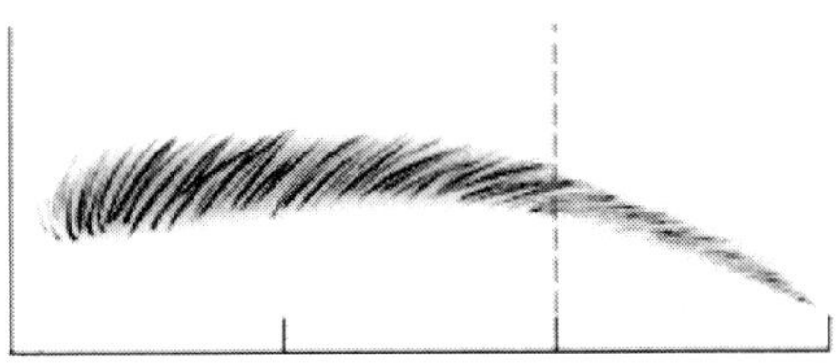

처진 눈썹
어려보이고 귀여운 느낌을 주지만 우울한 인상을 주기도 한다.

(5) 아이섀도(Eye Shadow)

아이섀도를 선택하는데 있어서 가장 중요한 점은 눈동자색을 보고, 피부톤을 고려해야한다는 것이다. 아이섀도 메이크업의 궁극적인 목표는 눈동자 색상을 더욱 돋보이게 하고 선명하게 만드는 것이다. 눈동자 색상과 반대 계열의 색상을 선택 하여야 조화를 이룰 수 있다.

눈 색상	아이라이너	아이섀도
 블루	짙고 따뜻한 브라운 (thick,warm brown) 짙은 회갈색(taupe)	풍부하고 따뜻한 브라운 (rich warm browns) 온화한 회갈색 (warm taupes) 부드러운 피치색 (soft peaches)
 그린	짙은 레드-브라운 (dark red-brown) 짙은 회갈색(taupe) 퍼플(purple)	골든 브라운(golden browns) 온화한 회갈색(warm taupes) 심홍색(deep red) 부드러운 피치색(soft peaches) 부드러운 바이올렛(soft violets)
 브라운	짙고, 풍부한 브라운 (rich brown) 목탄색(charcoal) 짙은 회갈색(taupe) 퍼플(purple)	골든 브라운(golden browns) 블루(blue) 그린(green) 라이트 마호가니(light mahogany) 목탄색(charcoal) 퍼플(purple)
 그레이	목탄색(charcoal) 짙은 브라운 (deep brown)	목탄색(charcoal) 차가운 브라운(cool brown) 퍼플(purple)

* 눈 색상을 색칠해 보세요.

(6) 립 메이크업(Lip Make-up)

피부 톤(skin tones)		립스틱(lipsticks)
밝은 톤		핑크색 립글로스(glossy transparent pinks) 밝은 복숭아색(light peach) 연한 브라운(honey) 베이지(beige)
중간 톤		중간톤의 핑크(medium pinks) 밝은 커피색(light mocha) 연한 갈색(caramel) 은은한 붉은색(delicate red) 살구색(medium apricots) 중간톤의 복숭아색(tangy peach)
탠닝한 톤		진한 붉은색(strong red) 어두운 장미색(deep rose) 포도색(berry) 갈색(toffee) 적갈색(mahogany) 어두운 살구색(dark apricots) 붉은 밤색(brown red)
어두운 톤		갈색 띤 붉은색(deep brownish red) 어두운 포도주(deep berry) 어두운 자홍색(deep fuchsia) 황갈색(golden beige)

* 입술 색상을 색칠해 보세요

(7) 색상이 주는 이미지

① 레드(Red)계: 정열, 매혹, 지적, 엘레강스
② 핑크(Pink)계: 여성다움, 온화, 청초, 귀여운 느낌
③ 퍼플(Purple)계: 침착, 은은한 인상, 로맨틱한 연출
④ 오렌지(Orange)계: 발랄하고 활동적이다.
⑤ 브라운(Brwon)계: 차분하고 점잖으며 자연스럽고 세련된 이미지 연출로 아이메이크업을 한다.

3. 서비스 매너

1) 매너(Manner)의 개념

매너는 사전적 의미로 방법, 방식, 태도로서 사람들의 행동이나 태도의 보편적인 가치 기준으로 '예의범절'이라고 할 수 있다. 매너의 기본 개념은 상대방의 입장을 존중해 주는데 있으며, 이는 상대방이 불편하지 않도록 배려하고 폐를 끼치지 않게 하는 인간의 행동 방식을 뜻한다.

2) 에티켓과 매너

흔히 에티켓과 매너란 용어는 혼동하기 쉽다. 매너는 사람들의 '행동 양식'을 의미한다. 반면 프랑스어인 에티켓은 예의범절이라는 뜻 이외에 꼬리표라는 의미도 있다.

[용어 정의]

① 매너 (manner) 란 ?
: '라틴어'에서 유래하였으며, 상대방을 대하는 방식이나 상더방에게 배려하는 마음으로 행동하고 표현하는 것을 말함 - 자세, 태도, 평소의 버릇, 몸가짐 등
(주관적인 행동양식)
② 에티켓 (etiquette) 이란 ?
: '프랑스어'에서 유래된 말로 예의범절을 이르는 말이다. 사회생활 속에서 기본적으로 지켜야할 규범을 말함 (객관적, 기본적)

3) 서비스 매너의 기본

자신의 업무도 중요하지만 고객 분들의 요구사항이 그 범위를 넘어설 경우는 다른 사람에게 도움을 요청하거나 자신의 업무를 대신해 줄 사람을 찾고 고객의 요구사항에 대한 빠른 서비스를 진행해야 한다. 항상 한 발 빠른 서비스를 해야 하며, 신속하고 정확해야 서비스해야 한다.

가. 매너의 기본 5가지.

"매너가 좋다"라는 인상을 주는 사람은 그렇지 않은 사람보다 상대방과의 일을 훨씬 수월하게 풀어나갈 수 있다.

좋은 매너는 곧 성공의 열쇠라는 이야기이다.

① 인사 - 올바른 말, 자세로 상대의 마음을 움직여라
② 표정 - 안정된 시선, 좋은 스마일, 편안한 표정을 지어라
③ 용모 - 깨끗한 용모, 복장을 조화시켜 본인과 직장의 이미지를 밝게 하라.
④ 말씨 - 올바른 대화와 밝고 친절한 응대를 통해 친절서비스를 개척하라.
⑤ 태도 - 앉는 법, 서는 법, 걸음걸이 등 예쁜 자세와 동작을 보여줘라.

나. 첫 대면 시 좋은 느낌을 주고 헤어질 때 깊은 인상을 남겨야 한다.

다. 서비스 매너의 기본자세 6가지

① 사명감을 갖자.
② 고객의 입장에서 생각하라.
③ 원만한 성격을 가져라.
④ 투철한 서비스 정신으로 무장하라.
⑤ 참아라.
⑥ 자신감을 갖아라.

(1) 서비스 매너의 첫 걸음 인사예절

◎ 인사는 내가 먼저 하자.

인사는 상대를 공경하는 마음으로 정중하게 해야 된다. 인사는 누가 먼저라는 것이 없다. 인사는 먼저 보는 사람이 하는 것이다. 인사말과 함께 고객이 무엇이 필요한 것인지를 파악한다. 항상 미소 띤 얼굴로 명량하게 "Yes"라고 대답하고 행동해야 한다. 고객의 이름을 기억하고 불러 준다.

(2) 인사의 의미

인사는 인간관계의 첫걸음이며 모든 예절의 기본이다. 상대방에게 존경과 친근함의 표현이며 자신을 알리는 적극적인 표현방법이다. 상대방 마음의 문을 여는 열쇠이다.

① 공손한 인사 실습

인사 할 때의 자세는 선 자세를 기본으로 하여 여성은 오른손이 위로가게 모으고 배꼽에서 5cm 아래에 올려놓으며(공수자세) 남성은 자연스럽게 주먹을 쥐고 바지 재봉선에 붙인다.

(3) 인사하는 방법

① 밝은 미소를 지으며 먼저 상대방의 눈을 바라본다.
② 인사말과 동시에 가슴과 등을 펴고 허리부터 숙인다.
③ 숙인 상태에서 1초 정도 머무른다.
④ 상체를 천천히 일어나면서 눈을 바라보고, 미소와 함께 인사말을 전한다.

3-1) 상황에 따른 인사법

① 걸을 때 인사

먼 거리: 가벼운 목례
가까운 거리: 상대방과 눈을 마주치면서 정중하게 인사

② 계단에서 인사

가까운 계단의 위치에 이르렀을 때 인사를 한다.
동료를 만났을 때 같은 위치의 계단에서 연장자를 만났을 때는 두 계단정도 아래 위치에서 서로 인사를 나눈다.

③ 앉은 자세 인사

상체(허리)를 곧게 펴고, 상대방의 눈을 바라보며 가볍게 목례를 한다.

3-2) 인사를 생략할 경우

① 인사 받을 상대가 위험하고 힘든 작업을 하고 있거나 복잡한 계산을 할 때
② 상사의 결재나 주의를 받고 있을 때
③ 중요한 상담을 하고 있을 때
④ 회의나 교육 중 일 때

(4) 인사의 종류

: 목례, 보통례, 정중례의 기본인사

① 목례

상대방과 가볍게 15도 정도로 숙이는 인사(좁은 곳에서- 여러 번 만날 때) 이미 인사를 나누었던 사람과 다시 마주친 경우에 행하는 가벼운 인사로 '눈인사'를 한다.

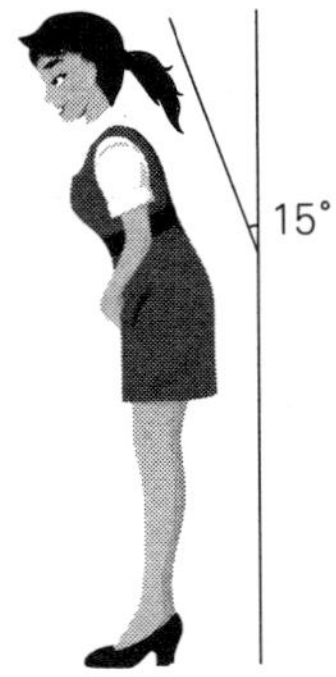

② 보통례

30도 정도로 숙이는 인사(고객을 맞거나 배웅할 때, 윗사람 혹은 중요한 상대방에 대한 정식 인사, 상사를 재차 만났을 때)

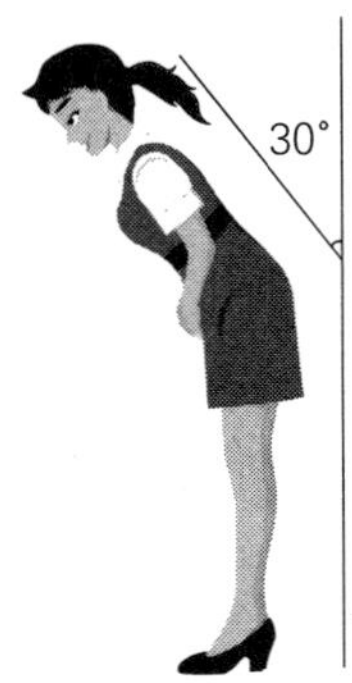

③ 정중례

상체를 45도 정도로 숙이는 인사(감사 및 사과 등을 표현할 때와 'VIP고객'을 배웅 할 때, 출근하여 상사를 처음 만났을 때)

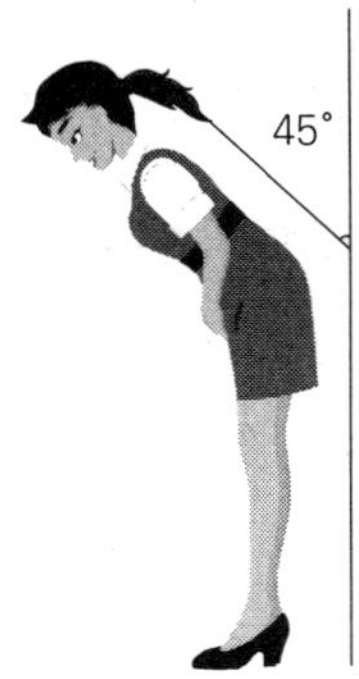

4) 뷰티 서비스 직업인의 자세

① 풍성한 업무지식을 갖도록 노력한다.
② 항상 긍정적이면서 적극적인 생각을 갖도록 한다.
③ 모든 고객을 나의 고객으로 생각하고, 고객이 감동하도록 접대한다.
④ 고객이 체크아웃을 하기 바로 직전에 좀 더 친절한 서비스를 제공해야 한다.
⑤ 고객을 관심있게 관찰하고, 고객이 필요로 하는 것을 찾아 서비스하며 고객의 의견을 경청한다.
⑥ 고객의 소리를 잘못 이해하는 일이 없도록 고객의 요청사항을 반드시 확인한다.
⑦ 고객의 요청사항은 최선의 모든 방법을 동원하여 처리되도록 한다.
⑧ 항상 고객에게 "감사합니다."라고 표현한다.
⑨ 고객이 떠날 때는 반드시 문 앞(혹은 엘리베이터)까지 배웅한다.

(1) 뷰티 서비스업 종사원이 하지 말아야 할 것

보편적으로 자신의 업무이외에는 잘 모기 때문에 고객이 요구하는 사항에 대해 잘 모를 수 있다. 그러나 최대한 다른 직원의 도움을 청해서라도 해결하고자 하는 열정과 친절함이 몸에 습관으로 붙어 있어야 한다. 신입직원이 가장 많이 하는 말은 '없습니다', '모릅니다' 와 같은 성의 없는 태도의 말이다.
① 어떠한 경우라도 고객과 논쟁하지 않는다.
② 고객의 요청에 "없습니다" 라고 말하지 않는다.
③ 고객의 질문에 "모릅니다" 라고 말하지 않는다.
④ 손가락으로 위치나 방향을 제시하지 않는다.
⑤ 개인의 사생활이나 직장의 문제점들을 고객 앞에서 이야기하지 않는다.
⑥ 고객의 사생활을 궁금해 하거나 여쭈어 보지 않는다.
⑦ 고객분들이 다니는 장소에서는 절대로 뛰지 않는다.

(2) 악수매너

① 악수는 여성이 남성에게 먼저 한다(특별히 지위나 연령이 높은 사람은 예외).
② 상사가 하위 관리자에게 먼저 악수한다.
③ 선배가 먼저 후배에게 악수한다.
④ 기혼자가 미혼자에게 먼저 한다(주의 : 장갑을 낀 손으로 악수를 해서는 안 된다. 여성의 경우 예외이다).

가. 악수요령

① 악수할 때는 상대방의 눈을 보며 한다.
② 원칙적으로 오른손으로 하나 부득이한 경우 양해를 구한다.
③ 너무 세거나 약하지 않게 쥐거나 손끝만 내밀지 않는다(남자들끼리는 오히려 힘을 주는 편이 좋다).
④ 너무 오래 손을 잡지 않는다.
⑤ 겸손이 지나쳐서 허리를 너무 숙이지 않는다.
⑥ 손은 상하로 가볍게 흔드나 여자와 악수 할 때는 남자처럼 흔들지 않는다.
⑦ 상대의 얼굴을 보면서 웃는 얼굴로 악수를 청한다.
⑧ 인사가 끝나면 곧 손을 놓는다.

(3) 소개매너

가. 소개순서

① 손윗사람에게 손아랫사람을 소개한다.
② 지위가 높은 사람에게 지위가 낮은 사람을 소개한다.
③ 연장자에게 연소자를 소개한다.
④ 선배에게 후배를 소개한다.
⑤ 여성에게 남성을 소개한다.
(단, 남성이 나이가 많고 사회적 지위도 높은 경우에는 여성을 남성에게 먼저 소개)
⑥ 기혼자에게 미혼자를 소개한다.
⑦ 고객(외부인)에게 회사 동료를 소개한다.
⑧ 같은 나이와 지위에 있는 동성인 경우는 소개하는 사람과 친한 쪽을 먼저 소개한다.
⑨ 한 사람이 많은 사람을 소개하는 경우 일반적으로 좌측에서부터 차례로 한 사람씩 소개한다(단, 특별히 지위나 연령이 높은 사람이 있으면 먼저 소개).

나. 소개요령 및 인사예법

① 소개 시에는 모두 일어나는 것이 원칙이다.
② 원칙적으로는 성직자, 연장자, 지위가 높은 사람을 소개 받을 때는 남녀 모두가 일어서서 인사해야 하나 환자와 노령자는 예외이다.
③ 나이가 많은 여성이나 앉아 있던 여성은 앉은 자세에서 남성을 소개 받아도 무방하지만 행사의 주최인 경우는 일어나는 것이 예의이다.

④ 소개 시 남성의 경우는 악수를 교환하고, 이성일 경우에 여성은 목례로 답례한다.
⑤ 연장자와 인사할 때 연장자가 악수를 청하기 전에 먼저 손을 내밀지 않습니다.
⑥ 연장자와 인사를 나눌 때 연장자가 악수대신 간단한 인사를 하면 연소자는 미소 지으며 목례로 답례 한다.
⑦ 인사를 할 때 자신의 이름을 정확하게 말하고, 상대의 이름을 기억하도록 한다.
⑧ 이름을 잘 못 들었을 경우에는 본인에게 묻지 말고 다른 사람에게 확인한다.
⑨ 행사를 주최자는 초청한 사람의 이름, 직업, 지위를 기억했다가 능숙하게 소개 하도록 한다.
⑩ 인원이 적은 행사에서는 모든 사람들에게 인사하도록 한다.
⑪ 대형행사에서는 소개받은 사람들에게 작은 소리로 인사한다.
⑫ 작별인사 시에도 소개받을 때와 같이 일어서서 인사한다.

(4) 명함 매너

명함은 서로가 만났을 때 첫인상이 중요하듯이 자신을 소개하는 얼굴과도 같은 것이다. 비즈니스를 할 때는 그 회사의 이미지를 대신할 수도 있다. 직장인은 항상 명함을 갖고 있어야 하며 상황에 맞게 사용할 줄 알아야한다. 최근의 명함은 다양한 디자인으로 개인과 기업인으로 분명하게 기억될 수 있도록 폭넓은 명함들이 만들어지고 있다. 명함에는 자신을 소개하는 프로필을 잘 표현하도록 한다.

① 명함교환방법

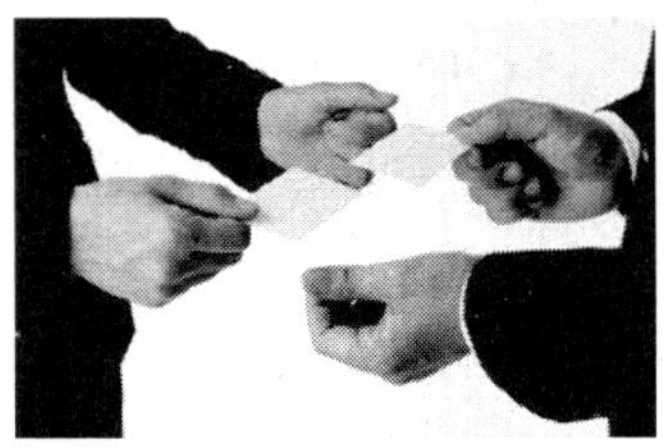

- 명함교환은 일어서서 한다.
- 손아랫사람이 손윗사람에게 먼저 명함을 건넨다.
- 소개의 경우는 소개 받은 사람부터 명함을 건넨다.
- 자기 명함을 줄 때는 반드시 서서 오른손으로 준다.
- 본인의 이름이 상대 쪽으로 보이도록 건넨다.
- 상체를 약간 구부려 예를 갖추어 겸손하게 소속명과 이름을 밝히고 전한다.
- 명함은 명함지갑에 항상 깨끗이 충분하게 보관한다.
- 방문한 곳에서는 상대방보다 먼저 건넨다.
- 상대방의 명함을 받으면서 성함을 정확히 읽고, 회사명, 직함 및 이름을 기억하도록 한다.
- 상대방의 명함을 정확히 읽지 못할 때는 다시 확인하여야 한다.

② 명함을 받을 때

- 명함을 받을 때에도 일어서서 두 손으로 받아야 한다.
- 상대에게 받은 명함은 그 자리에서 이름을 확인하여 친근감을 갖도록 한다.
- 받은 명함에 글씨를 쓰거나 낙서를 하지 않는다.
- 명함은 오른손으로 건네고 왼손 바닥으로 받는다.
- 명함을 받은 후 상담 시에 본인이 보이는 곳에 두고 상담한다.
- 어려운 한자가 있을 경우는 상대방에게 물어서 확인한다.

(5) 전화 매너

전화는 우리 생활의 일부분으로 전화 그 자체가 업무의 연장이다.

전화는 자신의 이미지가 전달되기 때문에 미소와 함께 앞사람과 대화를 하는 것처럼 밝은 목소리로 예의와 격식을 갖추어 정중하고 공손하게 걸고 받을 필요가 있다.

가. 전화응대

전화응대는 얼굴을 보지 않고 하는 만남이기에 첫인상을 좌우한다.

고객접점 업무에서 가장 먼저 익혀야할 예절이다. 기업 이미지와 신뢰도를 형성하는데 판단 기준이 되기 때문에 매우 중요하다.

① 전화응대요령

- 밝은 표정과 음성으로 응대한다.
- 신속하게 행동한다. 세 번 벨이 울리기전에 받는다.
- 상대방이 누구인가를 확인하면 회사명과 소속되어 있는 부서, 자신의 이름을 정확하게 말한다.
- 친절하고, 바르고 정중한 말씨를 쓴다.
- 통화내용은 메모하는 습관을 기른다.
- 3분 안에 통화를 마친다.
- 상대가 먼저 끊은 것을 확인한 후 전화를 끊는다.
- 메모를 습관화 한다.
- 상대방의 말을 끝까지 경청한다.
- 고객의 문의 시 신속, 정확, 간단, 명료하게 전달한다.
- 고객의 질문 내용을 정리하여 말해주고 주요사항 맞는지 재차 확인 확인한다.
- 만약 전화한 상대방이 찾는 사람이 부재중일 때는 남길 메시지가 있는지 확인하여 메모해 두고 정확하게 전달해 준다.

- 전화를 받을 때나 끊을 때 먼저 인사한다.
- 마무리 한마디 더하기 ("더 필요하신 사항은 없으십니까?")

(6) 서비스인의 용모

① 단정한 용모와 복장이 주는 이미지

- 첫인상을 좌우한다.
- 보는 사람으로 하여금 기분전환이 된다.
- 단정한 복장은 타인에게 신뢰를 받는다.
- 단정한 복장은 직장의 분위기를 밝게 한다.
- 단정한 복장과 용모는 일의 성과를 높여준다.
- 밝고 건강한, 긍정적인 이미지를 준다.

② 바른 자세와 동작이 주는 이미지

- 고객 혹은 상대방에게 좋은 느낌을 전하는 또 다른 언어이다.
- 자신을 아름답게 보이게 한다.
- 호감과 신뢰감을 준다.

- 언제나 용모에 신경쓰고, 산뜻하고 깨끗한 모습으로 고객을 맞이해야 한다.
- 근무 장소에 나가기 전 반드시 거울 앞에서 복장과 용모를 점검하는 습관을 갖는다. 동료의 복장이나 태도도 어색하거나 보기 흉한점이 보일 때는 즉시 고쳐주는 습관을 갖는 것도 필요하다.
- 서비스인의 기본으로는 미소가 담긴 얼굴로 항상 감사하는 마음을 표현하기 위해 항상 미소 짓는 연습을 매일 거울앞에서 반복한다.

4. 생활예절

1) 뷰티서비스인의 용모 · 복장, 바른 자세를 위한 점검 사항

- 두발은 청결하며 혹시 어깨에 비듬은 떨어지지 않았는지 확인한다.
- 두발은 적당한 길이로 잘랐는지 확인한다.
- 남자의 경우 수염은 자라지 않았는지 확인한다.
- 근무 전 반드시 입 냄새 제거 등을 하였는지 확인한다.
- 식사 후에는 반드시 양치질을 했는지 확인한다.
- 유니폼을 잘 착용하고 있는지 확인한다.
- 유니폼을 더러워진 채로 입고 있는지 확인한다.
- 명찰은 지정된 위치에 달고 있는지 확인한다.
- 머리는 단정하게 빗었는지 확인한다.
- 거부감이 있는 머리모양이나 염색을 하고 있는지 확인한다.
- 요란한 액세서리를 착용하여 업무에 불편함을 갖게 하고 있는지 확인한다.
  예) 팔찌, 반지, 시계 등의 착용
- 화장은 거부감이 날 정도로 진하게 하고 있는지 확인한다.
- 손톱은 길지 않았는지 확인한다.
- 지나치게 높은 신발을 신고 있지 않는지 체크한다.
- 구두는 깨끗하게 손질이 되었는지 확인한다.

[별 첨 1]

매장 및 직원 복장 점검표

점검일 년 월 일 시

No	점검항목	양호	불량	비고
1	간판은 고장 또는 파손이 없고 청결한가?			
2	매장 전면 유리, 매장 내부 거울, 유리테이블은 청결한가? * 유리세정제로 관리			
3	매장 출·입구, 매장 내 바닥은 청결한가?			
4	조명기구는 고장 또는 파손이 없고 청결한가?			
5	냉·난방 기구, 환풍기의 외관과 필터는 청결한가?			
6	고객 대기 공간, 카운터에는 불필요한 물건 없이 정리가 잘 되어 있는가?			
7	음료대에는 물품이 충분하고 주변은 청결한가?			
8	진열장내 제품은 유통기간이 지나지 않았으며, 먼지 없이 청결한가?			
9	POP, 잡지 등은 기간이 지나지 않았으며, 먼지 없이 청결한가?			
10	다용도실 및 직원공간은 청결한가?			
11	관리 공간의 물품이 제자리에 있으며, 청결한가? * 예) 헤어: 트레이 및 제품류, 경대, 고객 의자, 샴푸실 등 * 예) 피부: 트레이 및 제품류, 베드, 관리사 의자 등 * 예) 네일: 트레이 및 제품류, 관리 테이블, 고객 의자, 족욕기 등 * 예) 메이크업: 화장대, 메이크업 도구, 메이크업 의자 등			
12	고객 관리용 물품은 청결한가?(고객의 피부에 닿는 물품) * 예) 헤어: 빗류, 커트보, 가운 등 * 예) 피부: 트레이 및 제품류, 베드, 관리사 의자 등 * 예) 네일: 트레이 및 제품류, 관리 테이블, 고객 의자, 족욕기 등 * 예) 메이크업: 화장대, 메이크업 도구, 메이크업 의자 등			
13	화장실 변기와 휴지통은 청결한가?			
14	화장실에 휴지, 손세정제는 충분한가?			
15	두발은 단정한가?			
16	짙은 화장을 하고 있지 않은가?			
17	짙은 향수를 사용하고 있지 않은가?			
18	너무 화려한 악세사리를 하고 있지 않은가?			
19	손은 항상 깨끗한가?			
20	손톱은 단정히 깍여 있는가?			
21	명찰은 상대방이 알아볼 수 있도록 단정히 부착하고 있는가?			
22	복장은 과도한 노출이 없으며 구김 없이 청결한가?			
23	신발은 청결한가?			
24	항상 밝은 미소를 짓고 있는가?			

점검자 (인)

2) 직장생활 에티켓

(1) 근무 중 대화예절

대화를 할 때는 상대의 이야기에 열심히 귀를 기울여 듣는 경청이 중요하다.

- 대화의 "123"법칙 : 상대방과 대화 시 한 번 말하고, 두 번 들어주고, 세 번을 공감해 주라는 말이다.

① 직장생활에서는 올바른 언어와 적절한 호칭을 사용해야 한다.

상사에게는 직책과 직위에 따라 존칭을 사용해야 한다. 즉 과장님, 부장님과 같이 "000님" 자를 붙여 말해야 한다. 상사에게 상사보다 하위의 상사를 이야기할 때는 "김과장이","박부장이"와 같이 '님'이라는 존칭을 생략해야 한다.

② 상급자는 동료나 부하에게도 예의를 갖추고 호칭하는 것이 원칙이다.

본인보다 직급이 낮은 부하직원이라도 연장자인 경우에는 예의를 갖추어 존칭를 사용해야 한다. 자기보다 동료가 먼저 승진하거나 선배보다 후배가 먼저 승진했을 경우에 명심해야 할 것은 공과 사를 명확히 구분하여 공적인 자리에서는 상급자 대우를 하여 말을 해야 한다.

③ 상대방과 대화 시에는 어떤 표현을 하느냐에 따라 의미가 달라지기 때문에 같은 말이라도 상대의 감정을 상하지 않도록 조심해야 한다.

사람은 누구나 칭찬을 받고 싶어하며, 칭찬은 사람을 기분 좋게 만든다. 칭찬이 대화를 촉진하고 업무효율을 증가시킨다. 가족과 가장 가까이 있는 함께 일하는 사람에게 하루에 한 번이라도 아주 사소한 칭찬을 아낌없이 해 보자. 진실된 칭찬 문화가 직장생활을 더욱 활기차게 할 수 있다.

(2) 바람직한 직장예절

상사와 동료에 대한 올바른 인식을 갖고 직장예절을 바로 지킬 때 사업의 경쟁력이 높아지는 것이다.

[직장예절의 기본요소]

① 고객에게 희망과 봉사, 감사하는 마음
② 상사에게 존경하는 마음과 보좌한다는 마음
③ 선배에게 존경하고 따르는 마음
④ 동료에게 협력하는 마음
⑤ 후배에게 격려와 칭찬을 아끼지 않는 마음
⑥ 자신의 감정을 자제할 수 있는 마음
⑦ 남과 잘 어울릴 수 있도록 노력하는 자기관리
⑧ 누구에게나 똑같이 대하는 공평한 마음
⑨ 힘들고 어려운 일도 나서서하는 솔선수범하는 마음
⑩ 공과 사를 분명하게 판단하고 행동하는 마음
⑪ 직장에 대한 자부심과 긍지를 갖고 회사를 대표하고 있다는 주인의식
⑫ 정직한마음과 성실한 행동
으로 올바른 직업관을 만든다.

Chapter 03

뷰티서비스 마케팅

서비스 경영에 있어서 마케팅(marketing)이라함은 시장경제의 필수적인 항목으로 서비스 업체와 고객의 욕구를 충족시키기 위해 일어나는 교환활동을 의미한다. 더불어 현대의 뷰티 산업 발달은 단순히 기술만을 공급하여 고객의 만족을 이끌어내기는 힘들고 경영학적인 측면에서 마케팅의 정의는 여러 가지 견해를 갖고 있지만 일반적으로 인정되고 있는 정의는 1948년 '미국마케팅학회(AMA American Marketing Association)'에서 발표한 것으로 다음과 같다.

1) 마케팅의 정의

마케팅은 생산자에서 소비자 또는 사용자에게로 제품 및 서비스가 전달되도록 관리하는 기업 활동의 수행이라고 한다.

2) 마케팅 개념의 구성요소

필요 & 욕구, 수요, 제품, 가치, 교환

① 필요(needs) : 기본적인 만족이 결핍된 상태를 말함
② 욕구(wants) : 만족을 위한 구체적인 행위 (수단과 방법 제시)를 말함
③ 수요(demends) : 특정 제품이나 서비스 상품을 구매하고자하는 욕구를 말함
④ 제품(products) : 어떤 필요나 욕구를 충족시키기 위해 수요자(소비자)에게 제공 되어지는 모든 것을 말함
⑤ 가치(value) : 수요자(소비자)의 욕구를 만족시키는 특정제품의 일반적 능력을 소비자가 예측한 것을 말함
⑥ 교환(exchange) : 공급자로부터 원하는 제품 또는 서비스를 받고 그에 따른 대가를 지불하는 것을 말함

[참조] 마케팅의 발전과정

과거 경영활동의 초기에는 공급자와 수요자의 비율이 적당히 있어 '판매'가 존재하였으나 생산과잉으로 수요에 비해 공급이 많아지면서 뜻대로 팔리지 않게 되었다. 그리하여 생겨난 결론은 "고객이 원하는 제품을 만들어야 한다"는 것이었고, 이를 "고객지향의 마케팅"이라 부르게 되었다. 따라서 현대에 와서는 고객지향의 마케팅이 경영활동의 중심이 되었고, 마케팅은 발전을 거듭하여 비영리조직이나 인간관계에서까지 응용하게 되었다. 그것이 오늘날의 서비스마케팅이라 할 수 있다.

3) 마케팅을 구성하는 4가지 중요한 요소

고객지향성, 경쟁의 고려, 통합적 마케팅, 수익성

4) 마케팅전략

마케팅계획 수립단계에서 구체적인 목표를 설정하고 목표시장에 대한 적정한 마케팅 수단을 개발하는 것을 말한다. 마케팅 활동을 개발하기 위한 수단을 개발하는 도구로 4개의 요소가 있으며 이를 마케팅 전략(4P's)이라 한다.

(1) 조직목표 확인

현재 시장의 문화와 조직의 존재이유를 확인하는 것이 필요하다. 최고 경영권자가 제시하는 경영전략과 추구하는 목표 설정이 우선시 되어야하고 구체적인 사업전략은 비젼 제시와 사업영역, 조직문화 등의 확인 이후에 이루어지는 것이 바람직하다.

(2) 여건분석

3C 분석과 SWOT분석

① 3C : 고객(Customer), 경영자(Competition), 기업(Company)

② SWOT분석 : 사업성공의 열쇠

S (Strengths, 강점)	〈예〉 고객충성도, 제품대비 저가의 생산재화 및 서비스 생산능력
W (Weaknesses, 약점)	〈예〉 고가의 원료, 자금부족, 소개되지 않은 브랜드
O (Opportunities, 기회)	〈예〉충족하지 못한 수요 및 신제품, 기술 들
T (Threats, 위협)	〈예〉 강력한 새로운 경쟁자, 기업 활동에 걸림돌이 되는 제도적 장치 또는 제품들에 대한 고객의 욕구와 기호변화

고객의 욕구는 다양하므로 환경변화에 따른 무수히 많은 변수를 파악하기는 어려우나 구매행동에 영향을 주는 요소, 구매결정과정, 구매자의 수 등 고객의 구매형태를 분석하고자 하는 기준을 정해 분석하면 가능하다.

	S (Strengths, 강점)	**W (Weaknesses, 약점)**
O (Opportunities,기회)	S/O 전략 : 강점 기회 활용하기	W/O 전략 : 약점극복 기회 활용하기
T (Threats, 위협)	S/T 전략 : 강점을 이용해 위협을 극복하는 마케팅전략	W/T 전략 : 위협을 극복하고 약점을 최소화하는 마케팅 전략

③ 마케팅 전략(4P)

마케팅 계획을 세우는 단계에서 목표시장을 체계적으로 세우고, 그에 따른 마케팅 수단을 개발하는 것을 '마케팅 전략'이라 한다.

[요점정리]

4P's = 제품(product), 경로(place), 촉진(promotion), 가격(price) =4C

제품(product) = 서비스 , 기술 = 고객가치 (customer value)
경로(place) = 구매 용이성 = 편리성(convenience)
촉진(promotion) = 기업 광고, 홍보 = 커뮤니케이션(communication)
가격(price) = 서비스 요금 = 대가지불 (cost)

⌘ 기업중심의 마케팅 전략 (4P)의 구성

: 제품(Product), 경로(Place), 촉진(Promotion), 가격(Price)

첫째, 제품(product)은 마케팅 관리자가 그들의 표적시장에 제공하는 제품 또는 서비스, 기타 서비스 만족을 위해 실행하는 다양한 방법들을 말한다. 둘째, 경로(product)는 어떤 상품이나 서비스를 판매하는데 매개체 역할을 하는 중간 통로이며 유통경로를 의미한다. 셋째, 촉진(promotion)은 기업이 생산 판매하는 제품이나 서비스를 목표고객들에게 정확하게 알리는 기능을 말한다. 넷째, 가격(price)은 마케팅 전략을 지원하기 위해 적정 가격을 설정하는 것이다.

⌘ 소비자 중심의 마케팅 전략 (4C) 구성

고객가치 (Customer Value), 편리성 (Convenience), 대가 (Cost), 커뮤니케이션(Communication) 으로 구성되어 4C's 라 한다.

즉, 4P's가 기업중심의 관점이라면 4C's는 소비자 중심의 마케팅 전략이다.

4C의 첫 번째, 고객가치(Customer Value)는 고객이 인정하는 상품의 가치를 말하며 4P의 제품과 같은 개념이다. 두 번째, 편리성(Convenience)은 고객이 상품을 구입하기 용이하거나 사용하기 쉬운 것으로 유통 혹은 경로를 의미한다. 세 번째, 대가(Cost)는 고객이 만족하는 가능한 가격을 말하며, 기업중심의 4P's에서 가격과 같은 의미이다. 네 번째, 커뮤니케이션(Communication)은 고객과 기업 서로 간의 커뮤니케이션으로 광고, 홍보, 판매촉진을 의미한다.

1. 서비스 상품 기획

1) 상품기획

상품기획은 판매를 목적으로 만드는 유형 또는 무형의 제품을 말한다. 경영자는 고객서비스의 만족도를 높이기 위해 시대적 흐름과 고객의 욕구를 조사하여 새로운 상품개발을 꾸준히 하여야 한다. 특히 뷰티서비스의 상품기획은 전문적인 지식을 바탕으로 인체의 아름다움과 편안함을 추구할 목적으로 개발되어진다. 다시 말해 건강의 불균형이 병을 일으키므로 균형을 맞출 수 있는 건강한 몸을 유지하기 위한 뷰티 서비스 분야의 상품 개발은 고객의 만족도를 유도할 수 있다. 보다 합리적인 서비스와 합리적인 가격으로 서비스 종사자와 서비스를 받고자하는 고객의 접점을 파악하고 기획하는 것이 중요하다고 볼 수 있다. 그리고 뷰티서비스 분야의 상품은 유형의 물건이 아닌 무형의 존재이므로 보다 적극적인 광고전략이 필요하다.

2) 시장분석

시장분석은 기업이 제품 기획과 판매를 위해 시장조사를 하는 방법의 하나로 목표 상품의 판매가능성과 소비자의 수준, 판매수량 등을 파악하기 위해 각종 자료를 수집하고 분석하는 활동을 말한다.

(1) 시장분석 방법

① 놓치기 쉬운 시장의 중요성

사업계획을 세우고 투자를 계획할 때 주요관심사는 시장과 제품이다. 그러나 쉽게 지나치는 부분이 시장과 관련된 부분이다. 창업하고 단시간에 폐업을 하는 경우는 시장을 정확하게 파악하지 못했기 때문이다. 특히 기술 중심의 사업일수록 시장에 대한 이해와 적절한 마케팅 전략을 필요로 한다.

② 시장에 대한 정보

시장에 대한 정보는 고객정보, 산업정보, 경쟁자 정보로 나누어진다.

고객정보는 시장을 형성하는 수요에 대한 정보이다. 따라서 누가 시장을 형성하며 제품을 구매하는 이유가 무엇인지 구매 욕구에 대한 정보를 확인 할 필요가 있다. 산업정보는 시장의 흐름을 읽고 어떠한 산업이 유망한지를 파악한다. 경쟁자 정보는 같은 업종의 다른 사업체를 조사하여 그 사업의 장점과 단점을 정확하게 파악하고, 가능하면 다른 업체에 피해가 가지 않는 선에서 조사하여 정확한 정보를 바탕으로 사업계획을 세우도록 한다.

3) 시장 세분화와 표적시장 설정

(1) "시장세분화"란?

기업의 입장에서 새로운 제품 또는 서비스 상품을 출시하게 될 때 가장 중요하게 고려해야 할 것은 잠재고객이 누구인가를 파악하는 것이다.

잠재고객은 다음과 같은 조건을 갖고 있어야 한다.

① 제품 또는 서비스 상품의 필요성을 인식해야한다.
② 제품 또는 서비스 상품에 대해 현재 관심이 있는 경우 아니면 미래에 관심이 꼭 있을 것이다.
③ 제품 또는 서비스 상품을 구매할 경제적 여유가 있어야 한다.
④ 제품 또는 서비스 상품을 꼭 구매할 것이다.

이를 바탕으로 시장의 다양한 세분화가 이루어지는데 소비 욕구를 갖는 소비자의 구성에 따라 일정 제품에 대한 기호도, 구매동기 등이 유사한 동질성을 갖는 집단끼리 묶어 분리하는 세분화 시장이 형성된다. 집단끼리의 이질성이 클수록 바람직한 시장 세분화(market segment)가 이루진다고 할 수 있다.

(2) 시장 세분화(market segment)의 조건

: 시장세분화가 효과적으로 이루어지기 위한 조건은 다음과 같다.

① 측정가능성 : 세분화 시장의 규모와 구매력 측정이 가능하다.
② 접근가능성 : 세분화 시장에 접근이 용이한 수단으로 효과적 접근이 가능하다.
③ 규모성 : 기업에 충분한 이익을 보장해 줄 수 있는 규모를 갖춘다.
④ 동질성 : 소비자의 욕구가 동질적으로 비슷해야 한다.
⑤ 차별성 : 각각의 세분화 시장이 다르게 반응해야 한다.
⑥ 실천성 : 세분화 시장이 독자적인 마케팅이 가능할 정도의 수익성과 가치가 보장 되어야 한다.

4) 환경 분석

창업 또는 경영에 있어 필수적으로 체크해야할 환경으로는 사업장 입지선정과 상권을 고려해야 한다.

① 사업장 입지선정

뷰티서비스 활동의 주요한 입지는 서비스 활동이 이루어지는 장소로서 미용기업을 창업 또는 이전하는 경우에 보다 좋은 입지 조건을 확인해 봐야 한다. 그 이유는 장소가 사업 성공의 70~80%를 결정하기 때문이다. 따라서 입지선정의 주요 환경은 유동인구가 활성화되어 상권이 잘 형성되어 있어야하며, 주택가와 아파트가 밀집되어 있으면 유리하다. 또한 상가 주변으로 500m반경이내에 대학교 등의 역세권이 형성되어 있고, 출근과 퇴근 후 고객의 접근성이 용이하다면 미용기업의 위치로는 이상적인 입지선정이라고 할 수 있다.

② 상권고려

상권의 범위와 주변 상가와의 경쟁 상황을 고려할 때 기업 대상의 고객이 존재하는 장소와 시간적 범위에서 자기의 영업능력이 미치는 범위를 '상권'이라한다. 상권은 점포에 내방하는 고객(소비자)의 한계점을 연결한 선으로 상권의 넓고 좁은 것은 고객의 편리한 내방과 고객에게 주어지는 만족의 가치 등이 상대적인 것으로 결정된다. 점포를 오픈하고 내점하는 고객의 방문횟수는 지역적인 위치도 영향을 미치며, 일정 반경이내가 아닌 경우는 시간적 거리감, 경제적, 정신적 부담감이 커지므로 내방횟수가 멀어질 수밖에 없다. 따라서 멀어도 찾아올 수밖에 없는 특장점의 매력이 고려되지 않는다면 적정선을 넘지 못하고 한계에 부딪치게 될 것이다. 다른 어떤 제품을 판매하는 것보다 무형의 서비스 상품을 판매하는 미용업의 경우는 더욱 상권의 범위를 확대시킬 수 있는 매력을 풍부하게 갖고 있어야 하는 것이 특징이다. 따라서 고객의 마음을 사로잡을 수 있도록 끊임없는 상품기획과 자아개발이 필요한 것도 중요한 요소이다. 그러므로 미용경영환경의 활성화 방법은 뷰티 전반적인 분야의 종사자들이 자신이 사랑하는 평생 직업으로 꾸준하게 공부하며 열정을 다할 때 고객의 만족도를 높이게 될 것이다.

[상권이 갖는 입지 조건 중 체크해야 할 사항]

- 창업 점포 주변의 소비자 대상은 상업성이 있는가? (소득수준, 성별, 연령별 파악)
- 건물의 위치 주변 상가파악 (동일 업종의 점포 있는지?)을 한다.
- 본인이 하고자 업종에서 나보다 더 큰 규모의 상가가 활성화되어 있는가?
- 건물의 주인이 자주 바뀌었는가?
- 건물의 임대비가 과하게 비싸거나 과하게 싼가?
- 영업에 필요한 부대시설의 적합성 확인(급수 및 배수시설, 환기 및 전기 시설 등)
- 주차장 완비 부대조건 등을 확인한다.

5) 고객 분석

뷰티 서비스에 있어서 가장 중요한 것이 '고객만족'이라 할 수 있다. 고객의 만족도는 상대를 배려하는 마음에서 시작되어야 한다. 서비스에서 고객은 조직의 생산역량 강화를 위해 필요한 주요대상으로 고객이 원하는 것을 정확하게 파악하도록 노력해야 한다. 주로 사업장에 방문하는 고객뿐만 아니라 사업장 주위의 환경을 고려하며, 고객의 연령층, 직업군, 수입정도 등을 파악하면 서비스 요구의 흐름을 파악 할 수 있다. 그에 따라서 상품개발이 이루어져야 한다.

2. 뷰티서비스 상품 개발

1) 아이디어 창출

(1) 아이디어 창출의 개념

뷰티산업 분야의 전문가적 지식을 토대로 다양하고 원초적인 아이디어들로부터 새롭고 참신한 아이디어에 대한 발상을 얻어 목적에 부합되는 획기적인 결과물을 도출하는 것이다.

(2) 기존 상품 개선방안

뷰티산업은 무형의 서비스 산업이므로 헤어, 피부, 메이크업, 네일아트 각 분야에 대한 동종업체간의 서비스 전반에 대한 수익성 및 우위성 분석을 통해 기존상품의 잠식 가능성을 알아보고 개선방향을 모색한다.

(3) 아이디어 수집

아이디어를 수집하기 위한 첫 번째 단계는 뷰티산업 내·외부 종사자, 수요고객, 뷰티관련 거래처, 제품의 유통업체, 동종업체 등을 바탕으로 새로운 방향의 아이디어를 모색하고 가능한 많은 아이디어를 창출해 내는 것이다.

두 번째 단계는 첫 번째 단계에서 수집된 아이디어들 중 서비스 개발 취지에 맞는지 여부를 선별해내는 것이다. 세 번째 단계는 선별된 아이디어들 중 투자비용에 대비한 수익성을 분석하여 기업에 이익을 줄 수 있는 아이디어를 최종적으로 선별하는 것이다.

최종적으로 선별된 아이디어는 기업에서 정해진 양식에 맞춰 보고서 형태로 작성되고, 서비스상품개발위원회의 검토를 거쳐야 한다. 보고서에는 서비스 품목, 목표시장과 시장의 규모, 서비스를 시행하기 위한 직접 혹은 간접적 인건비 및 경쟁 서비스 상품에 대한 비교 분석, 서비스 교육에 필요한 시간과 비용, 수익률 및 기업 이미지 상승에 미치는 영향 등에 대한 정보의 기술이 필요하다. 보고서가 제출되면 위원회는 기업의 자체적인 기준에 맞춰 아이디어를 평가한다.

Tip. 창의적 아이디어 도출 기법

*** 브레인스토밍(Brainstorming)**

정해진 주제를 토대로 회의방식을 채택하여 다양한 의견을 자유로이 발언하고 창의적인 아이디어를 찾아내는 방법이다. 회의는 리더를 두고 구성원 수는 10명 이내로 한다.

*** 브레인스토밍의 4대 원칙(4S)** : ① Support ② Silly ③ Speed ④ Synergy

원칙 1 : 판단(비판)금지(Support)
아이디어 발상에 제한이 없도록 아이디어를 제안하는 과정에서 나온 의견을 절대 비판하거나 평가하지 않는다.

원칙 2 : 자유분방(Silly)
자유로운 분위기를 조성하여 다양한 아이디어가 나오도록 한다.
일종의 자유연상법이다.

원칙 3 : 양산(Speed)
질적 아이디어보다 양적 아이디어 제시에 중점을 두어 참신한 아이디어의 도출 확률을 높인다.

원칙 4 : 결합과 개선(Synergy)
회의 시 나온 모든 의견을 기록하고 편견없이 활용한다. 하나 이상의 아이디어를 결합하여 제 3의 아이디어를 창출하기도 한다.

2) 고객만족도 관리 및 수요예측

뷰티관련 제품나 뷰티서비스에 관련한 미래의 수요고객을 여러 기법을 통해 추정하여 마케팅 계획을 수립하게 된다. 뷰티서비스의 활용를 위해 장·단기적 수요예측은 반드시 필요하며, 이를 토대로 수요고객과 서비스 시장의 특성, 서비스의 질, 서비스의 상품성 등을 예측할 수 있어야 한다.

(1) 수요예측의 중요성

뷰티관련 제품이나 뷰티서비스의 출시 후 해당 담당자는 수요를 예측하여 마케팅 전략을 수립해야 하므로 과학적이고 사실적인 방법으로 수요예측의 정확도를 높여야 한다. 특히, 뷰티서비스가 활용될 시장을 파악하여 이해, 평가하는 것을 시작으로 점주들의 서비스 경영에 대한 교육과 함께 매장에서 몸에 밴 서비스를 행하기 위한 직원들의 마인드 교육이 필요하다.

(2) 서비스 수요예측의 기법

① 정성적 예측기법

수요예측자의 주관적인 판단이 이용되는 것으로 예측자 개인의 능력이 중요하다.

기존 서비스 매뉴얼의 내용에 보완이 필요하거나 미래적인 성격을 지닌 기술적 예측에 사용된다. 숫자나 금액으로 환산할 수 없으며 서술형 자료에 의존하여 조사, 분석하는 예측방법으로 만족도, 선호도 등을 조사할 때 사용된다.

ⓐ 시장조사(Market research)

소비자의 동향, 의견 등의 조사나 유통시장의 구조, 흐름 등을 조사하여 상품이나 뷰티서비스의 수요를 예측하는 방법이다. 시장조사는 뷰티서비스의 소비를 결정하는 실제 소비자를 대상으로 리서치 전화나 설문, 프로모션, 소비자 모임의 의견 등을 포함하게 된다. 시장조사를 실시하면 잠재 수요량, 소비자 구매동기, 특정 제품 선호심리 등과 같은 정보를 공유할 수 있으나 시간과 비용이 많이 든다. 특히 시장조사 자료의 해석에 있어서는 전문적인 뷰티 관련 지식과 경험이 바탕이 되어야한다. 광범위한 뷰티산업 안에서 불특정 다수의 소비자가 소비하는 제품의 경우에는 시장조사 자료의 활용이 어려울 수 있지만, 모집단이 대체적으로 한정되어 있는 경우에는 유용하게 실시된다.

Tip. 시장조사를 바탕으로 한 뷰티서비스 수요예측과 매뉴얼화 과정

① 특정 매장을 지정하여 고객들이 원하는 서비스에 대해 세부적인 항목을 만들어 리서치를 실시한다.
② 리서치를 바탕으로 새로운 서비스 상품을 기획한다.
③ 기획한 서비스 상품을 특정 매장의 직원들에게 교육한다.
④ 서비스 상품이 브랜드 이미지 상승과 매출에 기여하는 바를 평가한다.
⑤ 브랜드 이미지와 매출 상승에 긍정적인 평가를 받은 서비스 상품은 매뉴얼화하여 각 매장에서 교육되어진다.

ⓑ 모집단 내 토론

토론은 상품이나 유통시장에 대한 전문 지식인들을 중심으로 한 모임구성을 통해 전문가적인 경험과 의견을 수용하는 기법이다.

ⓒ 델파이법(Delphi method)

델파이법은 전문가들로 구성된 위원회를 결성하여 각 분야의 뷰티전문가들로 하여금 미래 예측에 관한 의견을 자유로이 토론할 수 있도록 하며 이를 토대로 내용을 수집하여 평가하는 기법이다. 설문지 응답은 비공개로 이루어지며 설문지 내용을 전체적으로 정리하여 뷰티전문가들에게 다시 보내고 뷰티전문가들은 각자의 의견과 평균의견을 비교·수정하여 다시 제출한다. 이렇게 4~5회 정도의 비교·수정 후 제출하는 과정을 거치면서 의견의 일치점을 찾게 되고 이로써 미래예측이 결론 점에 도달하게 된다.

델파이법의 장점은 관련 자료가 불충분할 경우에도 수요예측을 중장기적으로 계획할 수 있다. 단점은 뷰티전문가들의 참여자 수나 토론내용에 따라 시간과 비용이 많이 소모될 수 있으며 비공개적인 특성으로 인해 뷰티전문가들이 한 자리에 모여 창의적인 토론과 의견을 나눌 수 없다는 것이다. 그럼에도 불구하고 뷰티산업 경영에 있어 의사결정에 좋은 영향을 주는 수단으로 평가되어 많은 이들이 선호하는 기법이다.

② 정량적 예측기법

정량적 예측기법은 서비스의 수요량이나 그에 따른 매출액의 증감 등 과거의 자료들을 바탕으로 미래의 수요를 예측하는 이 방법이다. 이는 시계열 자료를 토대로 미래의 수요를 예측하는데 이용된다. 시계열 자료란 규칙적인 시간 간격으로 분포된 실제 자료들을 말하며 기간의 단위는 연구의 목적과 특성에 따라 연간, 분기별, 월별, 일별, 시간별 등으로 나눈다. 예를 들어 매 월별 매출액의 증감을 체크한다면 월별 매출액이 시계열 자료가 되는 것이다.

ⓐ 이동평균법

계량적 예측기법 중 가장 단순하며 이용이 편리한 방법으로 알려져 있으며 과거의 일정한 기간 동안 각각의 평균치를 바로 다음 기간의 예측 치로 이용한다. 상품이나 서비스의 소비수요에 급격한 변동이 없거나 계절적인 특성을 갖고 있지 않은 경우에 유용하게 사용된다. 그러나 방대한 분량의 과거자료를 지속적으로 사용해야 하는 것이 큰 단점이다.

ⓑ 지수 평활법

지수 평활법은 가중평균의 한 방법으로 과거보다 최근의 자료에 많은 비중을 두는 기법이다. 이 방법은 새롭게 추가된 자료가 있으면 가장 오래된 자료는 제외시키고 계산한다. 계산법은 다음 달의 예측을 위해 이번 달의 실제치와 예측치를 반씩 감안하여 계산하며 계산시간이 짧고 과거의 자료를 방대하게 저장하고 있지 않아도 되기 때문에 컴퓨터의 저장용량이 많이 필요치 않다. 또한 예측결과의 정확성이 높고 검정이 용이하기 때문에 가장 많은 곳에서 사용되는 방법이다. 소매, 도매 등 뷰티서비스업에서 재고 상황에 따른 주문을 하기 위해 대부분의 컴퓨터 프로그램들이 이 방법을 사용하고 있다.

ⓒ 회귀분석법

회귀분석법은 과거의 자료만을 가지고 패턴이나 경향, 추세 등을 파악하여 미래를 예측하는 것이 특징이다. 이것은 과거의 소비수요 패턴이 미래에도 지속되어진다는 가정 하에 적용시키는 예측기법이다. 환경적 요인이나 소비수요의 변화가 심한 경우에는 예측이 부

정확해지므로 그 경향을 파악하기 어렵다.

3) 제품 마케팅 경로와 공급망 관리

뷰티관련 제품은 기업체에서 생산되어 각 대리점으로 보내져 소비자에게 도달하는 유통의 구조를 거치게 된다. 그러므로 뷰티시장의 건전한 유통구조를 만들고 기업체와 대리점 간의 긍정적인 파트너십을 유지하기 위해서는 원칙과 운영 시스템이 필요하다.

(1) 뷰티기업체와 대리점간 파트너 십을 위한 5가지 원칙

① 대리점의 수익성 보장

뷰티산업에서 기업체가 모든 이익을 취하기보다는 대리점과 이익을 나누며 경기가 좋지 않을 때 대리점을 보호한다.

② 대리점 특별지원

회사의 제품운송시스템에서 가장 잘 나타나며 신속함과 신뢰가 우선된다.

③ 커뮤티케이션

기업체와 대리점간 자주, 솔직하게 대화하도록 시간과 노력을 기울인다.

④ 대리점의 성과체크

대리점의 운영이 원활한지 매출액 점검과 함께 유통시장의 포지션, 서비스의 질, 재무적 상태, 기타 성과 등을 면밀히 조사한다. 또한 대리점의 성공을 진심으로 바라고 문제가 발생했을 때 적극적인 도움을 지원한다.

⑤ 개인적 유대관계

때로는 공식적 업무나 사업상의 관계 외에도 개인적 유대관계를 맺어 관계를 맺는 것이 파트너쉽 유지에 도움이 된다.

(2) 판매물류관리(Marketing logistics)

마케팅 로지스틱스는 이윤을 보장하고 고객의 욕구 충족을 위해 생산지에서 소비자에게 최적의 상품을 적합하게 전달하는 일련의 과정을 말한다.

이는 공급자, 기업체, 대리점, 최종 소비자 사이에 원재료, 최종 제품, 제품가치에 대한 정보의 흐름을 고객의 중심에서 관리하는 것이며 '고객가치 전달망'이라고 불린다.

마케팅 로지스틱스 시스템은 창고관리, 재고관리, 운송관리, 정보관리 등으로 분류되어 운영된다.

3. 통합 커뮤티케이션(Total Communication)

1) 커뮤니케이션의 중요성

인간이 살아가면서 어떤 집단이나 사회 울타리 안에서 행복해지려면 대인간의 커뮤니케이션이 중요하다. 타인을 이해하고 타인에게 나를 알리는 모든 행동이 커뮤니케이션으로 이루어진다. 그러므로 신뢰를 주는 언행, 호감도를 높이는 복장, 부드러운 표정 등을 갖추어 고객만족도를 높이는 것이 중요하다. 아무리 뛰어난 상품이라도 화술이나 태도 등에 문제를 느끼게 되면 소비자의 구매의욕은 상실되기 마련이다. 현대의 서비스 제공자는 제품이나 서비스를 파는 것이 아니라 인격을 파는 것이란 사실을 잊지 말아야 한다. 성공한 사람들은 자신에 대한 성찰과 타인에 대한 관심 그리고 자신을 타인에게 이해시키는 능력을 갖고 있다. 즉 커뮤니케이션이 잘 이루어지는 사람들이다.

2) 커뮤니케이션의 유형

(1) 공식 커뮤니케이션

① 언어(mouth language)

언어는 가장 중요시되고 빈번히 쓰이는 의사소통 수단이다. 언어 커뮤니케이션에는 서로의 얼굴을 보고 하는 대면적(face to face)인 대화, 서로 보지 않고 전화 등의 도구를 통해 하는 비대면적인 대화, 여러 명이 의견을 나누는 회의 등이 포함된다. 언어적 의사소통은 문서적 의사소통에 비해 쉽고 즉각적이므로 가장 많이 사용되고 있다. 또한 언어적 의사소통은 쌍방적 의사소통(two-way communication)으로 사회적 대인관계의 욕구를 충족시킨다. 그러나 단점은 녹음하지 않는 한 영구적인 기록이 불가능하며 대화 시 어휘의 선택이나 사전 대화 내용에 대한 계획이 어려운 점이 있다.

ⓐ 화술의 중요성

말재간, 말재주를 뜻하는 화술은 단순한 말하기를 넘어 서로의 감정과 생각을 교환하여 대인관계를 형성하고 유지하는 역할을 한다.

이 순간에 어떻게 말을 해야 할까? 내가 한 말의 뜻을 상대가 오해하여 감정이 상한 적은 없는가? 인간은 하루라도 말을 하지 않고 지내기가 힘들고 내가 하는 말이 대인관계 형성에 긍정적, 혹은 부정적 영향을 미치게 된다.

그렇다면 상황에 맞는 적절하고 올바른 화술을 익히는 방법과 세련된 매너를 불러오는 화술법에 대해 알아보자.

ⓑ 화술의 습득

올바른 화술은 대인관계에서 돈독한 인간관계를 형성해주는 매개체의 역할을 한다. 자신의 의사를 상대방에게 전달할 때 오해가 생기지 않도록 잘 전달하고 있는 그대로를 받아들이게 함으로써 보다 나은 인간관계를 형성하고 유지하는 것이 화술의 목적이다. 말을 잘 못하는 사람은 내성적인 성격을 갖고 있거나 말로 인해 개인적 손해를 입거나 오해를 받아 자신감을 잃은 경우가 대부분이다. 그럴수록 대화가 어려워지고 기피하고 싶어진다. 말을 못하는 이유에는 타인의 비난이 두렵거나 말을 잘해야 한다는 부담감, 무시당할 수 있다는 걱정들 때문이다. 이런 사람은 소수의 인원과 함께하는 대화는 물론 대중 앞에서 스피치할 때 공포증에 시달리기도 한다.

화술은 자신의 의견을 상대방에게 전하면 그 말을 상대방이 이해하고 받아들일 수 있도록 상대방의 마음을 움직이게 하는 기술이다.

[훌륭한 화술을 행하기 위한 방법]

첫째, 상대방에게 내 의견을 말하기에 앞서 '나는 할 수 있다'는 자신감과 적극성을 가지고 임해야 한다. 스피치 전 불안하고 두려운 상황에서도 스스로 마인드 컨트롤을 통해 두렵지 않다고 되뇌면 불안, 두려움 등의 증상이 한결 좋아진다고 한다. 또한 스피치 전 주위 사람들과 가벼운 대화를 나누고 떨릴 때마다 복식호흡을 하면 한결 마음이 편안해지는 것을 느낄 수 있다. 그러나 모든 스피치에 앞서서 철저한 준비를 하지 않으면 자신감 상실로 자신의 의사를 타인에게 제대로 전달하기 어렵다. 내가 자신없이 한 말에 타인이 공감하기는 힘들기 때문이다.

둘째, 화술의 성공은 마음에서 우러나오는 진정성이 있어야한다. 과장된 표현이나 자기자신을 추켜세우는 태도는 금물이며 겸손한 마음으로 솔직하게 인정하는 태도가 화술의 기본이라 할 수 있다.

셋째, 노력만큼 결과를 이끌어내는 것도 없다. 말하기에 불안하고 두려움이 생긴다면 반복적인 연습을 통해서 개선해 나가는 과정이 필요하다. 말재주는 개인의 성장환경과 주변환경, 성격에 따라 차이가 있지만 어느 정도는 노력에 의해 향상될 수 있다.

세련미와 진정성을 갖춘 화술은 자기 표현력과 사고력을 향상시키고 단체생활이나 집단활동에 도움이 되며 타인과의 관계에서 공감대를 형성한다. 이는 인간관계와 사회생활을 잘해 나갈 수 있는 기본이 된다.

[좋은 화술법과 나쁜 화술법의 예]

좋은 화술법	나쁜 화술법
새롭고 참신한 화제 선택	미사어구를 지나치게 많이 사용함
공통된 관심의 화제 선택	사무적이거나 딱딱하게 이야기함
표현력이 풍부하고 실감나게 얘기함	단조롭거나 암기식의 문장을 사용함
구성력 있는 스토리로 끌고 감	설교조로 이야기함
늘어지지 않도록 시간배치를 잘 함	상대방의 반응을 무시함

② 문자, 문서(figure language)

대인관계의 상호교류로 가장 많이 사용하는 것이 언어, 문자, 문서 등이 있다. 문자나 문서 등은 단순한 사건이나 사실을 기술하거나 전문적·기술적 보고서들을 장기적으로 보관하기 위해 사용하기 때문에 정확하고 명확하게 작성되는 장점이 있다. 그러나 일방적 의사소통이라는 단점을 갖고 있다.

조직에서는 상의하달을 위한 문서가 대부분이며 이런 성격을 띈 문서들은 책임소재를 분명히 하기 위해 여러 가지 세부항목이 나열되어 있고, 상사의 명령을 수행하기 위해 체계적으로 사용된다. 이 때 문서의 내용이 잘 정돈되어 있고 문체가 좋아 쉽게 이해할 수 있다면 상대방에게 좋은 인상과 호감을 불러일으킬 수 있다.

(2) 비공식커뮤니케이션

인간의 복잡하고 다양한 내면을 표현하기 위해서는 공식커뮤니케이션(언어, 문자, 문서)만으로는 부족하기 때문에 의사소통의 보조수단으로 신체언어, 접촉언어, 물리적·상징적 언어 등을 함께 사용한다. 이러한 비공식커뮤니케이션은 때와 장소에 따라서 공식커뮤니케이션보다 더 의사를 명확하게 표현할 수 있으므로 보조적인 역할에만 머물지 않고 중요한 의사소통 수단으로 인식되고 있다.

① 신체언어

흔히 우리가 언어소통이 되지 않는 외국인을 만났을 때 사용하는 것이 신체언어를 이용한 의사소통이다. 신체언어에는 얼굴, 체격, 체형, 태도, 자세, 매너, 음성, 복장, 두발, 메이크업, 표정 등을 말한다.

ⓐ 얼굴(face)

얼굴은 사람을 판단하는데 가장 잘 알 수 있는 비공식적 의사소통 수단이다. 상대방의 얼굴을 보면 생김이 순한지, 사나운지, 어려 보이는지, 나이가 들어 보이는지 또는 건강상태, 기분 등을 판단할 수 있다. 링컨 대통령이 '사람은 누구나 40세가 넘으면 자신의 얼굴에 책임을 져야한다'고 말한 것은 사람의 얼굴에서 성격, 인격, 과거에서 현재까지의 인생을 읽을 수 있기 때문이다. 사람의 얼굴은 용모, 인상, 표정에 의해 상대방에게 판단될 수 있다.

- 용모 -

용모는 선천적으로 부모로부터 물려받는다. 용모가 수려하면 더할 나위 없이 좋지만 용모가 좋지 않다고 해서 비관할 일도 아니다. 용모는 인상이나 표정으로도 달라져 보일 수 있기 때문이다.

- 인상 -

대인관계에서 첫인상은 매우 중요한 부분을 차지한다. 첫인상에 반한 사람은 그렇지 않은 사람에 비해 상대의 실수에 대한 관대해 지게 된다. 좋은 인상을 갖기 위해서는 자기개선을 위한 후천적인 노력과 보완이 필요하다.

- 표정 -

표정은 개개인의 다양성이 드러나는 부분이다. 이는 개인이 가지고 있는 성격적 특징을 바탕으로 희노애락의 감정이 얼굴에 나타난다. 요즘 외모에 대한 경쟁력이 면접 시 중요한 심사요소가 되면서 입사 전 성형수술을 하는 열풍이 불고 있다. '외모지상주의'란 용어가 생겨날 만큼 외모가 사람을 판단하거나 차별하는 요건이 되었다는 목소리가 높아지고 있지만 더 아름답고 경쟁력 있는 외모로 바뀌고 싶은 욕망은 인간의 본능이라 생각한다.

따라서 얼굴은 일상생활습관이나 표정에 의해 많은 영향을 받으므로 좋은 인상과 표정을 가지고 싶다면 스스로의 노력으로도 교정이 가능하다. 표정이란 얼굴의 근육을 움직여서 감정을 나타내는 것이므로 특정 근육을 반복적으로 사용했을 때, 그 사람 특유의 표정과 주름이 생겨난다. 예를 들어 눈썹을 위로 올리면 이마위로 삼(三)자의 주름이 생긴다. 또한 미간사이를 자주 찌푸리거나 인상을 쓰면 천(川)자의 주름이 생긴다. 또한 평소에 이를 악물거나 잠잘 때 이를 갈게 되면 저작근이 발달해 사각턱이 형성된다. 이런 습관에 의한 표정요소들이 모여 그 사람의 인상을 결정짓게 된다. 그러므로 현대에 와서는 피부에 보톡스나 필러 등을 삽입하여 주름을 펴고 근육을 고르게 하여 원만한 인상을 갖도록 미용적 시술을 하기도 한다.

ⓑ 체격(frame), 체형(form)

현대인들은 지나친 스트레스에 노출되어 있고 앉아서 하는 업무가 많아 다리가 약해지고 배와 등 부위가 커지는 사과형태의 체형, 거북목 증후군, 어깨가 뒤로 젖혀지지 않고 앞으로 말려있는 라운드 숄더 증후군, 하지 림프순환 저하로 인한 붓는 다리 등 여러 가지 신체의 문제점들을 안고 살아가고 있다. 균형 잡히고 건강한 몸을 유지하는 사람은 걸음걸이부터 의욕적이고 활기가 차있으며 시선은 정면을 향하고 있다. 그러나 구부정한 걸음걸이나 힘이 빠져 걷는 사람들은 그렇지 않은 사람에 비해 자신감이 없고 의욕이 떨어져 보인다. 무의식 중에 하는 동작이나 습관으로 체형에 변형이 오고 이를 개선하지 않을 경우 상대방에게 부정적인 선입견을 줄 수가 있다.

ⓒ 태도(attitude), 자세(potuer), 매너(manner)

사람의 마음가짐에서 나오는 품행이 '자세'이고, 마음가짐에서 나오는 자세가 '태도'이다. '매너'는 태도와 자세를 고루 갖춘 얼굴표정과 품행에서 풍기는 예의와 절차를 뜻한다.

- 자세 -

마음가짐에서 나오는 품행으로 거들먹거리는 듯 한 몸놀림, 다리를 꼬거나 팔짱을 끼는 등의 자세로 상대방의 심리를 읽을 수가 있다. 이런 자세들을 통해 상대방의 습관, 인격, 품위 등을 알아볼 수 있으며, 내 자신 또한 타인에게 보여지는 나의 태도와 자세에 의해서 평가받을 수 있음을 명심하고 좋은 태도와 자세를 가지도록 노력해야한다.

- 태도 -

자신이 가진 생각이나 기분이 밖으로 나타나는 것으로 심리적인 영향을 받는 것이다. 아랫사람이 윗사람을 대할 때 저자세를 취하는 것, 잘난척하는 태도, 젊잖을 빼는 태도 등을 예로 들 수 있다.

한편 대인관계에서 훌륭한 화술가가 되려면 남의 말을 잘 경청하는 태도를 가져야 한다. 대화할 때 상대방의 말을 잘 경청해주기만 하여도 상대방으로부터 신뢰를 얻을 수 있다. 경청의 자세는 또 다른 대화법으로 인식되어야 하며 침묵으로 상대의 말을 동조함으로써 편안한 인간관계를 이끌고 말하기에 앞선 예의인 것이다. 상대방의 말을 경청하면서 그에 적절한 호응을 하는 것이야 말로 훌륭한 대화의 자세이며 겸손한 태도인 것이다.

- 매너 -

평소부터 몸에 배어 있는 습관적인 예의와 절차를 말한다. 특정지역의 문화적 관습에 따라 만들어진 것으로 태도와 자세가 만들어낸 특수한 자태라 할 수 있다.

ⓓ 목소리

사람의 목소리는 저마다의 개성을 지니고 있다. 사람마다의 억양(intonation), 음조(tune), 음색(tone), 음질(tone quality)이 다르기 때문에 목소리만 듣고도 누군지 알 수 있고, 상대방의 성격, 기분, 나이 등을 짐작할 수 있다. 때론 목소리에 따라 선입견이 생겨 답변이 달라지기도 한다. 목소리에는 감정이 실려 있어 또 하나의 훌륭한 의사소통 수단이 된다.

ⓔ **제스처(gesture)**

제스처는 신체언어의 수단으로써 눈짓, 몸짓, 손짓, 발짓 등을 뜻한다. 경직된 자세로 무표정하게 말하는 사람보다 적절한 제스처를 곁들여 말하는 사람에게 더 많은 공감을 할 수 있다. 제스처로 강조나 긍정, 부정의 감정을 나타내기도 하고 공감할 때 손뼉을 친다거나 손가락으로 무언가를 가리키는 제스처 등을 생각할 수 있다. 또한 교통정리나 스포츠 경기 때 말 대신 사인이라는 제스처를 통해 의사를 표현하기도 한다.

ⓕ **의상(clothing), 두발(hair), 화장(make-up)**

의상, 두발, 화장은 개인의 개성을 표현하는 수단이다. 그래서 따로 떼어놓고 생각하기보다는 세 가지가 T.O.P(Time, Occasion, Place)에 맞게 잘 조화를 이루었을 때 긍정적인 의사소통 수단이 된다. 물론 겉으로 보여지는 모습보다는 내면과 진실이 중요하지만 조직 안에서나 일상생활에서 T.O.P에 맞지 않은 외향은 타인에게 오해를 불러일으킬 수 있다. 특히 취업을 위한 면접 장소에서 첫인상은 합격의 당락에 많은 영향을 준다. 실제로 면접관들은 지저분한 구두, 어울리지 않는 색채감각, 과도한 악세사리 등을 착용한 사람에 대해서 게으르며 감각이 떨어지는 사람으로 느껴진다고 말한다. 본격적인 면접에 앞서 단정하고 깔끔한 의상, 두발, 화장은 용모나 체격조건의 요인들과 더불어 그 사람의 이미지를 결정짓는 요인이 된다.

ⓖ **미소**

신체언어 중 타인에게 가장 큰 호감을 주는 것이 바로 미소이다. 우리나라 속담에 '웃는 얼굴에 침 못 뱉는다' 라고 하는 말이 있듯이 미소는 본인과 타인에게 긍정적인 마음을 전달한다. 물론 마음속에서 우러나온 미소가 아닌 억지 미소는 오히려 부정적인 영향을 불러올 수 있다.

세일즈맨의 경우에도 잘 웃는 사람이 친절해보이고 좀 더 설명을 잘해줄 것 같은 인상을 준다. 그래서 웃지 않는 세일즈맨보다 잘 웃는 세일즈맨이 경영, 판매, 교육 등의 면에서 훨씬 성과를 잘 올린다. 미소가 가져다주는 장점 때문에라도 유쾌하지 않은 순간에도 항상 즐거운 생각을 떠올리고 쾌활하게 행동하면 자신뿐만 아니라 주변 사람에게도 긍정의 에너지를 주어 좋은 이미지를 갖게 될 것이다.

② **접촉언어(skin ship)**

관심, 신뢰, 애정, 흥미, 선의 등의 감정들은 접촉을 통해서 표현될 수 있다. 처음 만나서 악수를 하거나 오랜만에 만난 지인을 껴안을 때, 손을 잡거나 어깨를 두드릴 때 또는 키스나 애무, 섹스 역시 접촉언어라 할 수 있다. 예로 악수할 때 상대방이 손에 지나치게 힘을 주지 않고 잡거나 너무 느슨하게 닿는 경우 상대가 무기력하고 적극성이 없는 것으로 느껴질 수 있다. 연인이나 부부간의 접촉언어인 키스 또한 애정을 표현하는 어떤 요소보다도 강력한 의사소통의 요소가 된다.

③ 물리적(physical)·상징적(symbolic)언어

개인의 지위를 알 수 있는 집이나 사무실의 분위기, 인테리어, 장식용 소품, 조명 등은 그 공간에 머물 때 상대방을 만나지 않은 순간에도 그 사람에 대해 알 수 있게 한다. 이런 물리적·상징적 언어로 우리는 그 사람의 성격, 취향, 생활수준, 성품 등을 짐작할 수 있다.

④ 풍문(rumor)

풍문은 비공식커뮤니케이션의 문제점으로 나타날 수 있는 떠도는 소문을 말한다. 조직의 규모가 커질수록 비공식커뮤니케이션의 사용이 많아지므로 명확한 조직목표를 인지시키는 것이 필요하다. 그렇지 않으면 풍문은 단순한 떠도는 소문이 아닌 조직에 부정적인 영향을 미치는 것으로 발전할 수 있는 의사소통의 요소가 될 수 있다.

3) 고객접점관리[MOT]

(1) MOT(Moment of Truth)의 정의

MOT는 스페인의 투우경기 때 사용하는 용어인 'Moment De La Verdad'에서 유래한 것인데, 스웨덴 마케팅 학자인 리차드 노만(R. Norman)이 최초로 서비스품질관리에 사용한 용어이다.

특히 서비스업에서는 하루에도 수없이 많은 MOT가 발생하며, 그 때마다 고객의 특성과 니즈를 파악하여 고객이 원하는 바를 최대한 공손하고 빠르게 해결할 수 있도록 해야 한다.

Tip. MOT에 해당하는 순간들의 예시

- '투우사가 황소의 급소를 찌르는 순간'
- '진실의 순간'
- '결정적인 순간'
- '고객의 만족과 불만족을 결정짓는 15초'

MOT는 스페인의 투우경기 때 사용하는 용어인 'Moment De La Verdad'에서 유래한 것으로 서비스품질관리에 MOT 용어를 최초로 사용한 사람은 스웨덴 마케팅 학자인 리차드 노만(R. Norman)이다.

모든 일이 그렇지만 특히 서비스업에서는 고객과 처음 만나는 순간이 매우 중요하기 때문에 하루에 수번에서 수백 번의 MOT가 발생한다고 할 수 있다. 그 때마다 고객의 특성과 니즈를 파악하여 고객이 원하는 바를 최대한 공손하고 빠르게 해결할 수 있도록 해야 한다.

(2) 고객접대의 목적

접객은 '손님을 접대함'이란 뜻을 가지고 있는데 접객의 목적은 손님을 잘 접대해서 손님이 나의 사업장에 계속 오게 하는 것이다. 고객이 뷰티샵을 떠나는 이유는 불친절하거나 성의 없는 태도, 낮은 서비스 품질 등이 우선으로 지목되고 있다. 특히, 첫인상은 서비스업에서 매우 중요하며 약 7초 이내에 결정된다고 한다. 고객에게는 이 짧은 순간 인지된 사업장의 분위기나 직원의 태도 등에 의해 이미지가 결정되고 매출의 증가와 직접적인 관련이 생긴다. 따라서 어떤 마케팅 기법을 하는가도 중요하지만 먼저 고객을 대하는 자세에 대한 교육 및 점검이 필요하다.

Tip. 접객서비스 공식

100-1 = 0 : 고객에게 항상 최선을 다해 서비스를 했다고 해도 한 번의 실수가 고객을 떠나가게 할 수도 있다.

100+1 = ∞: 한결같은 서비스는 고객에게 무한한 신뢰를 주어 평생 고객을 만든다.

(3) 고객 접대 자세

고객이 항상 나를 지켜보고 있다는 마인드로 표정, 자세 및 인사, 차 대접, 전화 예절 등 때와 장소, 상황에 맞춘 적절한 응대를 하고 고객을 대하는 순간은 최선을 다해야 한다.

① 표정

· 고객이 환영받았다고 느낄 수 있게 환한 표정을 짓는다.
 (첫 인상에 핵심은 '미소')
· 고객과 시선이 마주쳤을 때는 당황하지 말고 항상 미소를 짓는다.
· 서비스업 종사자는 자신의 기분을 조절할 줄 알아야 한다.

② 자세 및 인사

· 자세는 바르고 예의 있어야 하며 청결한 유니폼을 착용한다.
· 인사를 할 때는 상대나 상황에 맞게 인사의 각도를 조절한다.
· 안내 시에는 고객의 몇 걸음 앞에 서서 반드시 두 손으로 갈 방향을 알려준다.
· 뷰티샵 안에서는 뛰거나 지나치게 큰 소리로 떠드는 등의 행동을 자제하고 관리를 너무 서둘러 끝내는 듯 한 모습은 보이지 않는다.
· 잡담, 하품, 다리를 떠는 행위나 팔짱끼는 행위를 하지 않도록 주의한다.

인사 기본자세	-발뒤꿈치는 서로 붙이고 양발을 약 15도 정도 벌린다. -다리는 쭉 펴고 두 무릎을 붙인다. -왼손과 오른손을 겹쳐 잡은 자세로, 겨드랑이는 살짝 뗀다. -밝고 환한 미소를 짓고 시선은 상대의 눈을 바라본다.

③ 차 대접

· 고객에게 준비된 차의 종류 및 체질에 맞는 차를 알려드리고 의사를 확인한다.
· 차는 컵의 2/3정도를 채우는 것이 적당하며 작은 쟁반을 이용하여 가져다드린다.
· 고객에게 뜨겁거나 차가운 경우 미리 언급한다.
· 고객의 오른쪽에 찻잔을 놓고 손잡이도 오른쪽으로 향하게 한다.

④ 전화 예절

· 전화기 옆에 메모지를 항상 비치해 둔다.
(수화기는 왼쪽, 메모지는 오른쪽에 준비)
· 벨이 세 번 울리기 전에 받는다.
· 밝은 목소리로 응대하고 상대와 용건을 확인한 후 메모한다.
· 끊을 때는 문의사항을 마무리한 후 감사의 인사를 하고, 고객이 수화기를 내려놓을 때까지 기다렸다가 전화가 끊어진 것을 확인한 후에 수화기를 내려 놓는다.

인사말	감사합니다. 아름다움을 찾아드리는 ○○○미용실(피부관리실, 네일샵, 이용실)입니다.

4) 고객 접점 유형별 상담훈련

(1) 전화 받을 때와 방문 예약 시 접점(뷰티 모든 분야별 공통)

<table>
<tr><th colspan="2" rowspan="2">세부 MOT</th><th rowspan="2">표 준 안</th><th colspan="2">점검결과</th></tr>
<tr><th>양호</th><th>불량</th></tr>
<tr><td rowspan="3">도
입</td><td>전화벨이
울릴 때</td><td>- 전화벨이 3번 이상 울리기 전에 전화를 받는다.</td><td></td><td></td></tr>
<tr><td>받았을
때</td><td>- 인사말과 샵 이름을 정확하게 끊어서 말한다.
· "감사합니다.
아름다움을 찾아드리는 (업소명)○○점입니다."</td><td></td><td></td></tr>
<tr><td>늦게
받았을
때</td><td>- 사과 인사말과 샵 이름을 말한다.
(공손하고 죄송스런 마음가짐으로)
· "오래 기다리게 해드려 죄송합니다.
~ (업소명)○○점입니다."</td><td></td><td></td></tr>
<tr><td rowspan="3">안
내</td><td>담당자
연결
할 때</td><td>- 수화기를 한 손으로 막아 소음을 차단 후 신속하게 담당자 연결한다.
·"실례지만, 어느 분이시라고 전해 드릴까요?"
→ "네~ 연결해 드리겠습니다. 잠시만 기다려 주세요."</td><td></td><td></td></tr>
<tr><td>담당자
부재 혹은
통화
중일 때</td><td>- 메모 여부를 확인한다.
(공손하고 죄송스런 마음가짐으로)
·"죄송합니다만, ○○○원장(실장, 선생)님께서 지금 부재(통화)중이신데 메모를 남겨 드릴까요?"</td><td></td><td></td></tr>
<tr><td>위치
설명</td><td>- 샵 위치는 주변 큰 건물이나 지하철역, 정류장을 중심으로 설명할 수 있도록 약도를 준비한다.
· 도 보 : " "
· 대중교통 : " "
· 자 가 용 : " "</td><td></td><td></td></tr>
</table>

예약	신규 고객	① 관심표현 및 방문을 유도 · "어떤 관리를 안내해 드릴까요?" → "네, ○○ 관리는~(간단히 서비스 프로그램 안내 후) "자세한 상담을 방문하셔서 상담 받아 보시는 것은 어떠세요?"		
		② 예약의사 확인 ·"편하신 시간을 말씀해 주시면 예약을 도와 드리겠습니다." ·"○시쯤 방문하시면 기다리지 않으시고 바로 관리를 받을 수 있습니다. ○시 괜찮으십니까?"		
		③ 위치설명 ·"샵 위치는 알고 계십니까?" → "어떤 교통편을 이용하십니까?" → 교통편에 따른 위치를 안내한다.		
	기존 고객	- 안부 인사를 한다. (고객의 이름을 넣어서) · "안녕하세요. ○○○ 고객님. 잘 지내시죠?" · " 지난번 관리 후 불편한 점은 없으셨어요?" - 예약을 도와준다. · "오실 수 있는 시간을 말씀해 주시면 예약을 해드리겠습니다." → "네, ○월 ○일 ○시에 예약되셨습니다. 예약하신 날 뵙겠습니다."		
종결	끊을 때	- 끝인사를 한다. · "감사합니다. (행복한 하루 되십시오.)" - 고객이 수화기를 놓기를 기다리며 2초 정도 후 후크를 눌러 전화를 끊은 뒤 수화기를 내린다.		

⌘ **Memo.**

(2) 방문 및 대기접점

① 헤어 샵

<table>
<tr><th colspan="2" rowspan="2">세부 MOT</th><th rowspan="2">표준안</th><th colspan="2">점검결과</th></tr>
<tr><th>양호</th><th>불량</th></tr>
<tr><td colspan="2">고객 맞이</td><td>- 고객을 맞이한다. (미소 지으며)
·"어서 오십시오. ○○○을 찾아주셔서 감사합니다."
- 대기장소로 안내한다. (고객의 몇 걸음 앞에서 대기장소를 두 손으로 안내하며)
·"고객님, 죄송합니다만 먼저 오신 고객님을 관리 중이니 잠시만 앉아서 기다려 주시겠습니까?"
·"죄송합니다만, 이쪽에 앉으셔서 ○○분만 기다려 주시겠습니까?"
·"고객님, 이쪽으로 앉으십시오."</td><td></td><td></td></tr>
<tr><td rowspan="2">대기 및 상담</td><td>차 대접</td><td>- 차를 대접한다.
(고객 앉은 후 음료 메뉴판을 드리며 선택을 기다린다)
·"저희 샵에 준비된 음료입니다. 어떤 음료로 준비해 드릴까요?"
→ "네, 잠시만 기다리시면 음료를 준비해 드리겠습니다."</td><td></td><td></td></tr>
<tr><td>신규 고객</td><td>- 방문 목적 확인 및 관리 상담을 한다.
(고객이 차를 마시는 동안 상담 시작)
" 고객님~ 오늘 저희 샵에 처음 방문하셨습니까?"
→ "저희 샵을 방문해 주셔서 감사합니다.
저는 ○○○원장 ○○○입니다."
→ "오늘 생각하고 오신 헤어스타일이 있으신가요?"
→ "(잡지나 아이패드를 보여주며) 혹시 이 중에 마음에 드는 헤어스타일이 있으십니까?"
→ "(관리 시 진행과정, 특이사항, 관리비용 안내)
예시 : ○○스타일은 커트 후 펌이 진행되고, 총 시간은 ○시간이 소요됩니다. 관리비용은 ○○만원입니다. 그런데 염색과 펌을 동시에 하게 되면 모발의 손상이 심합니다. 이번에 펌을 먼저 하시고 다음에 염색을 하시면 어떨까요?" → "(관리 결정 후 재차 확인)○○스타일 준비하겠습니다."</td><td></td><td></td></tr>
</table>

	기존 고객	- 예약확인 및 관리 상담을 한다. (고객이 차를 마시는 동안 상담 시작) ·"고객님, 저희 샵을 다시 방문해주셔서 감사합니다." → "고객님, 예약 확인해 드리겠습니다. (성함과) 핸드폰 뒷자리 확인 부탁드리겠습니다." → "(예약확인 후)고객님, ○○관리 예약 맞으시죠? 오늘 어떤 스타일을 원하십니까?" → "(잡지나 아이패드를 보여주며) 혹시 이 중에 마음에 드는 머리 모양이 있으십니까?" → "(관리 시 진행과정, 특이사항, 관리비용 안내) 예시 : 위 "첫 방문" 내용 참조" → "(관리 결정 후 재차 확인) ○○스타일 준비하겠습니다."		
	예약 없이 방문	- 고객 관리 중 고객이 예약 없이 방문할 경우 양해를 구한다. ·"(공손하고 죄송스런 마음가짐으로) 고객님, 저희 샵은 예약제로 운영되고 있어서 ○○분(시간)쯤 기다리셔야 하는데 괜찮으시겠습니까?" ① 기다리겠다고 할 경우 : 차 대접하기 ② 다음에 방문하겠다고 할 경우 · "○시부터 ○시 사이에 관리 가능하신데 시간 괜찮으십니까?" · "(첫 방문의 경우 명함을 건네며)고객님 편하신 시간에 전화주시면 예약을 도와드리겠습니다."		
관리 준비	가운 드리기	- 가운을 드린다. (두 손으로 공손히 가운을 입혀 드리며) · "고객님, 이 가운으로 갈아입으십시오."		
	물품 보관	- 보관할 물품을 받는다. (고객이 보관할 물품을 건네면 두 손으로 공손히 받기) · "겉옷과 가방은 보관함에 보관해 드리겠습니다." → "(보관함에 고객 물품 보관 후 열쇠를 드리며) 여기 고객님 보관함 열쇠입니다."		
	자리 안내	- 자리를 안내한다. (이전 관리 후 자리가 잘 정리되었는지 확인 후 안내) · "오랫동안 기다리셨습니다. 자리로 안내해 드리겠습니다." → "고객님 이쪽으로 앉으십시오."		

② 피부 샵

<table>
<tr><th colspan="2" rowspan="2">세부 MOT</th><th rowspan="2">표준안</th><th colspan="2">점검결과</th></tr>
<tr><th>양호</th><th>불량</th></tr>
<tr><td colspan="2">고객 맞이</td><td>- 고객을 맞는다. (미소 지으며)
· "어서 오십시오. ○○○을 찾아주셔서 감사합니다."
→ "(슬리퍼를 고객 앞에 놓으며) 슬리퍼로 갈아 신으시 면 신발은 제가 정리하겠습니다."
- 대기장소로 안내한다.
(고객의 몇 걸음 앞에서 대기장소를 두 손으로 안내하며)
· "이쪽으로 앉으십시오."
· "이쪽으로 안내해 드리겠습니다."</td><td></td><td></td></tr>
<tr><td rowspan="2">대기 및 상담</td><td>차 대접</td><td>- 차를 대접한다. (고객 앉은 후 음료 메뉴판을 건넨다.)
· "저희 샵에 준비된 음료입니다. 어떤 음료로 준비해 드릴까요?"
→ "(매뉴얼 북을 드리며 고객이 음료를 선택할 때까지 기다린다) 네, 잠시만 기다리시면 음료를 준비해 드리겠습니다."</td><td></td><td></td></tr>
<tr><td>신규 고객</td><td>- 방문 목적 확인 및 관리 상담을 한다.
(고객이 차를 마시는 동안 상담 시작)
· "실례지만, 고객님 오늘 저희 샵에 처음 방문하셨습니까?"
→ "저희 샵을 방문해 주셔서 감사드립니다.
저는 ○○○원장 ○○○입니다."
→ "오늘 어떤 관리를 원하십니까?"
→ "(관리 시 진행과정, 특이사항, 관리비용 안내)
예시 : ○○관리는 클렌징-각질제거를 위한 딥클렌징-영양공급을 위한 앰플투여-안색을 맑게 해주는 매뉴얼테크닉-보습을 위한 모델링 마스크가 진행되고, 총 시간은 ○시간이 소요됩니다. 관리비용은 ○○만원입니다. 그런데 여드름 관리 시 매뉴얼테크닉을 하게 되면 여드름 악화가 될 수 있기 때문에 매뉴얼테크닉은 다음에 하시면 어떨까요?"
→ "(관리 결정 후 재차 확인)○○관리 준비하겠습니다. 기다리시는 동안 고객카드 작성 부탁드립니다."
- 탈의실로 안내한다. (양손으로 탈의실을 가리키며)
· "탈의실로 안내해 드리겠습니다."</td><td></td><td></td></tr>
</table>

<table>
<tr><td rowspan="2"></td><td>기존
고객</td><td>- 예약확인 및 관리 상담을 한다. (고객이 차를 마시는 동안 상담 시작)
· "고객님, 저희 샵을 다시 방문해주셔서 감사합니다." → "고객님 예약 확인해 드리겠습니다. (성함과) 핸드폰 뒷자리 확인 부탁드리겠습니다."
→ "(예약확인 후)고객님, ○○관리 예약 맞으시죠?"
→ "잠시 차를 드시고 계시면 준비되는 대로 안내해 드리겠습니다.(고객이 차 드실 동안 관리준비)"
- 탈의실로 안내한다. (양손으로 탈의실을 가리키며)
- "탈의실로 안내해 드리겠습니다."</td><td></td><td></td></tr>
<tr><td>예약
없이
방문</td><td>- 고객 관리 중 고객이 예약 없이 방문할 경우 양해를 구한다.
· "(공손하고 죄송스런 마음가짐으로)고객님, 저희 숍은 예약제로 운영되고 있어서 ○○분(시간)쯤 기다리셔야 하는데 괜찮으시겠습니까?"
① 기다리겠다고 할 경우 : 차 대접하기
(매뉴얼 북을 드리며 고객이 선택할 때까지 기다린다)
② 다음에 방문하겠다고 할 경우
· "○시부터 ○시 사이에 관리 가능하신데 시간 괜찮으십니까?"
· "(첫 방문의 경우 명함을 건네며) 고객님 편하신 시간에 전화주시면 예약을 도와드리겠습니다."</td><td></td><td></td></tr>
<tr><td>관
리
준
비</td><td>탈의실
이용
안내</td><td>- 탈의실 이용안내를 한다.
① 얼굴관리의 경우
· "옷은 전부 탈의해 주시고 가운 입고 나오시면 안내 도와드리겠습니다."
→ "착용하신 귀중품은 보석함에 넣어주시고, 관리 전에 화장실 이용 부탁드립니다."
② 바디관리의 경우
· "옷은 전부 탈의해 주시고 (일회용 속옷을 드리며) 일회용 속옷과 가운 입고 나오시면 안내 도와드리겠습니다."
→ "착용하신 귀중품은 보석함에 넣어주시고, 관리 전에 화장실 이용 부탁드립니다."</td><td></td><td></td></tr>
</table>

⌘ Memo.

③ 메이크업 샵

<table>
<tr><th colspan="2" rowspan="2">세부 MOT</th><th rowspan="2">표준안</th><th colspan="2">점검결과</th></tr>
<tr><th>양호</th><th>불량</th></tr>
<tr><td colspan="2">고객 맞이</td><td>- 고객을 맞이한다. (미소 지으며)
·“어서 오십시오. ○○○을 찾아주셔서 감사합니다.”
- 대기장소로 안내한다. (고객의 몇 걸음 앞에서 대기장소를 두 손으로 안내하며)
·“고객님, 죄송합니다만 먼저 오신 고객님을 관리 중이니 잠시만 앉아서 기다려 주시겠습니까?”
·“죄송합니다만, 이쪽에 앉으셔서 ○○분만 기다려 주시겠습니까?”
·“고객님, 이쪽으로 앉으십시오.”</td><td></td><td></td></tr>
<tr><td rowspan="2">대
기
및
상
담</td><td>차 대접</td><td>- 차를 대접한다. (고객 앉은 후 음료 메뉴판을 드리며)
·“저희 샵에 준비된 음료입니다. 어떤 음료로 준비해 드릴까요?”
→ “네, 잠시만 기다려 주십시오. 음료를 준비해 드리겠습니다.”</td><td></td><td></td></tr>
<tr><td>신규
당일
고객</td><td>- 방문 목적 확인 및 관리 상담을 한다. (고객이 차를 마시는 동안 상담 시작)
· “실례지만, 고객님 오늘 저희 샵에 처음 방문하셨습니까?”
→ “저희 샵을 방문해 주셔서 감사합니다. 저는 ○○○원장 ○○○입니다.”
→ “메이크업은 어떤 행사를 목적으로 받고자 하시는지요 ?”
→ “(잡지나 아이패드등의 자료를 보여주며)
”혹시 생각하고 계신 메이크업 스타일이 있으신가요 ?” → “(메이크업 받을 때 진행과정, 특이사항, 관리비용 등 안내)
예시 : 오늘 바로 메이크업을 받으실 건가요 ? 메이크업을 한 후 헤어스타일도 포함해서 진행해 드릴까요? 총 시간은 ○시간이 소요됩니다. 관리비용은 메이크업만 받으실 경우○○만원입니다. 마사지와 헤어스타일을 포함하는 경우는 ○○만원입니다.”
→ “(메이크업 관리 결정 후 재차 확인) 바로 준비하겠습니다.”</td><td></td><td></td></tr>
</table>

<table>
<tr><td rowspan="2"></td><td>예약
고객</td><td>- 메이크업을 받고자 하시는 날짜가 언제 이신가요 ?
예약확인 및 관리 상담을 한다.
(고객이 차를 마시는 동안 상담 시작)
·"고객님, 저희 샵을 방문해주셔서 감사합니다."
→ "고객님, 행사날짜에 맞추어 예약해 드리겠습니다. (성함과) 핸드폰 뒷자리 확인 부탁드리겠습니다."
→ "(예약확인 후)고객님, 메이크업 필요하신 날짜가 ○월○일 ○시 맞으시죠?
→ 평균 소요시간이 2시간 정도 되므로 참고하시고 예약시간 ○시까지 방문해 주십시오.</td><td></td><td></td></tr>
<tr><td>예약
없이
방문</td><td>- 고객 관리 중 고객이 예약 없이 방문할 경우 양해를 구한다.
·"(공손하고 죄송스런 마음가짐으로) 고객님, 저희 샵은 예약제로 운영되고 있어서 ○○분(시간)쯤 기다리셔야 하는데 괜찮으시겠습니까?"
① 기다리겠다고 할 경우 : 차 대접하기
② 다음에 방문하겠다고 할 경우
· "○시부터 ○시 사이에 관리 가능하신데 시간 괜찮 으십니까?"
· "(첫 방문의 경우 상담 후 고객카드 작성 부탁드립니다. 예약을 도와드리겠습니다." 필요하신 날짜를 말씀해 주시면 예약해 드리겠습니다.</td><td></td><td></td></tr>
<tr><td rowspan="3">관
리
준
비</td><td>가운
드리기</td><td>-가운을 드린다.(두 손으로 공손히 가운을 입혀 드리며)
· "고객님, 이 가운으로 갈아입으십시오."</td><td></td><td></td></tr>
<tr><td>물품
보관</td><td>- 보관할 물품을 받는다. (고객이 보관할 물품을 건네면 두 손으로 공손히 받기)
· "겉옷과 가방은 보관함에 보관해 드리겠습니다. 고가의 귀중품은 고객님 가방에 직접 넣어 주십시오 " → "(보관함에 고객 물품 보관 후 열쇠를 드리며) 여기 고객님 보관함 열쇠입니다."</td><td></td><td></td></tr>
<tr><td>자리
안내</td><td>- 자리를 안내한다. (이전 관리 후 자리가 잘 정리되었는지 확인 후 안내)
· "오랫동안 기다리셨습니다. 자리로 안내해 드리겠습니다." → "고객님 이쪽으로 앉으십시오."</td><td></td><td></td></tr>
</table>

④ 네일 샵

세부 MOT		표준안	점검결과	
			양호	불량
고객 맞이		- 고객을 맞는다. (미소 지으며) · "어서 오십시오. ○○○점을 찾아주셔서 감사합니다." - 대기장소로 안내한다. (고객의 몇 걸음 앞에서 대기장소를 두 손으로 안내하며) · "이쪽으로 앉으십시오." · "이쪽으로 안내해 드리겠습니다."		
대기 및 상담	차 대접	- 차를 대접한다. (고객 앉은 후 음료 메뉴판을 건넨다.) · "저희 샵에 준비된 음료입니다. 어떤 음료로 준비해 드릴까요?" → "네, 준비해 드리겠습니다." → "잠시만 기다리시면 차 준비해 드리겠습니다."		
대기 및 상담	신규 고객	- 방문 목적 확인 및 관리 상담을 한다. (고객이 차를 마시는 동안 상담 시작) · "고객님 오늘 저희 샵에 처음 방문하셨습니까?" → "저희 샵을 방문해 주셔서 감사드립니다. 저는 ○○○원장 ○○○입니다." → "오늘 어떤 관리를 원하십니까?" → "(관리 특이사항, 관리비용 안내) 예시 : ○○관리는 ○시간이 소요되고, 관리비용은 ○○만원입니다." → "(관리 결정 후 재차 확인)○○관리 준비(시작)하겠습니다."		
대기 및 상담	기존 고객	- 예약확인 및 관리 상담을 한다. (고객이 차를 마시는 동안 상담 시작) · "고객님, 저희 샵을 다시 방문해주셔서 감사합니다." → "고객님 예약 확인해 드리겠습니다. (성함과) 핸드폰 뒷자리 확인 부탁드리겠습니다." → "(예약확인 후)고객님, ○○관리 예약 맞으시죠?" → "잠시 차를 드시고 계시면 준비되는 대로 안내해 드리겠습니다.(고객이 차 드실 동안 관리준비)"		

<table>
<tr><td></td><td>예약
없이
방문</td><td>- 고객 관리 중 고객이 예약 없이 방문할 경우 양해를 구한다.
· "(공손하고 죄송스런 마음가짐으로)고객님, 저희 샵은 예약제로 운영되고 있어서 ○○분(시간)쯤 기다리셔야 하는데 괜찮으시겠습니까?"
① 기다리겠다고 할 경우 : 차 대접하기
(매뉴얼 북을 드리며)
② 다음에 방문하겠다고 할 경우
· "○시부터 ○시 사이에 관리 가능하신데 시간 괜찮으십니까?"
· "(첫 방문의 경우 명함을 건네며) 고객님 편하신 시간에 전화주시면 예약을 도와드리겠습니다."</td><td></td><td></td></tr>
<tr><td colspan="2">자리 안내</td><td>- 자리를 안내한다.
(이전 관리 후 자리가 잘 정리되었는지 확인 후 안내)
· "오랫동안 기다리셨습니다.
자리로 안내해 드리겠습니다."
→ "고객님 이쪽으로 앉으십시오."</td><td></td><td></td></tr>
</table>

⌘ **Memo.**

(3) 고객관리접점

① 헤어 샵

<table>
<tr><th colspan="2" rowspan="2">세부 MOT</th><th rowspan="2">표준안</th><th colspan="2">점검결과</th></tr>
<tr><th>양호</th><th>불량</th></tr>
<tr><td rowspan="3">관리전</td><td>Eye Contact</td><td>- 고객과 대화할 때는 항상 상대방의 눈을 마주보고 말한다.
- 앉을 자리를 가리키며(손바닥을 보이며 안내. 손가락 사용 금지)안내한다.
· “(안녕하세요.) 이쪽으로 앉으세요.”</td><td></td><td></td></tr>
<tr><td>소개</td><td>- 자신을 정식으로 소개한다.
※ 단, 대기 시 충분히 소개했을 경우 또는 기존 고객은 생략할 수 있다.
· “반갑습니다. 저는○○○원장(실장,디자이너)입니다.”
- 신규고객은 불안해한다. 편안한 마음으로 관리 받을 수 있도록 배려한다.
· “요즘 날씨가 너무 화창하지요?”
(small talk : 날씨, 사회이슈 등)</td><td></td><td></td></tr>
<tr><td>경청</td><td>- 고객의 말(원하는 스타일)을 끝까지 잘 듣고 난 후 관리에 대해 자세히 설명해 준다.</td><td></td><td></td></tr>
<tr><td rowspan="2">관리시</td><td>샴푸</td><td>- 고객을 샴푸대로 안내한다. (두 손으로 방향을 제시하며 에스코트)
· “고객님, 이쪽에서 샴푸해 드리겠습니다.”
- 고객이 샴푸대에 앉은 후 불편사항을 점검한다.
· “의자 깊숙이 앉으시고 목에 힘을 빼주십시오.”
→ “괜찮으십니까?”
→ “불편하시면 언제든지 말씀해 주십시오.”
- 물 온도를 확인한다.
· “고객님, 물 온도는 괜찮으십니까?”
- 샴푸를 마친 후 불편사항을 점검한다.
· “애쓰셨습니다. 혹시 면봉이나 티슈 필요하시면 말씀해 주시고요. 자리로 안내해 드리겠습니다.”
- 다시 자리까지 안내한다.(두 손으로 방향을 제시하며 에스코트)</td><td></td><td></td></tr>
<tr><td>설명 및 점검, 고객 카드 작성</td><td>- 관리 단계마다 진행되는 과정에 대해 설명한다.
· “○○하겠습니다.”
- 불편함이 없는지 수시로 점검한다.
· “불편한 곳은 없으십니까?”
· “괜찮으십니까?”
- 관리 중 적당한 때에 고객카드를 받는다.
· “고객님, 저희 샵에서는 좀 더 좋은 서비스를 위해 고객카드를 관리하고 있습니다. 카드작성 부탁드리겠습니다.”</td><td></td><td></td></tr>
</table>

<table>
<tr><td></td><td>음료
접대</td><td>- 음료 주문 의사를 물어본다.
· “음료를 준비해드릴까요?”(“차 한 잔 더 준비해 드릴까요?”) → “무엇으로 준비해 드릴까요?“
→ ”네, 준비해 드리겠습니다.“
→ ”여기 주문하신 ○○입니다.“</td><td></td><td></td></tr>
<tr><td></td><td>잡지
제공</td><td>- 잡지 전달 의사를 물어본다.
· “읽으실 책 좀 가져다 드릴까요?”
→ “(쿠션을 고객의 무릎 위에 놓아주며) 고객님, 여 기 있습니다.”</td><td></td><td></td></tr>
<tr><td>관
리
후</td><td>스타일
점검</td><td>- 고객에게 스타일을 점검하게 한다.
(손거울을 건네며)
· “어떠세요? 마음에 드십니까?”
→ “(거울 반대방향으로 의자를 돌리며)잠깐 뒷모습을 보여 드리겠습니다.”
→ “혹시 좀 더 손질했으면 하는 곳 있으십니까?”
- 작업 보를 풀어 드린다. (조심스럽게)
· “긴 시간 애쓰셨습니다. 너무 잘 어울리세요.”
- 안내데스크로 안내한 후 결제를 도와드린다.
(두 손으로 방향을 제시하며 에스코트)</td><td></td><td></td></tr>
</table>

⌘ Memo.

② 피부 샵

세부 MOT		표준안	점검결과	
			양호	불량
관리전	Eye Contact	- 고객과 대화할 때는 항상 상대방의 눈을 마주보고 말한다. - 베드 시트를 걷으며 안내한다. · "(안녕하세요.) 고객님, 이쪽으로 누워주시겠습니까?" - 시트가 발끝까지 잘 덮어졌는지 확인 및 정리하고, 고객의 실내화도 정리한다.		
	소개	- 자신을 정식으로 소개한다. ※ 단, 대기 시 충분히 소개했을 경우 또는 기존 고객은 생략할 수 있다. · "반갑습니다. 저는 ○○○원장(실장)입니다." - 신규고객은 불안해한다. 편안한 마음으로 관리 받을 수 있도록 배려한다. · "요즘 날씨가 너무 화창하지요?" (small talk : 날씨, 사회이슈 등) ※ 피부관리 시에는 휴식이 필요하므로, 너무 많은 말은 피한다. 특히 고객의 말수가 적으면 대화하고 싶지 않을 수 있으므로 주의한다.		
관리시	피부 상태 파악	- 클렌징 단계 후 피부상태를 점검하고 고객에게 특히 신경 쓰이시는 부분을 물어보고 경청한다. - "고객님, 요즘 특히 신경 쓰이시는 부분 있으십니까?" - 점검한 피부상태와 고객의 요구를 반영하여 진행될 관리를 설명한다.		
	설명 및 점검	- 관리 단계마다 진행되는 과정에 대해 설명한다. · "○○에 좋은 ○○관리 하겠습니다." · "살짝 내리겠습니다." · "차갑습니다.", "뜨겁습니다." - 불편함이 없는지 수시로 점검한다. · "불편한 곳은 없으십니까?" · "괜찮으십니까?"		

	팩 도포	- 도포 제한 부위를 물어본다. · "눈과 입 모두 마스크를 도포해 드려도 괜찮으시겠습니까?" - 베개를 받쳐 준다. · "(고객의 머리를 살짝 손으로 받치며) 베개 받쳐 드리겠습니다." - 소요시간을 알려준다. · "15분 후에 마무리하겠습니다."		
	마무리	- 마무리의 시작을 알려준다. · "마무리하겠습니다." - 마무리 단계를 물어본다. · "선크림, 비비크림까지 발라 드릴까요?"		
관리 후	피부 상태 점검	- 고객에게 피부상태를 점검하게 한다. (손거울을 건네며) · "피부톤이 아주 맑아졌습니다." - 고객을 일으켜 앉힌다. (손으로 등을 받쳐주며) · "(어깨를 두드려주며) 긴 시간 애쓰셨습니다." - 실내화를 편하게 신을 수 있도록 나란히 놓아 준다. - 탈의실로 안내한다. · "옷 갈아입으시고 밖으로 나오시면 되십니다."		

③ 메이크업 샵

<table>
<tr><th colspan="2" rowspan="2">세부 MOT</th><th rowspan="2">표준안</th><th colspan="2">점검결과</th></tr>
<tr><th>양호</th><th>불량</th></tr>
<tr><td rowspan="3">관리전</td><td>Eye Contact</td><td>- 고객과 대화할 때는 항상 상대방의 눈을 마주보고 말한다.
- 앉을 자리를 가리키며(손바닥을 보이며 안내하고, 손가락 사용 금지)안내한다.
· "(안녕하세요.) 이쪽으로 앉으세요."</td><td></td><td></td></tr>
<tr><td>소개</td><td>- 자신을 정식으로 소개한다.
※ 단, 대기 시 충분히 소개했을 경우 또는 기존 고객은 생략할 수 있다.
· "반갑습니다.
저는 ○○○원장(실장, 디자이너)입니다."
- 신규고객은 불안해한다. 편안한 마음으로 관리 받을 수 있도록 배려한다.
· "요즘 날씨가 너무 화창하지요?" (small talk : 날씨, 사회이슈 등)</td><td></td><td></td></tr>
<tr><td>경청</td><td>- 고객의 말(원하는 메이크업스타일)을 끝까지 잘 듣고 난 후 관리에 대해 자세히 설명해 준다.(고객에 맞는 스타일과 색소선정 및 관리 방법 등)</td><td></td><td></td></tr>
<tr><td rowspan="2">관리시</td><td>설명 및 점검, 고객카드 작성</td><td>- 시술관리 단계마다 진행되는 과정에 대해 설명한다.
- 적당한 때에 고객카드를 드리며 작성을 부탁한다.
· "고객님, 저희 샵에서는 좀 더 좋은 서비스를 위해 고객카드를 관리하고 있습니다. 카드작성 부탁드리겠습니다."</td><td></td><td></td></tr>
<tr><td>시술 절차</td><td>- 고객을 작업대로 안내한다. (두 손으로 방향을 제시하며 에스코트)
· "고객님, 이쪽에서 메이크업 진행해 드리겠습니다."
- 고객이 작업대에 앉은 후 불편사항을 점검한다.
· "의자 깊숙이 앉으시고 시술을 위해 높낮이 조정을 해 드리겠습니다."
→ "괜찮으십니까?"
→ "불편하시면 언제든지 말씀해 주십시오."
피부상태 점검 후
→ "기초화장은 하셨는지요?"
피부상태 파악후 피부타입(지성, 건성, 복합성, 예민 등)에 맞는 메이크업 시술전 필요한 피부 관리</td><td></td><td></td></tr>
</table>

		- 시술관리 단계마다 진행되는 과정에 대해 설명한다. · "속 눈썹 시술하겠습니다. 어떤 스타일로 해 드릴까요 ? " - 불편함이 없는지 수시로 점검한다. · "불편한 곳은 없으십니까?" · "괜찮으십니까?" - 시술이 다 끝나면 · "고객님, 메이크업이 다 되었습니다. 보완할 것이 있으면 말씀해 주십시오 ."(거울을 보도록 해 준다) 다음 작업을 위해 이동하시겠습니다.(헤어스타일링 하는 경우) 에스코트하며 자리 안내		
	음료 접대	- 음료 주문 의사를 물어본다. · "음료를 준비해드릴까요?" ("차 한 잔 더 준비해 드릴까요?") → "어떤 음료로 준비해 드릴까요?" → "네, 준비해 드리겠습니다." → "여기 주문하신 ○○입니다."		
	잡지 제공	- 잡지 전달 의사를 물어본다. · "읽으실 책 좀 가져다 드릴까요?" → "(쿠션을 고객의 무릎 위에 놓아주며) 고객님, 여기 있습니다."		
관리 후	스타일 점검	- 고객에게 메이크업과 헤어스타일 전체에 대한 만족도를 점검하게 한다. (손거울을 건네며) · "어떠세요? 마음에 드십니까?" → "(거울 반대방향으로 의자를 돌리며) 잠깐 뒷모습을 보여 드리겠습니다." → "혹시 좀 더 손질했으면 하는 곳 있으십니까?" - 작업 보를 풀어 드린다. (조심스럽게) · "긴 시간 애쓰셨습니다. 너무 잘 어울리세요." - 안내데스크로 안내한 후 결제를 도와드린다. (두 손으로 방향을 제시하며 에스코트)		

④ 네일 샵

<table>
<tr><th colspan="2" rowspan="2">세부 MOT</th><th rowspan="2">표준안</th><th colspan="2">점검결과</th></tr>
<tr><th>양호</th><th>불량</th></tr>
<tr><td rowspan="3">관리전관리전관리전</td><td>Eye Contact</td><td>- 고객과 대화할 때는 반드시 눈을 마주 보고 말한다.
- 앉을 자리를 가리키며(손바닥을 보이며 안내. 손가락 사용 금지)안내한다.
·“(안녕하세요.) 이쪽으로 앉으세요.”</td><td></td><td></td></tr>
<tr><td>소개</td><td>- 자신을 정식으로 소개한다.
※ 단, 대기 시 충분히 소개했을 경우 또는 기존 고객은 생략할 수 있다.
· “반갑습니다. 저는 ○○○원장(실장)입니다.”
- 신규고객은 불안해한다. 편안한 마음으로 관리 받을 수 있도록 배려한다.
· “요즘 날씨가 너무 화창하지요?”
(small talk : 날씨, 사회이슈 등)</td><td></td><td></td></tr>
<tr><td>경청</td><td>-고객의 말을 끝까지 잘 듣고 난 후 관리를 시작한다.
(칼라판, 아트판 등을 제시하고, 칼라·아트·손톱 모양·길이 등 고객의 요구를 파악)</td><td></td><td></td></tr>
<tr><td rowspan="3">관리시관리시관리시</td><td>설명 및 점검</td><td>- 관리 단계마다 진행되는 과정에 대해 설명한다.
· “○○ 하겠습니다.”
- 불편함이 없는지 수시로 점검한다.
· “불편한 곳은 없으십니까?”
· “괜찮으십니까?”
· “아프시진 않습니까?”
· “칼라는 마음에 드십니까?”
· “길이나 모양은 괜찮으십니까?”</td><td></td><td></td></tr>
<tr><td>드라이</td><td>- 드라이 횟수를 알려준다.
· “○번 정도 드라이 한 후 마무리하겠습니다.”</td><td></td><td></td></tr>
<tr><td>마무리</td><td>- 드라이 정도를 확인 후 마무리한다.
· “마무리하겠습니다.”</td><td></td><td></td></tr>
<tr><td>관리후</td><td>스타일 점검</td><td>- 고객에게 스타일을 점검하게 하고 주의사항을 알려준다.
· “긴 시간 애쓰셨습니다. 너무 잘 어울리세요.”
→ “어떠세요? 마음에 드십니까?”
→ “찍히지 않도록 오늘은 조심해 주십시오.”</td><td></td><td></td></tr>
</table>

(4) 결제, 약속 및 배웅 접점

① 헤어 샵

세부 MOT	표준안	점검결과	
		양호	불량
보관품 수령	- 고객으로부터 보관함 열쇠를 받은 후 보관 물건을 드린다. (두 손으로 공손히) · "보관함 열쇠 주시면 보관하신 물건을 찾아 드리겠습니다." → "맡기신 물품은 코트와 가방이시죠?"		
결제	- 결제안내를 한다. · "오늘 ○○관리 받으셨고요. 관리비용은 ○○만원입니다. 어떻게 결제해 드릴까요?" ① 카드결제 시 · "할부는 어떻게 해 드릴까요?" → "서명 부탁드립니다." → "(두 손으로 공손히) 여기 영수증입니다." ② 현금결제 시 (현금영수증 발급할 경우) · "현금영수증 해 드릴까요?" → "핸드폰 번호 부탁드립니다." → "(두 손으로 공손히) 여기 영수증과 거스름돈입니다." ③ 현금결제 시 (현금영수증 발급하기 않을 경우) · "(두 손으로 공손히) 여기 거스름돈입니다."		
퇴방 인사	- 퇴방인사를 한다. ① 신규고객 퇴방 시 · "(준비한 명함을 두 손으로 드리며) 고객님, 제 명함입니다. 예약하시고 방문하시면 미리 준비하도록 하겠습니다." ② 기존고객 퇴방 시 · "예약하시고 방문하시면 미리 준비하도록 하겠습니다." - 문 앞까지 고객을 따라나선다. · "감사합니다. 다음에 또 뵙겠습니다."		

② 피부 샵

세부 MOT	표준안	점검결과 양호	점검결과 불량
마무리 상담	- 차 대접하며 관리만족 여부를 물어본다. · "고객님, 혈액순환과 노폐물 배출에 도움을 주는 허브티입니다. 오늘 관리는 편안하셨어요?" - 다음 관리를 예약한다. · "다음 관리는 언제가 편하시겠습니까?" → "(스케줄 목록 확인 후) 네, ○월 ○일 ○시에 ○○관리 예약해 드리겠습니다."		
결제	- 결제안내를 한다. 〈1회 결제 시〉 · "오늘 ○○관리 받으셨고요. 관리비용은 ○○만원입니다. 어떻게 결제 해 드릴까요?" ① 카드결제 시 · "할부는 어떻게 해 드릴까요?" → "서명 부탁드립니다." → "(두 손으로 공손히) 여기 영수증입니다." ② 현금결제 시 (현금영수증 발급할 경우) · "현금영수증 해 드릴까요?" →"핸드폰 번호 부탁드립니다." →"(두 손으로 공손히)여기 영수증과 거스름돈입니다." ③ 현금결제 시 (현금영수증 발급 안할 경우) · "(두 손으로 공손히) 여기 거스름돈입니다." 〈횟수제 회원일 경우〉 "고객님, 오늘이 전체 ○회 중 ○회차 관리였습니다." 〈금액제 회원일 경우〉 "고객님, 오늘 관리 ○○만원 차감되셔서 현재 ○○만원 남으셨습니다."		
퇴방 인사	- 퇴방인사를 한다. ① 신규고객 퇴방 시 "(준비한 명함을 두 손으로 드리며) 고객님, 제 명함입니다. 예약하시고 방문하시면 미리 준비하도록 하겠습니다." ② 기존고객 퇴방 시 "예약하시고 방문하시면 미리 준비하도록 하겠습니다." - 문 앞까지 고객을 따라나선다. · "감사합니다. 다음에 또 뵙겠습니다."		

③ 메이크업 샵

세부 MOT	표준안	점검결과	
		양호	불량
보관품 수령	- 고객으로부터 보관함 열쇠를 받은 후 보관 물건을 드린다. (두 손으로 공손히) "보관함 열쇠 주시면 보관하신 물건을 찾아 드리겠습니다." → "맡기신 물품은 코트와 가방이시죠?"		
결제	- 결제안내를 한다. "오늘 ○○시술 받으셨고요. 시술비용은 ○○만원입니다. 어떻게 결제해 드릴까요?" ① 카드결제 시 · "할부는 어떻게 해 드릴까요?" → "서명 부탁드립니다." → "(두 손으로 공손히) 여기 영수증입니다." ② 현금결제 시 (현금영수증 발급할 경우) · "현금영수증 해 드릴까요?" → "서명 부탁드립니다." → "(두 손으로 공손히) 여기 영수증과 거스름돈입니다." ③ 현금결제 시 (현금영수증 발급하기 않을 경우) ·"고객님 얼마 받았습니다. (두 손으로 공손히) 여기 거스름돈 얼마입니다."		
퇴방 인사	- 퇴방인사를 한다. ① 신규고객 퇴방 시 · "(준비한 명함을 두 손으로 드리며) 고객님, 제 명함입니다. 예약하시고 방문하시면 미리 준비하도록 하겠습니다." ② 기존고객 퇴방 시 · "예약하시고 방문하시면 미리 준비하도록 하겠습니다." - 문 앞까지 고객을 따라나선다. · "감사합니다. 다음에 또 뵙겠습니다."		

⌘ Memo.

④ 네일 샵

세부 MOT	표준안	점검결과	
		양호	불량
결제	- 결제안내를 한다. (손 칼라 후 고객의 손이용이 원활하지 않으므로 돕는다.) 〈1회 결제 시〉 · "오늘 ○○관리 받으셨고요. 관리비용은 ○○만원입니다. 어떻게 결제 해 드릴까요?" → "(손 칼라 후 고객이 지갑을 꺼낼 때)아직 완전히 드라이되지 않았으니 괜찮으시면 제가 도와드리겠습니다." ① 카드결제 시 · "할부는 어떻게 해 드릴까요?" → "서명 부탁드립니다." → "(두 손으로 공손히) 여기 영수증입니다." ② 현금결제 시 (현금영수증 발급할 경우) · "현금영수증 해 드릴까요?" → "서명 부탁드립니다." →"(두 손으로 공손히)여기 영수증과 거스름돈입니다." ③ 현금결제 시 (현금영수증 발급하지 않을 경우) · "(두 손으로 공손히) 여기 거스름돈입니다." - (손 칼라 고객의 경우)결제완료 후 고객의 소지품(카드, 가방 등)을 챙기는 것을 도와준다.		
퇴방인사	- 퇴방인사를 한다. ① 신규고객 퇴방 시 "(준비한 명함을 두 손으로 드리며) 고객님! 제 명함입니다. 예약하시고 방문하시면 미리 준비하도록 하겠습니다." ② 기존고객 퇴방 시 "예약하시고 방문하시면 미리 준비하도록 하겠습니다."		

⌘ Memo.

5) 상황에 따른 접객 예절

(1) 고객을 안내할 때의 예절

① 고객이 궁금해 하지 않도록 안내할 장소를 먼저 말해 준다.
② 고객의 오른쪽 2보 앞에서 몸을 고객 쪽으로 약간 비켜 선 자세로 고객의 보행 속도에 맞춰서 걷는다.
③ 코너를 돌 경우에는 고객 쪽을 보면서 가야 할 방향을 손을 모아 가리킨다.

(2) 방향, 위치 등을 지시할 때의 예절

① 밝은 표정으로 먼저 안내할 방향을 가리킨다.
② 상체를 지시 방향으로 약간 숙이면서 정중하게 지시한다.
③ 팔꿈치의 각도는 목적지까지의 거리감을 나타내는 데 사용하므로, 가까운 곳을 가리킬 때는 팔꿈치를 구부리고, 먼 곳을 가리킬 때는 팔꿈치를 편다.
④ 시선은 고객의 눈, 가리키는 방향, 고객의 눈으로 이동하면서 상대편이 이해 했는가를 살핀다.
⑤ 사람을 지시할 때는 "저 분이십니다." 등의 말과 함께 반드시 양손으로 표시한다.
⑥ 오른쪽 방향은 오른손으로 지시한다.
⑦ 왼쪽 방향은 왼손으로 지시한다.
⑧ 뒤쪽 방향은 몸 전체를 돌려 이동하며 지시한다.

(3) 문을 열고 닫을 때의 예절

① 앞으로 당기는 문(손잡이를 잡고 몸 쪽으로 끌어당겨 여는 문)의 예절
- 손잡이를 당겨 문을 열고 서서 고객이 먼저 들어가도록 한 후, 서비스 안내자가 뒤 따라 들어간 후 문을 닫는다.

② 밀고 들어가는 문의 예절
- 문을 열고 안내자가 먼저 들어가 고객 쪽을 보면서 손잡이를 잡고 서서 고객이 들어 오도록 한 후 문을 닫는다.

(4) 계단에서 안내할 때의 예절

① 고객에게 미리 층수를 말해 준다. 고객이 계단의 손잡이 쪽에서 걷도록 한다.
② 올라갈 때는 고객이 먼저 올라가도록 한다(고객이 여성인 경우 안내자가 먼저 올라간다).
③ 내려갈 때는 안내자가 먼저 내려간다(고객이 여성인 경우 고객이 먼저 내려온다).

(5) 엘리베이터를 이용할 때의 예절

① 이미 다른 사람이 타고 있을 때에는 고객이 먼저 탑승하도록 한다.
② 고객에게 “실례하겠습니다.”라고 양해를 구하고 서비스 안내자가 먼저 탑승하여 열림 버튼을 누른 후 고객이 탑승하도록 한다.
③ 탑승 후 층수를 말해 준다.
④ 고객이 먼저 내리도록 한다.
⑤ 다른 사람이 같이 타고 있을 때에는 가볍게 목례를 한 후 내리거나 실례합니다.” 라고 인사를 한 후 내린다.
⑥ 회전문이나 에스컬레이터 이용 시에는 고객이 앞에 서도록 한다.

(6) 물건을 전달할 때의 예절

① 고객의 정면에서 전달한다.
② 상체를 앞으로 10도 정도 숙이며 양손으로 전달한다.
③ 가슴과 허리선 사이의 위치에서 똑바르게 전달한다.
④ 적절한 표현과 함께 전달한다.
⑤ 시선은 고객의 눈, 물품, 고객의 눈으로 이동하며 얼굴에는 밝은 미소를 띤다.

(7) 현금이나 카드를 받을 때의 예절

① 고객의 정면에서 받는다.
② 두 손으로 공손하게 받는다.
③ 상체를 약간 숙이며 받는다.
④ 내용물을 확인하고 “만 원 받았습니다.” 등 말로 다시 한 번 확인한다.
⑤ “감사합니다.”라고 밝게 인사 한다.

(8) 차(음료) 접대할 때의 예절

① 고객을 상석에 앉도록 권한다.
② 준비된 차를 말하고 의사를 확인한다.
(예문: “따뜻한 커피와 시원한 주스가 준비되어 있습니다.
무엇을 드시겠습니까?”)
③ 찻잔이 깨끗한지 청결상태를 확인하고 따뜻한 차는 뜨거운 물로 찻잔을 헹구어 낸 후 차를 따르다.

④ 차의 종류에 따라 적당한 온도로 차를 끓이며 찻잔에 70~80%정도의 분량을 채운다.
⑤ 쟁반을 양손으로 가슴 위치까지 들고 테이블로 이동한다.
⑥ 고객의 테이블 옆에 가서 목례를 하고 손님의 오른쪽에 찻잔을 놓는다.
⑦ 잔 받침을 잡고 옮겨야 하나 받침이 없는 경우 입이 닿지 않는 부분을 잡는다.
⑧ 빈 쟁반은 세로로 몸 옆에 붙여서 잡으며 고객에게 다시 목례를 한다.

6) 뷰티샵에서 고객접점의 순간시 고객에게 불쾌감을 주는 사례

① 전화를 빨리 받지 않을 때
② 뷰티샵의 위치 문의 시 확실하게 설명해주지 못할 때
③ 관리사와 연결이 힘들 때
④ 시술가격에 대해 명확히 설명해주지 않을 때
⑤ 매장의 안내데스크가 복잡할 때
⑥ 기다려야 할 때 얼마나 기다려야 하는지 알려주지 않을 때
⑦ 고객이 받고 싶은 시술에 대해 상담이 제대로 이루어지지 않을 때
⑧ 시술을 받을 때 희망하는 관리사의 시술을 받기가 어려울 때
⑨ 시술을 받을 때 관리에 대한 설명보다 직원의 사적인 얘기를 들을 때
⑩ 차나 음료 서비스를 받을 때 찻잔이나 컵의 위생상태가 불결할 때
⑪ 화장실이 불결하거나 너무 많은 광고전단이 붙어 있을 때
⑫ 차나 음료를 재차 요구했는데 즉시 가져다주지 않을 때
⑬ 시술을 받는 도중 제품이 고객의 옷이나 다른 부위에 묻었을 때
⑭ 시술을 받은 미용(헤어, 피부관리, 네일, 메이크업)상태가 마음에 안들 때
⑮ 시술가격에 대해 시술 전 설명을 듣지 못했을 때
⑯ 필요하지 않은 제품을 강제로 구매하게 할 때
⑰ 영업종료 시간이 가까울수록 시술을 받을 때 눈치가 보이는 경우
⑱ 주차장이 없거나 공간이 너무 좁아 주차가 힘들 때

위와 같은 사례들은 얼마든지 다양하게 생겨날 수 있으며, 적극적으로 개선할 수 있는 부분들이다.

7) 불만고객 응대요령

불만고객이 나오지 않도록 서비스 언어를 사용하고 반복적인 연습으로 고객 응대를 잘 할 수 있도록 한다.

(1) 불만고객이 발생하지 않도록 하는 서비스 언어교육

[표 1] 불만 고객 응대 시 언어 사용

부정형의 언어	긍정형의 언어
· 그건 제가 할 수 없죠. · 확인해 봐야 알겠는데요.	- 그건 미처 몰랐습니다만 ~ - 네, 확인하고 알려드리겠습니다.
· 빨라야 3일입니다. · 기다리세요.	- 최대한 노력을 해 보겠습니다만, 최소한 3일은 걸리겠습니다. - 네, 지금 이 업무가 끝나는 대로 바로 처리해 드리겠습니다.
· ~해 주세요. ~하세요. · 잠시만 기다리세요. · 이쪽으로 오세요.	- ~해 주시겠습니까? - ~해 주시기를 바랍니다. - ~해 주시면 감사하겠습니다. - 잠시 기다려 주시겠습니까? - 잠시 기다려 주시기 바랍니다. - 이쪽으로 오시겠습니까?

(2) 뷰티샵에서 불만 고객 발생 유형

미용작업(시술) 도중 또는 끝난 후 고객이 불만을 표현할 경우 불만 요소를 제거해 주어야 한다. 고객이 만족할 수 있도록 끝까지 최선을 다하여야 한다.

[표 2] 불만 고객 대처 방법

불만 사례 유형	처리 방법 및 불만 요소 줄이기 위한 방법
미용시술 시 나타나는 불만 - 터치가 너무 세다. - 디자이너의 말투가 못 마땅하다.	- 고객이 원하는 대로 터치의 세기를 조절 - 무조건 "죄송합니다. 그렇게 말씀 드린 것은 아닌데 기분 나쁘셨다면 죄송합니다." - 언제 어디서나 친절한 말투로 말할 수 있도록 반복 연습이 필요하다.
접객 서비스에 대한 불만 - 인사를 제대로 하지 않았다. - 왜 기다리는지 모르고 오래 기다리게 했다.	- 고객은 여왕 같은 대접을 기대하고 있기 때문에 인사부터 시작해서 모든 상황에서 최선의 서비스가 필요하다. - 고객에게 감동을 주지 못한 서비스가 되었다면 '죄송하다'고 진심으로 사과하고 자신의 행동을 살펴볼 필요가 있다.
완성된 작업이 고객의 기대에 못 미쳐 만족하지 못할 때	- 시술 완성 시 불만이면 최대한 고객이 원하는 대로 수정해 준다. 그래도 마음에 안 든다고 하면 숍에서 가장 높은 직급의 아티스트 또는 원장이 수정 해 준다.

Part Ⅱ

뷰티서비스 경영관리

04 고객만족을 위한 뷰티서비스 경영
05 위생관리 이론
06 재고관리 이론
07 재무관리 이론
08 홍보관리 이론

Chapter 04

고객만족(CRM:Customer Relationship Management)을 위한 뷰티서비스 경영

1. 고객만족 경영(CS : Customer Satisfaction)

고객만족에 있어서 무형의 상품을 판매하는 미용인들은 자신이 가지고 있는 내공 즉, 스스로를 인정하고 직업에 대한 자긍심을 갖고 있는 것이 중요한 변수로 작용한다. 고객에 대한 배려와 언어는 판매욕구를 증가시키는 작지만 큰 요인으로 작용한다. 한 순간의 무심한 말투가 고객의 변심을 유도할 수도 있다. 그러므로 고객이 필요로 하는 것(needs)을 파악하는 것이 더욱 중요하다고 할 수 있다.

뷰티서비스분야는 단순히 기술을 연마하고 획일화된 기술을 제공하는 것만으로 고객의 만족을 이끌어낼 수 없다. 인간은 누구나 존중 받기를 바라고, 삶의 기본은 예절이라 할 수 있다. 특히 뷰티서비스 분야의 경우는 스킨십이 많이 이루어지고 고객과의 친밀감이 돈독해질수록 잘못된 고객서비스가 원인이 되어 고객이 떠나가는 경우를 많이 볼 수 있다. 그래서 정서적으로 안정된 예의범절을 가르치고, 고객응대방법을 교육하는 것은 기본이다. 또한 고객만족을 위해 기본을 갖추는 것도 중요하지만 전문적인 소양을 갖추는 것도 중요 항목이다. 현대사회는 다른 어떠한 분야보다도 아름답고 여유로운 삶의 질을 지향하는 사람들이 뷰티분야에 자신을 투자하고자 하고, 다양한 직업에 종사하면서 외모적인 부분에 관심을 갖게 되었고, 남녀노소를 불문하고 미용에 돈을 아끼지 않는 추세이다. 그러므로 21세기 글로벌 시대에 사는 고객의 만족도를 높이기 위한 뷰티서비스 종사자들은 예절교육에 집중하는 것은 물론이고, 전문직업인으로의 자부심과 다양한 기술교육 및 지식교육을 통해 고객의 만족도를 이끌어내야 한다.

1) 고객 만족을 위한 고객의 종류와 성향 분석

(1) 고객의 종류

고객의 속성에 따라 그룹을 정리하고, 그에 따른 마케팅 대책을 세우는 것이 성공적인 고객만족 서비스를 유도할 수 있다. 고객의 정의는 유형 혹은 무형의 상품을 생산하고, 구매하고 이용하며, 서비스를 제공하는 과정에 관계된 자신이외의 모든 사람을 말한다.

① 내부고객

서비스를 제공하는 자신을 중심으로 상하전후로 관계가 있는 모든 사람

예〉 상사, 부하, 동료, 경영자, 관리자, 기술자, 생산자, 판매자 등 서비스 가치를 생산하고 제공하는 모든 직원

② 외부고객

유형 혹은 무형의 서비스나 상품을 구매하여 사용하는 일반고객

③ 중간고객

내부고객과 외부고객 사이에 매개체 역할을 하는 협력업체 관계자

'매개고객'이라고도 함.

즉, 내부고객인 기술과 서비스를 직접 제공하는 직원의 만족도가 높아야 외부고객에게 좋은 서비스를 제공할 수 있다.

④ 그 밖의 고객 분류

한번이라도 유형 혹은 무형의 서비스를 이용한 '기존고객'과 앞으로 이용 가능한 잠재고객('미래고객' 이라고도 함)이 있다.

(2) 고객의 성향

서비스가 보다 더 좋은 곳을 찾아 떠나는 이동성이 있으며, 아름다움에 대한 욕구 충족이 이루어질 경우 무보수로 걸어 다니는 자발적 홍보효과를 보일 수 있다.

① 경제적 고객

시간과 노력, 돈 등의 투자에 대한 최대효과를 기대하며, 경쟁 업체에 대한 정보가 밝고 까다로운 고객

② 윤리적 고객

업체의 윤리적인 행동에 비중을 두고, 깨끗하고 윤리적인 기업 선호하는 고객

③ 개인적 고객

획일화된 형식적인 서비스보다 개인맞춤의 서비스를 좋아하는 고객

④ 편의적 고객

편리성을 추구하여 필요하다면 추가비용지불을 아끼지 않는 고객

2) 고객만족경영 시스템

(1) 서비스제공 시스템

- 서비스 자세와 행동을 습관화하도록 교육

(2) 내부고객(직원)의 교육 시스템

- 서비스를 실행하는 경영자 및 직원의 마인드 교육
- 정규적인 세미나 등의 시간과 비용을 투자하여 전문적인 지식과 미용기술 교육
- 경영 및 마케팅 교육의 지속적 실시로 고객관리시스템 구축

(3) 고객 상담에 필요한 환경시스템

- 고객의 욕구 및 동향파악을 하고 데이터베이스 구축
- 고객만족을 위한 차원 높은 서비스 프로그램 상품 개발

2. 고객만족 서비스

*** 고객만족 = 고객감동**

고객이 만족하는 서비스란 제품과 그 외 유형 혹은 무형의 서비스 상품이 고객의 기대치에 넘어서는 결과를 창출해 내는 것이다. 그리하여 서비스 업체에 대한 믿음과 서비스에 만족한 고객이 재구매를 유도할 수 있다.

*** 서비스업체의 사업목적 = 이윤추구 = 고객만족이 경쟁력**

고객만족 서비스을 통해 고객확보가 이루어지면 상품구매로 연결되어 매출이 증가한다. 반면에 고객의 만족을 얻지 못하면 매출감소로 이어지고 경쟁업체로의 고객이동이 발생한다.

1) 고객만족도

'한국산업의 고객만족도'(KCSI)란 상품·서비스 등 산업에 대한 소비자들의 만족도를 나타내는 지수로, 한국 경제의 질적 성장을 평가하는 지표라고 할 수 있다. 한국능률협회컨설팅(KMAC)이 1992년 개발한 이 지표는 한국 산업 및 기업의 현 위치를 확인하고, 관련 산업과 기업의 경쟁력 향상을 위한 기초자료로 활용된다. 산출 방식은 100점 만점으로 전반적 만족도(40%) 요소 만족도(40%) 재구입 의향(20%) 등을 반영한다. 만족도는 크게 한국 전체 산업의 고객만족지수, 4개 산업 부문 고객만족지수, 108개 개별 산업 고객만족지수, 개별기업 고객만족지수 등 4가지 형태로 발표된다.

2) 고객만족에 영향을 미치는 요인

상품, 서비스, 이미지가 주요요인이다.

① 상품 : 하드부분 - 품질, 기능, 가격 등
　　　　소프트부분 -디자인, 색상, 상표 등

② 서비스 : 장소, 분위기, A/S, 고객의 소리접수 및 불만사항 처리, 접대 등

③ 이미지 : 기업광고 등을 통해 기업에 대한 이미지를 좋게 만들어 자사상품의 구매 욕구 유도

예> 문화활동, 스포츠활동에 필요한 공간 및 시설제공, 지원봉사활동, 환경보호 등

3) 고객만족을 위한 경영자의 역할

① 고객을 위한 인적 서비스를 실시한다.

- 전문 인력 배치, 직원들의 역할분담 명확히 하여 갈등 최소화

② 고객위주로 생각하고 구매심리를 파악한다.

③ 고객의 불만을 경청하고, 불만을 이야기하는 고객에 감사한다.

④ 고객의 눈높이에 맞춤 서비스로 고객만족 극대화 시킨다.

3. 뷰티서비스의 중요성

여성의 사회참여증가는 자신만의 사회적 캐릭터 형성에 투자를 증가시켰으며 그중 일부분은 미용분야에 많은 관심을 갖고 있다. 따라서 차별화된 마케팅 전략과 서비스로 고객들의 수준 향상과 뷰티분야의 과다한 경쟁으로 인한 부실경영에 대한 환경적 변화가 필요하다.

1) 고객만족도를 위한 뷰티서비스의 특징

① 물건만을 판매하는 것이 아니고 고객의 신체일부 변화에 투자된 기술과 시간에 대한 대가를 지불하는 것이다.
② 뷰티분야별 전문성을 가지고 있어야한다.
③ 주관적인 요소가 많아 환불요건이 충족되는데 어려움이 있다.
④ 기술종사자의 개인적 차이가 있어 서비스제공이 일정하지가 않다.
⑤ 뷰티서비스는 형태가 없으며 고객에 의해 평가되는 주관적 속성이다.
⑥ 뷰티서비스는 시간과 공간의 영향을 많이 받는다.
⑦ 뷰티서비스는 시술과 동시에 고객의 소비로 직결된다.
⑧ 뷰티서비스는 시술과 동시에 소멸성을 갖는다.

2) 뷰티서비스를 위한 경영자의 역할

① 경영자는 사업적 목표달성을 위해 필요한 경영활동 과정에서 냉철한 판단을 하고 직원의 업무활동을 지휘 조정하는 권한과 책임을 균형 있게 실시한다.
② 경영에 필요한 주요사항을 파악하여 직원에게 전달하고 그들의 활동을 지시, 감독 한다.
〈예〉 기업의 회장, 이사장, 조합장 등은 하위 경영자와 일선 종업원들 감독
③ 경영자는 창의적인 기술력이 있어야하며 트랜드를 이끌어갈 안목이 있어야 한다.

Chapter 05

위생관리 이론

1. 위생관리

1) 위생

위생의 사전적 의미는 오염과 감염의 요소로부터 보호하여 건강에 유익하도록 하는 일이지만, 메이크업 숍에서 위생 관리는 메이크업을 할 때 고객이 접할 수 있는 환경, 도구, 재료로 인하여 발생할 수 있는 오염과 감염 요소에 어떤 것이 있는지 살펴보고, 이런 일이 발생하지 않도록 점검하고 관리하여 늘 청결하게 유지할 수 있도록 하는 것을 말한다.

2) 소독

(1) 소독

소독은 병원 미생물의 생활력을 파괴 또는 사멸시켜 감염 및 증식력을 없애는 방법이며, 병원균이 있지만 질병을 일으킬 수 없는 상태로 만드는 것이다.

(2) 멸균

멸균은 강한 살균력을 작용시켜 모든 미생물의 생활력과 미생물의 아포 자체까지 없애는 것이다. 멸균은 소독을 포함하지만 소독은 멸균을 포함하지 않는다.

(3) 살균

세균 등의 미생물을 죽이는 것을 말한다.

(4) 화학적 소독 성분의 특징

화학적 소독은 알코올, 과산화수소, 염소 등의 성분이 들어 있는 화학적 약물을 사용하여 병원 미생물의 감염력을 제거하는 방법, 즉 병원 미생물을 죽이거나 활동할 수 없는 상태로 만드는 것을 말한다.

[표 3] 화학적 소독 성분

성분	특 징
알코올	◦ 가장 오래전부터 사용한 소독제 ◦ 100% 용액에서는 탈수 작용 때문에 살균력이 저하되고, 70~80%의 수용액에서 살균력이 가장 강하므로 많이 사용함. ◦ 손과 피부 소독에 많이 이용하며, 칼이나 가위 등의 소독에도 적당함.
과산화수소	◦ 강력한 산화력으로 무아포균을 빠른 시간 안에 사멸시킬 수 있음. ◦ 2.5~3% 수용액(옥시풀)으로 사용 ◦ 자극성이 적어 상처의 표면과 인후염, 구내염 등에 이용 ◦ 약제는 갈색 병에 넣어 보관
염소	◦ 살균력, 자극성, 부식성 등이 강하여 상하수도의 소독에 주로 쓰임. ◦ 염소 소독제를 사용할 때는 소독제의 사용 농도와 작용 시간을 지키는 것이 중요하며, 지정되어 있는 대로 실시해야 함.

출처: 교육과학기술부(2011), 『고등학교 공중보건』 두산동아(주)

(5) 소독 방법의 분류

(가) 소독 대상물에 따른 소독 방법

[표 4] 소독 대상물에 따른 소독 방법

소독 대상물	소독 방법
침구류, 의복, 모직물	◦ 일광 소독, 증기 소독, 자비 소독
화장실, 하수구, 쓰레기통 (물, 습기가 많은 곳)	◦ 생석회 수용액 ◦ 습한 장소: 생석회 가루로 소독
초자류 및 식기류	◦ 자비 소독, 증기 멸균법
브러시 종류, 빗 종류	◦ 먼지제거 → 중성세제로 세척 → 자외선 소독기에 소독
고무장갑, 고무 제품	◦ 중성 세제 세척 → 자외선 소독기에 소독
나무류	◦ 70% 알코올 세척, 자외선 소독기에 소독

출처: 교육과학기술부(2011), 『고등학교 공중보건』 두산동아(주)

2. 환경관리

1) 청소

(1) 청소의 필요성

실내 환경이 깨끗하면 세균이나 해충이 없어 건강에 유익하며 기분이 상쾌해지고 작업의 능률도 높일 수 있다.

(2) 청소 도구 및 세제

실내 환경을 깨끗하게 유지할 수 있도록 청소를 하는데 청소할 때 사용하는 도구 및 세제를 알고 활용할 수 있도록 한다.

[표 5] 청소 용품의 종류 및 용도

청소 도구 및 세제	종류 및 용도
청소 도구	청소기, 비, 대걸레, 손걸레, 수세미, 칫솔, 고무장갑
중성 세제	식기류, 해면 스펀지, 라텍스, 분첩 세척
세숫비누	라텍스, 분첩 세척
세탁기 전용 세제	수건, 마른걸레 세탁
세탁비누	물걸레 세탁
전용 세제	대리석 전용 세제, 가죽 제품 전용 세제, 거울 전용 세제

2) 환기

(1) 환기의 필요성

실내 공기 오염은 환기가 잘 안되는 좁은 공간이나 겨울철 난방이 잘되는 실내에 많은 사람이 밀집되어 있는 경우에 흔히 발생한다. 이런 경우에는 이산화 탄소 증가, 산소 부족, 기온, 습도 등의 변화가 나타나 실내 공기가 탁해지는데, 이를 실내 공기가 오염되었다고 말한다. 실내 공기가 오염되면 두통, 현기증, 권태, 불쾌감, 구토 등의 생리적 증상이 발생하며 이로 인해 작업 능률이 저하되고 호흡기 질환이 발생하기 쉬우므로 자주 환기를 해야 한다.

(2) 환기 방법

① 자연 환기

바람이나 온도 차에 의해 이루어지는 환기로, 실내·외의 온도 차가 5℃ 정도가 되면 공기의 순환이 촉진되며 창문을 여는 방법을 이용한다.

② 인공 환기

음식을 만드는 주방, 강당, 극장, 밀폐된 실험실 등과 같이 많은 사람이 모이는 공간에서는 반드시 인공 환기가 필요하다.

i) 개별식 방법은 각각의 장소에 소형 팬을 벽이나 창에 설치하여 환기한다.

ii) 중앙식 방법은 한 곳에 팬을 설치하여 각각의 장소에 공기를 보내 환기한다.

[표 6] 환기 방법

자연 환기 방법	인공 환기 방법
◦ 작업 환경에는 반드시 적당한 크기의 창문 설치 ◦ 수시로 창문 열기	◦ 환풍기 설치 ◦ 배기 장치 ◦ 공기 청정기 설치

3. 서비스 종사자 위생관리

1) 감염

(1) 감염병의 정의

감염병은 한 지역에서 같은 시기에 전염성 병원체에 감염된 사람이나 동물을 통해 많은 사람들이 감염되는 병을 말한다. 감수성 있는 새로운 숙주에게 병원체나 병원체의 산물이 전파됨으로써 감염이 발생한다.

(2) 감염병의 원인

(가) 전염원(병원체)

질병을 일으키는 직접적인 원인으로 작용한다.

(나) 전염 경로(환경) :

전염원으로 부터 감수성이 있는 숙주에게 병원균이 운반되는 과정을 말하며, 직접 적인 접촉이나 공기를 통해 전파되고, 동물과 그 밖에 매개체에 의해 전파된다.

(다) 숙주

기생체에게 서식하는 장소와 영양을 제공하는 생물로서 숙주의 상태에 따라 병원균이 침투했을 때 감염되거나 질병을 유발할 수 있다.

(3) 감염병의 종류와 예방

(가) 급성 감염병

① 호흡기 계통 감염병 : 기침이나 말할 때 호흡기를 통해 전파되는 감염병

〈호흡기 계통 감염병의 종류〉

- 환자나 보균자의 객담(가래), 콧물 등에 의해 감염되는 비말 감염
- 공기 전파로 이루어지는 비말핵 감염
- 먼지에 의한 감염

이 때 비말은 대화할 때는 1m, 재채기할 때는 3m 정도의 범위까지 영향을 미친다.

② 소화기 계통 감염병 : 병원체가 있는 분뇨를 통해 전염되는 병

- 감염병 보균자나 감염환자의 분뇨에서 배출된 병원체가 식품 등에 오염되어 입으로 침입하는 경우에 감염을 일으키는 수인성 감염병을 말한다.

③ 절족 동물 매개 감염병 : 쥐, 벼룩, 모기 등에 의해 전염되는 병
- 쥐에 의한 감염병 : 유행성출혈열 ~ 들쥐에 기생하는 진드기에 의해 감염병 (풀밭 주의할 것)
페스트 ~ 쥐벼룩에 의한 감염병
- 이에 의한 감염병 : 발진티푸스
- 모기에 의한 감염병 : 일본뇌염, 사상충증, 황열 등이 있다.

(나) 만성 감염병

① 결핵 : 신체의 어느 부분이든 모두 침입할 수 있는 질병으로 자각하지 못하는 경우가 많으며 주로 폐에 많이 감염되는 세균성 만성 감염병이다.
② 간염 : 바이러스의 감염에 의해 발생하며 유행성 간염(A형)과 혈청성 간염(B형)이 있다.

(4) 질병의 전파 예방을 위한 관리

감염병의 전파 예방은 개인적 예방 관리와 국가적 예방 관리가 함께 이루어져야 한다.

[표 7] 질병 예방 관리 방법

개인적 예방 관리	국가적 예방 관리
◦ 물과 음식물을 끓여 먹는다. ◦ 생활환경을 청결히 한다. ◦ 손을 깨끗이 씻는다. ◦ 환자와 접촉을 피한다. ◦ 사람이 많은 곳에 가지 않는다. ◦ 충분한 휴식과 수면을 취한다. ◦ 호흡기 감염인 경우 마스크를 착용한다. ◦ 모기에 물리지 않도록 하며, 산, 들, 풀밭 등에 가는 것을 피한다. ◦ 식기를 소독하며, 칫솔, 면도기 등은 각자 청결하게 관리한다. ◦ 성적 접촉이나 신체 접촉을 피한다.	◦ 정기적인 예방 접종을 실시한다. ◦ 환자와 보균자를 색출하여 격리·소독한다. ◦ 실내 온도와 습도를 유지하고, 환기를 자주 실시한다. ◦ 보균자의 식품 취급을 금하며, 분뇨 및 상수도, 하수도를 위생적으로 관리한다.

출처: 교육과학기술부(2011), 『고등학교 공중보건』 두산동아(주)

Chapter 06

재고관리 이론

1. 재고관리

1) 재고관리의 의미

재고의 의미는 경제적 가치를 지닌 모든 것의 정체(停滯) 또는 저장(貯藏)을 가리킨다. 재고의 사전적 의미는 창고에 쌓여 있음을 나타내는 것으로 아직 상점에 내놓지 않았고 대기 중인 물품과 팔다가 남아서 창고에 남아있는 물품 두 가지를 모두 이야기 한다. 따라서 기업에서는 재고량을 예상해서 계획하는 것은 '수요를 예측할 수 없는' 상황에서는 현실적으로 불가능하지만 그 반대의 상황에서는 가능하다. 즉, 수요를 예측할 수 없다는 사실을 전제로 한 재고 관리는 '시장의 판매 트렌드에 적합하게 부족함이 없이 재고를 유지하기 위한 관리'로 정의 할 수 있다. 그러므로 재고 관리를 효율적으로 실행하기 위해서는 수요의 변화에 따라 재고량이나 매입량을 유연성 있게 운영되어야 한다.

뷰티재료 물류센터에서는 적정한 재고보유량, 공장으로부터 받는 효율적인 보충량, 공장에서 적시에 효과적으로 알맞은 양의 원재료 및 부품을 조달하는 것이 판단의 근거가 되어 날마다 판매 동향의 정보를 바탕으로 하여 재고 관리가 이루어져야 한다. 현재 뷰티샵의 재고관리는 전산프로그램을 이용하여 현장에서 효율적으로 관리되고 있는 곳이 부족한 실정이다. 특히 미용서비스에 사용되는 재료, 기기, 도구 및 모든 소모품의 적절한 재고량을 알기 위해 제품의 입출고를 확인하고 부족수량을 주문하고 구매하는 등의 업무분야를 재고관리라고 한다.

2) 재고관리의 대상

뷰티 샵에서의 미용기기는 자산에 속하며 재고 관리의 대상에 속하지 않는다. 재고관리의 최종적인 목표는 재고관리의 본질인 창고에 쌓이는 물품이 없게 하는 것이며, 나아가 재고관리대상을 없애는 것과 관리하지 않아도 되게끔 하는 것이다. 뷰티 샵에서의 재고는 주로 인체에 행해지는 제품이 대부분이므로 유통기간이 중요하며 변질에 특히 신경을 써야 하므로 유통기간이 지난 것은 폐기 처분해야 한다.

3) 재고관리의 목적

① 효율적인 고객서비스
② 필요한 재고투자
③ 생산자원 이용의 최대 효율

고객의 불확실한 수요를 만족시키고 고객서비스의 효율성을 높이려면 적정한 재고수준을 유지해야 한다. 충분한 재고를 유지하면 투자비용을 증가시키게 되고, 부족하게 준비하면 고객서비스에 문제가 발생한다. 그래서 고객서비스와 투자비용의 균등함을 맞추기 위해 최소의 비용을 투자하여 고객에게 최상의 서비스를 제공하려고 하는 것이 재고관리의 목적이라고 할 수 있을 것이다.

4) 재고물품의 보관 관리

재고가 쌓여있는 창고나 물류센터 현장에서 입고된 양과 출고된 양의 데이터를 산출하여 장부 잔액과 현물 재고량과의 차이를 최소한으로 줄여야한다. 시장에서의 판매 동향에 맞춰 회사의 재고량이 많이 부족하지 않게 유지한다. 물류센터 등 시장에 있는 재고, 공장 재고 등의 배치와 보충을 관리하여 이를 바탕으로 회사의 재고량을 관리한다.

5) 물류관리

물류관리는 재고관리를 기초로 하기 때문에 재고관리 후에 물류관리가 이루어진다. 효과적인 물류관리의 기본은 현재 시장이 필요로 하지 않는 것은 물류를 하지 않는 것이 필요하다. 이를 위해서는 시장에서 출하 동향에 맞춰 물류 센터에 재고를 적정하게 배치하고 보충하는 등의 관리를 해야 한다.

상품의 문제가 발생하면 고객으로부터 강한 항의를 받게 되고, 남는 제품은 고객과는 무관하나 효과적인 재고 관리가 이루어지지 않으면 낭비가 생기고 물류비용이 높아진다. 즉, 창고에 물류가 쌓여 있으면 유통에서 한자리에 머물러 있는 재고를 운반한 비용, 보수한 비용, 보관한 비용 등 매출과 무관한 비용이 발생한다. 그러므로 재고 관리 수준이 높아야 낭비를 없애고 물류비용을 절감할 수 있다.

6) 재고 삭감 방법

재고가 쌓이는 것은 이동·보관 중인 재고에 원인이 있다. 같은 물류 서비스지만 한쪽에서는 재고가 소량인 반면 다른 한쪽에서는 대량의 재고가 남아 상호간에 재고를 메꾸느라 바빠 질 수 있다. 직영점과 프랜차이즈 뷰티 샵에서 공급을 받는 재고는 서로 유기적으로 공유되어야 하며 서로 필요한 재고의 수준이 다를 수 있으니 신속하게 파악하여 결품을 보충하여야한다. 일시적인 재고 삭감은 무의미하며 재고에 관련된 부서에서는 다양한 대책을 강구해야 하며 삭감 목표 달성을 하기 위해 노력해야 한다. 또한 삭감한 재고 수준을 유지하는 시스템이 필요하다. 재고에 투하된 자금을 최대한 줄여 효과적으로 활용하는 것을 목표로 일시적 재고 삭감만이 아니라 지속적으로 최소한의 재고를 유지해야 한다.

7) 서비스 수준관리

필요이상의 재고량을 보유하면 유지비용의 증가와 반품, 폐기, 훼손 등에 따른 손실을 가져올 수 있다. 그러나 부족한 양의 재고를 보유한다면 고객의 수요를 충족시키는 수준이 낮아지므로 고객 확보에 실패 할 수 있다. 그러므로 이러한 유형의 재고를 효율적으로 관리하기 위해서 재고에 대한 투자와 그에 따른 서비스와의 형평성을 맞춰야 한다.

8) 효율적 발주방법

실제로 존재하는 재고량을 최소한으로 유지하는 것이 중요하다. 적시에 적정하게 재고를 보충하는 방법과 발주하는 타이밍이 중요하다. 그래서 효율적으로 필요 물품을 발주하고 재고관리를 함으로써 시장에서 필요로 하는 것과 판매 트렌드와 상품을 공급해 주는 곳과의 균형이 잘 이루어져야 한다.

9) 재고관리의 비용

기업들의 여러 가지 비용투자 중에 재고비용이 가장 큰 비율을 차지하는 것으로 알려져 있다. 생산비용 또는 구입비용을 제외하고 상품 하나의 단위를 보관 유지하는 연간 유지비용이 20~30%에 이른다. 주문비용과 그 밖의 관리비용을 생각하면, 재고관리 비용은 대부분의 기업들에게 큰 부담이 된다. 산출되는 관리비용은 보유하게 되는 재고수준과 직접 관련성이 있고 재고수준의 높고 낮음에 따라 변한다.

필요한 수요의 예측이 불가능한 제품에 대해서는 미래수요의 예측이 가장 중요하다. 그래서 제품의 단위 기간 당 수요의 크기에 따라 재고관리시스템이 달라져야 한다. 재고 부족현상이 생겼을 때 고객의 행동은 두 가지로 나타난다. 첫 번째는 그 제품군과 비슷한 경쟁관계에 있는 다른 곳을 선택한다. 이러한 상황은 유실판매상황이라고 한다. 두 번째는 부족한 재고가

납품될 때까지 기다리는 추후 납품상황이다. 고객을 잃지는 않았지만 추후납품 처리에 따른 비용이 발생하며 고객이 기다리는 동안 기업의 이미지는 점점 나빠진다. 유실판매상황과 추후납품상황 두 경우는 필연적으로 비용이 발생한다.

10) 시장이 필요로 하지 않은 재고의 증가

팔다 남은 재고는 두 번 다시 같은 가격으로 팔리지 않기 때문에 대부분 팔다 남은 재고는 팔리지 않은 채 남아있는 경우가 많다. 재고에 투입된 자금은 고정되기 때문에 언제든지 회수할 수 있다. 현물은 처분하기까지 보관해야만 하기 때문에 경영 손실을 없애기 위해서는 시장으로 출하 동향과 공급 활동의 동기화가 필수적이다.

2. 재고관리 방법

1) 적당한 재고유지를 위한 정보수집 필요

뷰티 샵에서 적절한 양의 제품 재고를 유지하려면 다음과 같은 정보를 가지고 있어야 한다.

① 매장 내에 사용하고 있는 제품과 창고에 보유하고 있는 제품의 수량
② 주문해야 할 제품과 수량
③ 시술시 보유하고 있는 제품별 사용량 및 판매 빈도
④ 제품에 대한 유통기간 체크와 그에 따른 재고량

재고 관리표를 주기적으로 작성하여 제품의 구매주기를 확인하고, 제품의 구매가격변동을 정확히 파악하면 필요제품을 저렴한 가격에 구매할 수 있다. 또한, 사용이 미비한 재고 제품들을 파악하여 필요하지 않는 제품들에 대한 비효율성을 판단할 수 있다. 그리하여 제품구매시 구매의 우선순위를 효율적으로 정하는데 지표가 될 수 있다.
재고 관리표 작성은 다음과 같이 품목별로 분리하여 작성하면 더 쉽게 파악할 수 있다.

[표 8] 재고관리표(예시)

제품명		단위	주문수량	가격	입고일	담당자 확인
1	바디오일	ml			0000.00.00	
2	바디 클렌징					
3	-					
4	-					

뷰티샵에 보유하고 있는 제품의 수량과 창고에 있는 제품의 수량을 정확히 파악할 수 있는 창고재고표도 작성하여야 한다. 이때 입고와 출고시 담당자를 확인하는 것이 창고 보관에서 발생 가능한 분실의 소지를 줄일 수 있다.

[표 9] 창고 재고표(예시)

제품명		입고		담당자	출고		담당자
		일자	수량		일자	수량	
1	펌제						
2	화장수						
3	앰플						
4	-						
	-						

2) 재고 제품이 부족한 이유

재고 정보를 파악하고 그 결과에 따라 많이 소진되는 제품을 늘리고 잘 사용되지 않는 제품을 줄여 균형을 유지하는 것이 중요하다. 그러나 뷰티 샵에서 특정 제품의 재고 수량이 적정선에서 유지되지 않고 넘치거나 부족한 현상이 발생된다. 주로 아래와 같은 원인 때문이다.

① 부정확한 제품의 사용과 잘못된 판매 예측
② 제품 구입자금이 부족한 경우
③ 예상치 못한 고객수요
④ 납품업체에서의 제품공급 지연
⑤ 제품사용과 판매의 미기재 오류

3) 재고 파악

제품의 회전을 원활하게 하기 위해서는 현재 뷰티샵이 보유하고 있는 재고상황을 명확하게 파악해야 한다. 보유된 제품의 재고가 정확하게 파악되지 못하면 제품매입결정과 반품처리결정도 힘들기 때문에 제품의 사용과 판매계획도 세울 수 없게 된다.
재고 조사의 실시 계획에서는 다음 사항을 고려하는 것이 원칙이다.

① 기간설정
② 재고 담당 인원편성 및 업무분장
③ 재고조사 실시 절차
④ 품명 및 고유번호
⑤ 재고보관 위치 설정

⑥ 수량, 단위의 기록과 날인
⑦ 평가, 계산방법
⑧ 서류양식
⑨ 재고 기록에 대한 조회 및 체크

(1) 현장 재고수량 조사

매장과 창고의 제품을 정확하게 파악하면 정확성은 있지만 시간과 노력이 많이 요구된다. 재고파악은 건마다 수시로 해야 하지만 일정기간을 정해놓고 재고파악을 하는 것이 현실성이 있다. 재고실사를 통해서 제품손실을 방지하고 사용 또는 판매되지 않는 제품이나 파손품 등은 재고 실사를 통해서 폐기처리하거나 반품처리 할 수 있다.

① 재고파악을 위한 일정계획수립(예: 매달 1일 또는 매달 첫째 주 월요일)
② 제품의 성격과 활용 목적에 따라 종류별로 정리
③ 재고조사표 준비
④ 실사계획에 따라 실제로 제품의 수량을 정확하게 확보한 후 기록

[표 10] 실제 재고조사표(예시)

조사일자	17. 03. 04				담당자	홍길동
품목	실제수량				장부상 수량	차이
	제품명	창고	매장	합계		
화장수	□□□	240	16	150	135	+15
	○○○	30	20			
	△△△	20	20			
	◇◇◇	30	17			
클린징 로션	□△○	123	56	160	175	-15
석고팩	□□	7	9	130	110	+20
	○○	8	10			
	△△	5	10			
	◇◇	7	6			
AHA	□□	5	8	140	120	+20
	○○	7	9			
	△△	9	15			
	◇◇	14	15			
앰플	□□□	13	15	85	90	-5
	○○○	23	30			

ⓐ 화장수, 클린징로션, 석고팩, AHA, 앰플....등으로 대분류 한 후 각 항목별로 세분화해서 작성하도록 한다.

ⓑ 제품의 실제조사 실시 전에 샵에 적정수량을 진열한 후에 창고와 샵으로 나눠서 조사를 해야 한다.

(2) 장부 재고수량 조사

매장에서 날마다 실제재고조사를 할 수가 없기 때문에 장부를 통해 재고를 파악하는 것이 효율적이다. 실제수량을 조사하는 방법은 시간과 노력이 많이 소요되므로 장부에 기재를 빠트리지 않고 정확하게 하여 수량을 수시로 파악하여 재고관리를 하게 된다. 장부상에 기록되어 있는 재고와 하루판매량을 비교하여 그 차이를 확인할 수 있다. 실제 재고 조사보다 실용적이지만 실제의 재고가 추상적으로 존재하므로 장부상과 실제와 틀린 경우가 생길 수 있으니 유의해야한다. 아래 예시와 같이 장부상과 실제 재고 간에 차이가 크게 되면 주문시기와 발주량을 정확하게 체크하기 어려워 손실을 입을 수 있다.

예시) 화장수의 수량파악 - 장부상 재고는 20개, 실제 재고는 10개인 경우
장부상보다 실제 수량이 10개가 부족한 경우로 물품 발주의 시기와 수량 결정에 문제 발생

4) 적정재고 설정

기존 자료들을 분석하여 시술시 사용, 판매 속도, 유통기간, 계절적 제품 요인 등을 고려한 후 사용과 판매량을 결정함으로써 재고가 발생 할 수 있는 요소를 제거하면 적정재고량을 유지 할 수 있다. 또한 즉시 구입 가능한 제품과 주문을 통해 추후 구입 가능한 제품을 나누어 구매하는 방법으로 과다매입을 방지 할 수 있다.

재고 계획에 맞춰진 후에도 계속해서 적정재고를 조절하도록 해야 한다.

5) 재고차이 발생원인

(1) 재고차이의 개념

재고차이란 실제 조사를 통하여 확인된 제품 재고량과 장부상 기록되어있는 제품의 재고량이 일치하지 않고 나타난 차이를 말한다.

(2) 재고부족의 원인

가) 직원에 의한 재고부족

① 제품 주문 시 주문서에 체크하지 않은 경우
② 시술시 제품소진을 하고 나서 새 제품을 사용하고 체크하지 않은 경우
⇒ 제품을 사용 할 때 재고표에 먼저 체크 할 수 있게 교육 한다.
③ 직원들이 개인적으로 사용하는 경우
④ 직원들이 개인적으로 시술연구를 하거나 교육할 때 체크없이 사용하는 경우
⇒ 재고조사를 자주하도록 조치한다.
제품 관리자를 통해서만 제품을 출고하도록 하고 장부에 기록한다.

나) 외부인 침입에 의한 도난 원인으로 인한 재고부족

① 샵 퇴근 시에는 출입구 잠금장치 확인을 철저히 해야 한다.
② 매장 열쇠를 관리하던 직원이 퇴사하는 경우 열쇠교체가 이루어져야 한다.

다) 납품업자에 의해 발생하는 재고부족

① 거래 명세서에 기록된 제품명 및 수량과 실제 입고 된 수량을 정확히 비교 확인해야 한다.
② 거래 명세서에 기록된 제품의 가격과 용량 검수도 꼭 실시해야 한다.

6) 재고관리의 효율적인 방안모색

컴퓨터 활용능력을 증가시켜 CRP(continuous replenishment program)를 사용하면 제품의 재고상태를 관리하기 쉽다.

※ CRP(Continuous Replenishment Program) : 제품회사와 전자상거래를 통해 상품의 재고가 부족할 때 자동으로 재고를 관리하는 프로그램이다.

(1) 재고 파악 시 사전관리 방안

① 항목, 품목별 판매실적을 신속·정확하게 작성하는 습관을 들인다.
② 과거 판매 실적 자료를 참고로 하여 예측 및 계획을 세워 재고관리를 한다.
③ 최근의 트렌드를 파악하고 각 제품의 재고량 및 유통기한을 예측하여 결정한다.
④ 목표매출액을 산출하여 제품을 준비한다.

(2) 재고 파악 시 사후관리 방안

① 남은 재고는 가격을 낮추어 판매한다.

② 재활용이 가능한 제품은 기타 가공재로 사용한다.

③ 샵에서는 내방고객에게 서비스로 제공함으로 고객 충성도를 높인다.

④ 납품업체에 반품하거나 낮은 가격책정으로 새 제품과 교환한다.

Chapter 07

재무관리 이론

1. 재무관리

1) 재무관리의 의미

재무관리는 기업체의 재무활동을 대상으로 관리하는 것이다. 또한 재무관리는 구매·제조·판매 등의 경영활동과 구분되고 기업체의 재무부문이 담당하는 직무활동의 관리를 의미한다. 즉, 재무활동의 계획·조직·지휘·조정 및 통제하는 일련의 관리직능력을 수행하는 것이며 기업체의 활동에 이용되는 자금을 조달하고 응용하는 것을 말한다.

2) 재무관리의 특성

① 기업의 경영 및 영업 관리, 인사관리, 회계관리, 생산을 지원하기 위한 자금을 조달하고 응용하는 것이다. 자금조달 및 운용과 관련된 것이다.
② 기업의 목표달성을 위해 필요한 자금을 필요한 곳에 대어주고 운영하기 위해 그 계획과 실행, 통제, 조정을 담당한다.
③ 재무관리는 중장기 전략경영 내에서 단편적으로 자금 조달과 운용에 대해 연구되는 것이 아니라 회사전체적인 관점에서 다루어지는 특징이 있다.

3) 재무관리의 기능

기업은 시장경기를 예측하고 사업계획과 매출계획을 세워 미래의 일정 기간 동안의 소요자금을 예측하고 주식시장이나 금융기관을 통해 필요한 자금을 조달하게 된다. 기업에서 얻은 수익은 외부 활동을 위해 재투자되고 일부는 내부적으로 기업의 주주들이나 관련된 사람들에게 배당금 또는 원리금으로 지급된다. 이와 같은 흐름은 기업의 성장을 위해 순환되며 재무관리는 기업의 효율적인 자금의 순환을 돕는 것이다.

2. 재무관리의 역사

1) 재무관리의 변천단계

재무관리는 1950년대 중반 이후에 현대적 개념과 영역이 규정되었다. 재무관리의 역사와 발전단계를 미국과 한국의 역사로 나누어서 살펴보고자 한다.

(1) 미국의 재무관리 변천단계

미국은 1911년 과학적 관리법을 주장한 프레데릭 윈즐로 테일러(Frederick Winslow Taylor, 1856~1915)를 기점으로 현대적 의미의 경영학으로 학문적 틀을 형성하게 되었다. 학문적 틀이 완성되기 이전의 재무관리는 경영학의 한 분야가 아닌 경제학(經營學, business management)의 한 분야로 분류하여 독자적인 학문체계가 이루어지지 않았다. 과거 경영학의 주요 접근방법은 사회적, 제도적 관점에서 이루어졌다.

① 1920년대 - 미국의 산업 경제의 발달로 기업의 성장에 따른 효과적인 자금확보에 대한 수요가 증대되었다. 이 시기에는 효율적으로 자금조달 하는 것에 대해 관심을 기울였다. 이 시기에는 주식시장이 불안정했기 때문에 주식은 투자가 아닌 투기적 성향이 강했다. 그래서 기업은 유동성에 더 큰 관심을 가지고 자금부족을 해결하는 방법을 찾았다.

② 1930년대 - 세계적으로 경제 대공황을 겪으며 많은 기업들이 파산되며 자본시장이 무너지게 되었다. 그래서 기업은 기업성장보다는 파산을 막기 위한 보수 관리에 중점을 두게 되었다.

③ 1950년대 중반 - 미국의 기업들이 대형화되고 대량 생산체계를 갖추면서 경쟁구조 속에서 연구중심에서 관리 중심으로 변화되게 되었다. 또한 경제학이론과 더불어 OR(Operation Research) 등의 도입으로 인해 계량적으로 접근하는 방법으로 바뀌게 되었다.

④ 현대 - 1950년대 중반이후 분석적이고 계량적인 접근방법으로 전환한 재무관리에 대한 연구는 현재까지 이어져 오고 있다.

(2) 한국의 재무관리 변천단계

① 1960년대 중반

- 경영학이 학문으로 인정받아 국내 대학에 경영학과가 개설된 이후 재무관리의 개념이 생겨났다.

② 1970년대 후반

- 학문에서 재무관리가 독자적인 분야로 인식되기 시작되었고 이 시기의 재무 관리는 회계학(會計學, accounting)의 성격이 강했다. 그래서 재무관리제표를 분석하는 것과 자금조달을 위한 분석방법을 중심으로 한 재무관리가 주로 연구되어졌다.

이와 같이 한국에서 재무관리 연구가 미진한 배경에는 기업환경과 시대적 상황에 의한 다음과 같은 몇 가지 이유가 있다.

첫째 이유, 한국 자본시장의 상대적인 원시성 때문이다. 1956년 3월 3일 한국의 증권시장이 처음 개장되었다. 우리나라의 자본시장은 주식시장으로 이야기 할 수 있으며 1970년대 후반 주식투자자들이 많이 생기면서 양적으로 성장하였으나 여전히 몇 몇 거액 투자자들의 투기성 투자 비율이 높았으며, 일반인들의 투자는 활발하지 못해 상대적으로 영세했다. 그리고 주식투자 정보의 이용도 보편화 되지 못해 투자대상 기업에 대한 정확한 파악과 평가가 자본시장에 효율적으로 적용되지 못한 이유도 있다.

둘째 이유, 자율 시장 금리 기능이 상대적으로 무시되었다. 1960년대 정부 주도하의 경제개발계획의 추진으로 인해 기업들이 새로운 이윤 창출을 할 수 있었다. 그러나 기업들의 규모 확대를 위한 자금은 기업자본금이 아닌 금융기관에서 제공한 차입이나 타인자본을 활용하는 것이 대부분이었다. 그래서 이러한 기업들이 차입한 공금리(公金利)의 수준이 일반적인 시장금리보다 낮은 수준의 금리로 자금이 분배되면서 자본시장이 사실과 다르게 나타나고, 기업들은 효율적으로 투자를 하지 않고 무조건 빌려서 쓰면 된다는 왜곡된 자금관을 가지게 되어 전체적인 시장금리가 왜곡되는 결과를 가져오게 된 것이다.

셋째 이유, 대부분의 기업 경영이 가족경영 형태로 출발하여 대외적 폐쇄성이 강하고 중앙집권적이었기 때문이다. 즉, 조직의 폐쇄성에 따른 신뢰부족과 회계학자들이 재무관리를 연구하는 데 필요한 재무제표나, 자료수집이 어려웠기 때문에 재무관리가 학문으로 발전하는 속도가 느리게 된 것이다.

2) 재무관리의 연구영역

재무관리의 연구대상은 자금조달 및 운용을 포함한 모든 분야가 된다. 넓은 의미의 재무관리는 기업의 성장을 위해 활용되어지는 자금의 조달 및 운용과 관련하는 금융시장을 통해서 자본을 관리하는 것이다. 그 범위에는 시장의 균형 원리가 영향을 많이 미치는 자본시장과 유가증권인데 주식시장에서의 가격 형성 원리와 투자자들의 투자형태 및 투자기법을 다루는 투자론까지가 재무관리 영역이다. 그리고 금융제도론, 화폐금융론, 금융기관 경영론의 거시경제학(巨視經濟學, macroeconomics)의 일부까지도 그 연구대상이 된다. 아래와 같이 에즈라

솔로몬(Ezra Solomon, 1920~2002)은 재무관리의 학문은 세 가지 기본과제를 중심으로 논의된 것을 연구영역으로 파악하였다.

첫째, 기업에서 자금 투자를 어느 정도 해야 할 것인가를 논의 영역으로 삼는다. 이것은 기업이 예측 가능한 환경과 향후 목표하는 기업의 규모 및 성장률을 어느 정도 계획하는 것에 달려 있다.

둘째, 기업에서 어느 자산에 투자하며 어떤 형태로 자산을 보유하는 것에 대한 논의이다. 즉 기업의 자산관리 방법의 문제와 연관된다.

셋째, 기업에서 필요한 소요자금을 어떠한 방법과 형태로 필요한 곳에 대어 줄 것인가에 대한 논의이다. 즉, 대차대조표상에 존재하는 부채와 자본계정, 자본조달을 짜임새 있게 구성하고 정리하는 것과 연관된다.

위의 논의된 내용을 중심으로 재무관리에서 연구되어지고 있는 대표학자들의 연구영역을 요약하면 다음과 같다.

[표 11] 대표학자들의 연구영역

<table>
<tr><th>솔로몬(E. Solomon)</th><th>존슨(R. Johnson)</th><th>밴혼(J. Van Horn)</th></tr>
<tr><td>1. 기업에 총체적으로 어느정도 투자할 것인가?
- 기업의 총자산 규모 및 목표성장 비율을 어느정도 예상하는가?</td><td>1. 재무계획
(financial planning)</td><td rowspan="2">투자 의사결정
(investment decision)</td></tr>
<tr><td>2. 어떤 자산을 구체적으로 어떻게 보유할 것인가?</td><td>2. 자산관리
(assets management)</td></tr>
<tr><td rowspan="2">3. 필요자금조달 계획은 어떻게 되는가?
- 즉 대차대조표의 자본 및 부채 항목내용을 어떻게 구성하여 정리할 것인가?</td><td rowspan="2">3. 자금조달
(financing)</td><td>자금조달 의사결정
(financing decision)</td></tr>
<tr><td>배당결정
(devidend decision)</td></tr>
</table>

3. 재무관리의 원칙

1) 자본유지의 원칙

자본유지의 원칙이란 기업이 항상 법정 유지 자본을 보유하고 있어야 하는 것을 의미한다. 하지만 기업의 활동은 유동적이므로 자본관리와 유지는 형식적이 아닌 실질적인 방법으로 다루어져야 한다. 기업자본을 실질 생산력으로 파악하고 그 관점에서 접근하여 자본유지 문제를 생각해야한다.

2) 수익성의 원칙

재무관리는 안정성과 더불어 수익성을 목표로 하고 있다. 수익성이란 자본이익률 (ratio of net profit to capital)로서 총자본순이익률(순이익의 총자본에 대한 비율)로 산정 할 수 있다. 또한 자본이익률을 총자본영업이익률(영업이익의 총자본에 대한 비율)로 산정 할 수 있다. 그래서 매출액이익률과 총자본이익률로 분석되므로 수익성은 매출액이익률의 상승과 총자본 회전율의 증대를 목표로 한다.

3) 유동성의 원칙

재무유동성은 대차대조표의 자산항목과 자본항목의 관계비율이다. 즉 유동비율(current ratio)의 크기를 측정하는 것을 의미한다. 즉, 유동성이 클수록 기업의 지급능력이 커지며, 일반적으로 재무유동성이 유지되려면, 200% 이상의 유동비율이 필요하다.

4. 재무계획의 내용

1) 현금수지 계획

현금수지는 기업 내 현금 흐름을 분석한 문서이다. 당해 회계기간에 속하는 현금의 수입과 지출 내용을 표시한 재무제표이기에 현금의 변동내용을 정확히 보고하여야 한다.

2) 운전자본 계획

운전자본은 생산자본 중 한번의 생산과정을 통해 사용가치가 모두 소모되고 존재 양식도 변형되는 자본을 의미한다. 현금수지의 적합처리를 포함하여 운전자본관리(working capital management)에 관한 재무계획을 수립해야한다. 운전자본이란 고정자산에 대한 유동자산으로서의 총 운전자본 또는 유동자산에서 단기차입자본을 공제한 차액으로서의 순 운전자본(net working capital)이므로 이러한 순 운전자본의 적정한 유지가 중요하다.

3) 이익계획 또는 견적손익계산서

이익계획은 일정한 기간동한 목표 이익을 정해 그것을 실현하는 비용을 계획하는 것을 의미한다. 계획수립 방법은 손익분기점 분석과 선형계획법이 있다. 대부분 이익계획(profit planning)를 수립 하는데 내용은 견적손익계산서를 통해서 표시된다.

4) 재무보고와 재무제표

(1) 재무보고

사업체의 경영활동에 관한 필요한 정보를 산출하여 올바른 판단이나 의사결정을 할 수 있도록 신속하고도 정확하게 제공하는 것이다.

(2) 재무제표

사업체의 성적표라고 할 수 있다. 사업체는 다양한 이해관계자에게 기본적이고도 핵심적인 회계정보를 일정한 형식에 맞게 재무보고서를 작성하여 정기적으로 보고해야 하는데 이 재무보고서를 재무제표(financial statements)라 한다.

다음과 같이 재무제표의 종류는 4가지가 있다.

① 대차대조표

- 영업상의 재산, 손익 상태를 정확하게 정리하기 위해 작성하는 상업 장부를 말한다.
- 경영인의 총재산을 자산(=차변)과 부채(=대변)로 나누어 정리한다.
- 일정시점의 재무상태를 나타내는 회계보고서를 말한다.

[표 12] 대차대조표

<table>
<tr><th colspan="6">대차 대조표</th></tr>
<tr><td colspan="2">사업자등록번호</td><td></td><td rowspan="2">사업자명
(법인명)</td><td rowspan="2"></td><td>날짜</td></tr>
<tr><td colspan="2">법인등록번호</td><td></td><td></td></tr>
<tr><td colspan="3">자산(=차변)</td><td colspan="3">부채(=대변)</td></tr>
<tr><td colspan="2">계정과목</td><td>금 액</td><td colspan="2">계정과목</td><td>금 액</td></tr>
<tr><td rowspan="2">유동자산</td><td>당좌자산</td><td></td><td rowspan="2">부채</td><td>유동부채</td><td></td></tr>
<tr><td>재고자산</td><td></td><td>고정부채</td><td></td></tr>
<tr><td rowspan="4">고정자산</td><td>투자자산</td><td></td><td rowspan="4">자본</td><td>자 본</td><td></td></tr>
<tr><td>유형자산</td><td></td><td>자 본 금</td><td></td></tr>
<tr><td>무형자산</td><td></td><td>잉 여 금</td><td></td></tr>
<tr><td>기타고정자산</td><td></td><td>자본조정</td><td></td></tr>
<tr><td colspan="2">자산총계</td><td></td><td colspan="2">부채 및 자본총계</td><td></td></tr>
<tr><td colspan="2">비고 : 조달된 자금운영상황</td><td></td><td colspan="2">비고 : 사업체자금조달원천</td><td></td></tr>
</table>

② 손익계산서

- 대차대조표와 더불어 일정기간동안 발생한 경영활동의 성과표시이다.
- 일정기간 형성된 모든 수익과 이를 위해 사용한 비용과 손실을 비교하여 순손익을 확정한다.
- 순손익의 원인과 발생과정 확인하여 경영성과를 명확히 보고한다.

[표 13] 손익계산서

<table>
<tr><th colspan="6">손익계산서</th></tr>
<tr><td colspan="2">사업자등록번호</td><td></td><td rowspan="2">사업자명
(법인명)</td><td rowspan="2"></td><td>날짜</td></tr>
<tr><td colspan="2">법인등록번호</td><td></td><td></td></tr>
<tr><td colspan="3">총매출액</td><td colspan="3">원</td></tr>
<tr><th colspan="3">계정과목</th><th colspan="2">금 액</th><th>비고</th></tr>
<tr><td rowspan="4">기초원가</td><td colspan="2">물품재료비</td><td colspan="2"></td><td></td></tr>
<tr><td colspan="2">통신비</td><td colspan="2"></td><td></td></tr>
<tr><td colspan="2">인건비</td><td colspan="2"></td><td></td></tr>
<tr><td colspan="2">기타 일반경비</td><td colspan="2"></td><td></td></tr>
<tr><td colspan="3">매출 총이익</td><td colspan="2"></td><td></td></tr>
<tr><td colspan="3">영업이익</td><td colspan="2"></td><td></td></tr>
<tr><td colspan="3">판촉비외 일반관리비</td><td colspan="2"></td><td></td></tr>
<tr><td rowspan="2">영업외 비용</td><td colspan="2">설비투자비용</td><td colspan="2"></td><td></td></tr>
<tr><td colspan="2">감가상각비</td><td colspan="2"></td><td></td></tr>
<tr><td colspan="3">제세금</td><td colspan="2"></td><td></td></tr>
<tr><td colspan="3">당기 순이익</td><td colspan="2"></td><td></td></tr>
</table>

③ 이익잉여금처분계산서

- 사업체의 이익 잉여금을 나타낸 회계보고서를 말한다.
- 이익 잉여금은 손익거래시 발생한 잉여금 또는 이익의 사업체내 유보로 발생하는 이익을 원천으로 하는 잉여자금을 말한다.
- 사업체의 이월이익금의 수정원 및 이익잉여금의 처분 등을 보고하기 위한 재무제표

[표 14]

<table>
<tr><th colspan="5">이익잉여금처분계산서</th></tr>
<tr><td>사업체명</td><td colspan="2"></td><td>사업자등록번호</td><td></td></tr>
<tr><td>제기</td><td colspan="2">년 월 일</td><td>제기</td><td>년 월 일</td></tr>
<tr><td></td><td colspan="2">년 월 일</td><td></td><td>년 월 일</td></tr>
<tr><td>처분확정일</td><td colspan="2">년 월 일</td><td>처분확정일</td><td></td></tr>
<tr><td rowspan="2">과목</td><td colspan="2">제x(당)기</td><td colspan="2">제x(전)기</td></tr>
<tr><td colspan="2">금액</td><td colspan="2">금액</td></tr>
<tr><td>1. 처분전 이익잉여금</td><td></td><td></td><td></td><td></td></tr>
<tr><td>-전기 이월이익잉여금</td><td></td><td></td><td></td><td></td></tr>
<tr><td>-당기 순이익</td><td></td><td></td><td></td><td></td></tr>
<tr><td>2. 이익잉여금 처분액</td><td></td><td></td><td></td><td></td></tr>
<tr><td>-이익 준비금</td><td></td><td></td><td></td><td></td></tr>
<tr><td>-배당금</td><td></td><td></td><td></td><td></td></tr>
<tr><td></td><td></td><td></td><td></td><td></td></tr>
<tr><td>3. 차기 이월이익잉여금</td><td></td><td></td><td></td><td></td></tr>
<tr><td></td><td></td><td></td><td></td><td></td></tr>
<tr><td></td><td></td><td></td><td></td><td></td></tr>
</table>

④ 현금흐름표

- 사업체에서 일정기간 내 현금의 흐름을 표시한 문서를 말한다.
- 사업체의 현금 유입과 현금 유출을 확인하고 수입과 지출의 차이를 표시한다.
- 자금의 사용내역을 확실하게 보여준다.

[표 15]

현금흐름표				
사업체명		사업자등록번호		
제( )기	년 월 일까지	제 ( )기	년 월 일까지	
과 목	제x(당)기		제x(전)기	
	금액		금액	
1. 영업활동으로 인한 현금흐름		000		000
- 영업활동으로 인한 현금유입액				
- 영업활동으로 인한 현금유출액				
2. 투자활동으로 인한 현금 흐름		000		000
- 투자활동으로 인한 현금유입액				
- 투자활동으로 인한 현금유출액				
3. 재무활동으로 인한 현금 흐름		000		000
- 투자활동으로 인한 현금유입액				
- 투자활동으로 인한 현금유출액				
4. 현금의 증가 / 감소		000		000

5) 재무상태표

일정시점의 기업의 재무상태 즉, 뷰티샵 영업에 필요한 총자산의 규모와 자산의 종류, 기업을 운영하기 위해 보유하고 있는 총 자산과 자산의 종류 및 자산을 얻기 위해 금융권, 또는 타인을 통해 빌린 자본의 규모와 소유주가 투자한 금액과 투자한 기간 동안 발행한 이익금과 자금보유형태를 쉽게 파악할 수 있도록 만들어진 보고서 형태로 재무 상태표로 사용한다.

5. 손익분기점

1) 손익분기점의 개념

손익분기점이란 사업체에서 총 매출금액과 총 소요비용이 같아서 손실이나 이익이 발생하지 않는 매출액을 의미한다. 손익분기점보다 많이 판매하면 이익이 발생하는 것으로 파악되며, 손익분기점보다 적게 판매하면 손실을 입는 것이다.

2) 손익계산서의 내용과 양식

손익계산서는 수익과 비용의 발생원천별로 구분하여 영업활동과의 관련성을 중심으로 작성한다. 손익계산서상의 수익은 매출액, 영업외수익 및 특별이익으로 나누어진다.

손익계산서상의 비용작성은 매출원가, 판매비용, 관리비용, 영업외에 기타비용, 특별손실 및 법인세비용 등으로 구분하여 작성한다. 매출원가는 판매된 재화 및 용역과 직접 관련되는 원가로서 재화와 용역이 판매되어 기업외부로 유출된 원가를 의미한다. 판매비와 괸리비는 매출원가처럼 매출수익의 창출을 위해 직접적 원가는 아니지만 매출활동과 영업활동을 수행함에 있어서 소요된 원가이다.

3) 손익계산서의 작성기준

① 발생주의(accrual basis)원칙

손익계산서는 기간별로 경영성과를 측정해야 하므로 모든 수익과 비용은 발생기간, 즉, 수익과 비용이 속하는 회계연도에 정당하게 배분되도록 정리되어야 한다.

② 수익비용대응원칙

수익과 지출비용은 그 발생원천에 따라 명확하게 분류하여 정확하게 파악 될 수 있게 하고 각 수익항목과 이에 관련되는 지출비용항목을 비교하기 쉽도록 대조되게 표시하여야한다. 기업회계는 기업수익을 측정하고 이 내용을 이해관계자에게 보고해야하므로 기업이 획득한 수익과 수익을 얻기 위하여 소비된 원가의 대비가 중요하다.

③ 총액주의원칙

수익과 비용은 총액에 의한 기재를 원칙으로 하고 모든 수익항목과 비용항목을 손익계산서에서 제외해서는 안 된다.

6. 뷰티샵 재무관리 성공방법

① 샵 내부에서 이루어지는 각각의 단가 분석, 1인당 매출액 등을 통해 산출된 매출액과 샵 운영으로 발생된 실 매출액을 비교하여 매출의 성과분석을 주기적, 지속적으로 하여야 한다.

② 샵 매출이익은 일정기간 동안 증감 변동추이를 확인하여 안정적으로 지속적 증가가 이루어지도록 해야 한다. 감소하는 추이가 발생하면 즉시 그 원인을 분석하여 대처해야 한다.

③ 일정기간 동안 샵의 평균 순이익은 지속적으로 평균치를 계산하여 이 순이익을 기초로 생계유지를 위한 직원들이 여유자금을 저축하고 노후자금까지 준비까지 할 수 있도록 관리되어야 한다.

④ 샵의 운영비용에서 시술시 원가를 관리하기 위해 시술시 소모되는 물품재료 비용을 포함한 매출원가를 월1회 이상 계산하여 시술비용에 반영해야한다. 최고의 재료를 가장 저렴하게 구입하여 최대의 시술효과를 내는 것이 중요하다.

⑤ 재무상황에 대한 관리는 전산화체계(POS) 또는 엑셀 프로그램을 이용하여 재무상황표를 항목별로 작성하여야 하며 불필요한 비용을 삭감하려는 노력을 하여야 한다.

⑥ 금융비용에서 대출이자를 줄여나가야 하며 매월 지출되는 비용의 절감을 위해 대비책을 세워야 한다.

아래의 표를 이용하여 점포의 경영성과와 손익분기점을 측정하는 도구로 활용할 수 있다. 뷰티샵의 매출과 수익의 창출은 재고, 매장 공간, 직원에 따라 경영성과를 분석할 수 있다.

[표 16] 뷰티샵(헤어샵,피부샵 등) 경영성과 분석

(1) 고객 단가 분석 = 의자 수(배드 수) × 회전율 × 1인 구매단가 (고객 단가)
- 회전율이 의자 하나에 3회전으로 조사되었다면 해당하는 숫자를 대입하는 방법
(2) 인당 매출액 = 매출액 ÷ 직원 수
- 매출액 ÷ 직원 수를 기준으로 효율적인 직원관리가능
① 평당 매출액 = 총매출액 ÷ 샵 면적
- 유통직영뷰티업과 같은 점포 매출의 비중이 큰 업종에 적용
② 재고자산 매출 총 이익률 = 매출총이익금액 ÷ 평균재고금액 × 100
- 재고자산 매출 총이익률은 시술 또는 상품결정에 대한 수익을 평가할 뿐 아니라 개별상품의 기여도를 개관적으로 평가가능
(3) 매출 원가율 = 매출원가 ÷ 매출액 × 100
- 총 매출액 중 원가가 차지하는 비중으로서 한 단위 수익상승을 위해 비용측정을 함으로 샵운영 의 능률성을 평가하는 지표
(4) 소비시장 분석 지표 = 시장규모 × 시장점유율

[표 17] 손익분기점 계산방법

구 분	산출방법(월 기준)
매출금액(S)	실제로 이루어지는 월평균 매출금액
변동비용(V)	시술 및 원가 재료비용
	전기세, 전화요금, 도시가스세, 수도세
	기타
고정비용(F)	임차료(월)
	직원 급여비용
	지급 이자금액
	기타(감가상각)
변동비율액	변동비용(V) / 매출액(S)
손익분기점 매출금액	F / (1-V/S)
손익분기점 비율산출	손익분기점매출액 / 실제매출액 ×100

7. 뷰티사업 실패를 가져오는 유형

1) 법률지식 부족형

뷰티샵 경영인들은 좋은 기술이나 반짝이는 아이디어를 갖고 있지만 법률적인 지식이나 지적재산권에 대한 이해가 부족해 낭패를 보는 경우가 많다.

2) 경영관리 능력 부족형

뷰티샵 경영에 대한 지식이 부족한 창업자가 많다. 기본적인 지식으로 직원관리, 마케팅 및 유통계획의 수립, 재정관리 등에 개념을 가지고 있어야 하지만 그렇지 못하는 경우가 많다. 대인관계와 갈등극복 방법, 의사소통능력이 부족한 경우이다.

3) 조기시장 진입형

좋은 아이디어를 가지고 있지만 시장분석을 하지 않고 급하게 사업을 시작하는 경우가 있다. 섣부르게 진입하면 수익을 창출할 수 없게 된다.

4) 현실 안주형

과거에 배운 기술에만 의존하고 트렌드에 민감하게 반응하지 못하여 뒤쳐지는 경우이다. 뷰티트렌드는 시시각각 변화하고 새로운 재료개발에 따른 새로운 기술이 요구되는데 기존의 방식대로만 운영하고 노력하지 않는 경우이다.

8. 뷰티샵 창업을 위한 단계

1) 뷰티샵 오픈절차

① 미용사 자격증 취득 → 관할 시군구 위생 과에서 면허증 교부
② 각 시·군의 위생과에서 뷰티샵 영업신청서 제출
③ 3일 후 위생과 직원 뷰티샵 방문 현장조사 실시
④ 신고필증을 교부 받음
⑤ 관할 세무서에 사업자등록신청(신분증, 도장, 임대차계약서, 신고필증)
⑥ 영업시작

2) 창업절차

① 시장조사를 통한 창업아이템 선정
② 자금조달 및 확보

3) 사업규모에 따른 과세자 유형

(1) 일반과세자

연간 매출액이 4,800만원 이상인 사업자로 10%의 세율이 적용되는 사업자가 되지만 물건을 구입하면서 거래 시 매입세금계산서상의 부가가치세액 10% 전액을 공제 받을 수 있고, 매입과 매출시 세금계산서를 발행해 주거나 발행 받을 수 있다.

(2) 간이과세자

연간 매출액이 4,800만원 미만인 사업자이다. 간이과세자는 2~4%의 낮은 세율이 적용될 수 있는 장점이 있다. 그러나 매입세액의 20~40%만 공제받을 수 있고 세금계산서를 발행하지 못한다는 단점이 있다. 특히 간이과세자 중에서 제1과세 기간의 매출액이 1,200만원 미만인 경우에는 부가가치세 납부를 면제해 주는 세법이 있다.

4) 뷰티샵 사업용 은행계좌를 만드는 방법

절 차	비 고
▎사업자등록증 첨부 - 사업용 계좌 개설(은행)	- 금융거래 OTP(비밀번호생성기) 구입 - 기업용 공인인증서 발급
▎사업용 계좌개설(추가 · 변경) - 신고서+통장사본(관할세무서제출)	은행계좌 신고사전안내 : 5월말까지 자진신고

Chapter 08

홍보관리 이론

1. 홍보마케팅 계획수립

1) 마케팅 계획의 이해

마케팅 계획 수립이란, 목표 시장에서 소비자의 니즈(Needs)와 욕구(Wants)를 충족시키기 위해서 어떤 제품과 서비스를 생산할 것인지, 어떤 가격으로 판매를 할 것인지, 어떻게 제품과 서비스를 고객에게 전달할 것인지, 어떻게 판촉활동을 할 것인지에 대한 결정과 구체적인 마케팅 및 영업 활동 계획을 수립하는 것이다. 예를 들어서, 미용 창업 기업이 미용 기술과 서비스를 판매하기 위해서 미용기술 및 서비스의 가격을 중저가 혹은 고가로 책정할 것인지, 어떤 수단으로 광고 및 홍보를 할 것인지 등에 대한 마케팅 계획을 수립해서 추진해야 한다. 만약 마케팅 계획 수립이 잘 못 수립되면 힘들여 개발한 제품과 서비스를 고객에게 판매할 수 없기 때문에 매출과 수익이 발생할 수 없고 기업은 생존할 수 없다. 그러므로 제품과 서비스를 효과적으로 효율적으로 판매할 수 있는 체계적인 마케팅 계획을 수립해야 한다.

2) 마케팅 계획 수립 방법

(1) 마케팅 계획 수립 절차

제품과 서비스의 개발 → 마케팅 계획수립→ 마케팅 계획

(2) 마케팅 계획 수립 방법

마케팅 계획을 수립하기 위해서는 먼저 경쟁하고자 하는 목표 시장을 선정한 후 제품(Product) 전략, 가격(Price) 전략, 유통(Place)전략 및 촉진(Promtion) 전략 등을 중심으로 세부적인 마케팅 계획을 수립해야 한다.

	마케팅 계획의 수립 방법	
마케팅 계획수립	Market Product Price Place Promotion	① 목표시장 선정-어떤 시장에서 경쟁할 것인가? ② 제품전략 수립-어떤 제품과 서비스를 판매할 것인가? ③ 가격전략 수립-어떤 가격으로 판매할 것인가? ④ 유통전략 수립-어떤 채널을 통해 전달할 것인가? ⑤ 촉진전략 수립-어떻게 고객을 설득할 것인가?

가) 목표 시장 선정의 의미

창업 기업은 모든 시장에서 경쟁하는데 한계가 있기 때문에 주요 시장을 세분화하고 가장 경쟁력 있는 시장을 선정해서 집중하는 것이 바람직하다. 예를 들어서, 사무용 기기를 생산하는 창업 기업의 주요시장이 기업 고객이라고 할 때, 대기업, 중견기업, 중소기업으로 시장을 세분화한 후 이 중에서 중소기업을 목표시장으로 선정하여 초저가 상품이라는 컨셉으로 제품을 판매할 수 있다. 주요 시장을 세분화해서 경쟁력 있는 시장을 선정하는 과정을 ST-P(Segmentation / Targeting / Positioning) 분석이라고 한다. STP 분석은 제품 및 서비스와 관련된 광범위한 시장을 여러 유형으로 세분화(Segmentation) 하고, 세분화 된 시장 중에서 마케팅 역량을 집중할 목표 시장(target)을 결정한 후 그 시장에서 팔고자 하는 제품과 서비스의 컨셉(position)을 결정하는 과정을 의미한다.

[STP 분석의 주요과정 요점정리]

① 시장 세분화 (Market segmentation)
② 목표시장 선정(Market Targeting)
③ 제품 포지셔닝(Market Positioning)

① 시장세분화

관련시장을 시장규모, 특성, 고객 구매력 등에 기초하여 여러 개의 시장으로 세분화한다. 전체 시장의 모든 소비자들을 비슷한 특징을 중심으로 몇 개의 집단으로 구분하는 것이다.

[시장 세분화의 기준]

범주 / 변수	항목
인구통계적 측면	성별, 연령, 소득, 학력, 직업, 가족규모
지리적 측면	지역, 지후, 인구밀도, 규모
심리분석적 측면	라이프스타일, 개성
행동분석적 측면	기능적 편익,심리적편익,사용량,상품의 충성도, 경제성

② 목표시장 선정

제품과 서비스를 판매할 주요 목표시장을 선정한다. 구분된 소비자집단 중에서 집중적으로 마케팅을 하고자 하는 집단을 목표시장이라고 한다.

③ 제품 포지셔닝

목표시장 내 제품과 서비스의 컨셉을 결정한다.

속성에 의한 포지셔닝은 제품의 기능적 편익이나 속성을 경쟁제품과 차별화하여 소비자에게 인식시키기 위한 방법으로 다음과 같은 예시를 볼 수 있다.

예1) 브랜닥스 치약의 충치예방, 삼성의 삶은 세탁기
: 사용자에 의한 포지셔닝 - 제품이 특정 사용자에게 적합한 것으로 포지셔닝하는 방법이다.

예2) 샴푸와 린스 겸용샴푸-하나로
: 사용상황에 의한 포지셔닝 - 제품이 사용될 수 있는 사용상황 제시로 포지셔닝 하는 방법이다.

예3) 코카콜라가 불고기 빈대떡과 함께 제시
: 경쟁제품에 의한 포지셔닝 - 기존의 경쟁제품으로써 욕구충족이 되지 않는 시장 기회를 이용하는 것으로 중소기업에 의해 주로 사용되는 전략이다.

예4) 브라이트 세제-집들이 선물용

3) 사례소개 및 마케팅 계획수립 실습

(1) 목표시장 선정

목표시장을 세분화하고 제품과 서비스의 컨셉을 결정한다.

목표시장 선정기준은 시장규모, 시장성장율, 시장수익성, 현재경쟁자, 잠재적경쟁자, 사업목표, 자원이다.

(2) 제품 전략 수립

2-1) 제품(Product) 전략 수립의 개념

① 제품 전략 수립은 목표하고 있는 시장에서 고객들이 필요로 하는 제품과 서비스의 기능, 디자인, 용도 등 다양한 속성들을 파악하고 이를 공급하기 위한 계획을 수립하는 것을 의미한다.

② 제품 전략에 따라 고객에게 불일치, 불균형, 불편함이 일어날 수 있기 때문에 제품 전략을 효율적으로 수립해야 한다.

- 불일치란 고객이 원하는 제품과 기업이 공급하는 제품이 서로 다른 것으로 예를 들면, 고객은 신입사원을 위한 쉬운 교육을 원하는데 기업은 관리자급 이상의 고난이도 교육만을 제공하는 경우이다.
- 불균형이란 고객이 원하는 제품의 양, 질, 속성 등에서 차이가 있는 것을 의미한다. 예를 들어서 고객사는 대규모 인원을 한꺼번에 교육할 수 있는 교육을 원하지만 교육을 제공하는 제품사는 소규모로 진행하는 교육만 제공할 수 있는 경우이다.
- 불편함이란 고객이 제품을 구매하고 사용하는 과정에서 불편함을 느끼는 것을 의미한다. 예를 들면 고객은 이 러닝 콘텐츠와 같은 방법으로 쉽고 편리하게 교육을 받고 싶어 하지만 불편하고 복잡한 교육 시스템을 제공하는 경우이다.

③ 고객의 다양한 니즈를 만족시키기 위해서는 시장에서 필요로 하는 제품과 서비스를 만들어 고객에게 필요한 가치를 제공해야 함과 동시에 제품과 서비스의 개념이나 특성을 단시간에 효율적으로 전달할 수 있는 브랜드 네임을 결정해야 한다.

(3) 가격 전략 수립

가격 전략 수립이란, 제품의 가격 정책, 제품의 원가, 경쟁제품의 가격 등을 고려하여 목표시장에서 판매하고자 하는 제품과 서비스의 판매 가격을 결정하는 과정을 의미한다.

① 가격 책정 결정-제품의 컨셉에 따라 가격 책정(고가, 저가 등)을 결정한다.

② 제품 원가 분석-제품이 고객에게 전달되는 총 비용을 고려하여 원가를 분석한다.

③ 경쟁 가격 분석-주요 경쟁제품의 가격을 분석하여 자사 제품과 비교한다.
④ 판매 가격 결정-가격정책, 제품원가, 경쟁 가격을 고려하여 최종 가격을 결정한다.

(4) 유통 전략 수립

제품과 서비스의 판매를 위한 유통 채널들을 찾아내고 유통 방법과 거래 방법을 결정하는 데 목적이 있다.

① 유통(Place) 전략 수립의 개념

유통 전략 수립이란 판매하고자 하는 제품과 서비스를 누가 어떠한 경로를 통해서 고객에게 최종적으로 전달할 것인가에 관한 계획을 수립하는 활동을 의미한다.

예를 들어서, 건강 보조식품을 판매하는 창업 기업이 자사의 판매 지점이나 영업사원들을 통해 제품을 판매하기도 하지만 더 많은 고객을 발굴하고 매출을 확대하기 위해서 별도의 유통업체들과 제휴하여 할인점이나 온라인 쇼핑몰과 같은 다양한 경로를 통해 판매할 수 있다. 창업 기업이 가진 제한된 마케팅 역량만으로는 제품과 서비스의 판매 능력에 한계가 있을 뿐만 아니라 새로운 고객을 지속적으로 발굴하기가 매우 어렵다. 그러므로 제품과 서비스를 고객들에게 전달할 수 있는 유통 채널들을 발굴하고, 고객과의 판매 접점을 넓히고, 고객을 지속적으로 발굴할 수 있는 유통 전략을 수립해야 한다.

(5) 촉진 전략 수립

촉진 전략 수립이란, 고객에게 판매하고자 하는 제품과 서비스에 관한 정보를 전달하고, 자사의 제품과 우수성, 서비스의 특징을 인지시켜 구매를 유도하는 모든 활동들을 의미한다.

① 촉진방법 결정 : 온라인과 오프라인 관점에서 활용 가능한 촉진 방법들을 찾아보고 주요 방법을 결정한다.
② 촉진대상 결정: 촉진방법 종류별로 주요 촉진 대상이 누구인지를 분석한다.
③ 촉진시기 결정: 촉진방법 종류별로 촉진활동을 어떻게 수행할 것인가에 관한 촉진 시기를 결정한다.

2. 매체별 홍보 및 마케팅 방법 파악

1) TV(공중파, CATV, 유선방송, 해외방송)

다양한 매체의 발달로 광고매체로서 TV의 역할이 많이 감소했다고는 하지만, 여전히 TV는 가장 높은 소비자 접촉률을 보유한 매체로 특히 요즘은 인기 있는 TV 콘텐츠를 마케팅에 활용하는 형태가 소비자의 긍정적인 반응을 불러일으키고 있다. 드라마 속에 광고가 들어가는 PPL은 익숙하다. 심지어 교묘하게 노출하던 예전과는 달리, 요즘 드라마 PPL은 주인공의 직업으로 등장하거나 브랜드 로고를 개연성 없이 드러내는 등 노골적으로 변화했다. 이렇게 과한 PPL을 꼬집으며, 역발상을 더한 광고가 나타났다. 광고 속에 드라마를 담은 KT 올레의 TV 광고 'All-IP 두 배 편'이 그 주인공이다. KT는 All-IP가 데이터를 두 배로 쓸 수 있게 해준다는 메시지를 드라마 〈금 나와라 뚝딱!〉과 〈너의 목소리가 들려〉 등장인물의 캐릭터에 맞춰 각색해 보여줬다. 그리고 드라마 방영 전·후로 광고를 내보내 마치 번외 드라마를 보는듯한 착각을 불러일으켰다. 드라마에 열성적인 팬들은 이러한 광고를 온라인상에서 퍼가고 공유했으며, 적극적인 활동이 없는 드라마 시청자도 드라마 속 캐릭터에 친근함을 느끼면서 거부감 없이 메시지를 받아들이고 광고에 몰입했다. 이는 자연스러운 바이럴 마케팅으로 이어져 방영 2주 만에 유튜브 조회 수 55만 건 확보라는 긍정적인 결과를 달성했고, 광고 속 대사인 "리얼리?"는 남녀노소 누구나 아는 유행어가 됐다. 이러한 KT의 역발상은 인터넷과 SNS의 발달로 드라마 커뮤니티의 영향력이 커진 만큼 드라마 팬을 하나의 채널로 활용해 2차 확산을 유도하고, 평균 시청률 16%, 19%인 두 인기 드라마의 애청자를 자사 광고에 긍정적인 시청자로 이끌 수 있다는 점을 노린 영리한 전략이었다.

드라마 외에 TV 프로그램 포맷과 출연진을 활용해 광고를 내보내는 방식은 예전부터 흔했다. 〈나 혼자 산다〉의 노홍철과 데프콘이 등장하는 SK텔레콤 LTE-A의 '너 혼자 산다' 편, 〈진짜 사나이〉의 샘 해밍턴 캐릭터를 살린 티켓몬스터 광고, 〈꽃보다 할배〉의 4인방 이순재, 신구, 박근형, 백일섭이 출연하는 LG유플러스 IPTV 'U+tv G' 광고가 그 예다.

위 광고 모델들은 리얼리티 오락프로그램에서 인기를 얻었다는 것이 공통점이다. 리얼리티 프로그램은 실생활의 모습을 보여주기 때문에 광고에 대한 시청자의 친근감을 배가하고, 캐릭터가 명확하므로 제품에 맞춘 에피소드를 자연스럽고 다양하게 접목할 수 있다는 장점이 있다. 이색적인 사례로는 공익광고에 오락프로그램 〈안녕하세요〉를 차용한 '건강보험심사평가원'의 TV 광고와 교양프로그램 〈바른말 고운말〉을 활용한 LG 유플러스 LTE-A TV 광고가 있다.

건강보험심사평가원은 공익광고는 무겁고 주제의식이 강하다는 선입견을 뒤로 하고, 〈안녕하세요〉의 포맷을 통해 고민을 해결하는 내용과 함께 MC 컬투를 등장시켜 '병원평가정보'에 대한 메시지를 편안한 분위기로 전했다. 〈바른말 고운말〉을 차용한 LG유플러스 LTE-A TV 광고는 문지애 아나운서를 내세워 '바른 LTE 100% LTE'라는 콘셉트로 자사 서비스와 맞춤법을 연결해 특·장점을 소구했다. 차분한 분위기로 진행되는 이 광고는 포맷 활용을 통해 메시지 인식률과 상기율을 높였다.

[사례 1]

KBS 오락프로그램 〈해피투게더: 야간매점〉의 인기는 마케팅에 커다란 반향을 불러왔다. 야간매점에 등장하는 식품들은 방송직후 판매율이 실제로 상승했고, 그들을 따라 하는 모디슈머(자신만의 방식으로 제품을 재창조해내는 소비자) 열풍에 힘입어 이를 활용한 마케팅도 연이어 펼쳐졌다. 모디슈머의 활약이 가장 눈에 띄는 분야는 라면시장이다. 〈야간매점〉 히트작 '골빔면'의 등장 이후, 팔도 '비빔면'은 골뱅이에 이어 참치를 활용한 참치비빔면 TV 광고를 집행했다. 그리고 SNS와 공식블로그에서 팔도 비빔면 최고의 레시피를 선정하는 '비빔코리아' 이벤트를 진행해 소비자의 참여를 유도했다. 농심 '안성탕면'은 출시 30주년을 맞아 레시피 공모전을 실시하여 공모전 수상작을 제품 패키지와 광고에 반영했다. 라면시장 외에 다른 식품분야에서도 모디슈머 마케팅은 활발했다.

[사례 2]

편의점 세븐일레븐은 '내가 만드는 동그란 주먹밥 레시피 공모전'의 수상작을 신상품으로 출시할 계획이며, 롯데제과는 새롭게 출시한 세계요리스낵을 기념하며 페이스북에서 '세계요리 레시피 공모전'을 펼쳤다. 모디슈머와 함께하는 마케팅은 참여 마케팅 형태로, 로열티와와 주목도를 높이면서 신메뉴 개발에도 새로운 아이디어를 얻는 일석이조의 방식이다. 이러한 모디슈머 열풍은 이제 스쳐지나가는 바람이 아니라, 식료품 마케팅의 성공공식으로 자리 잡을 전망이다.

앞서 언급한 마케팅들의 특징은 일방적으로 소비자에게 메시지를 각인했던 이전과는 달리, 이미 소비자 마음을 확보한 TV 콘텐츠를 마케팅으로 탄생시킨 공감 기반 양방향 구조라는 것이다. 이렇게 TV 콘텐츠에서 파생한 마케팅들은 소비자와 공감대를 형성하기 쉽고, 흥행을 보장받는다. 이제는 창의적인 아이디어만이 광고의 무기라고 얘기할 수 없다. 그 바탕에는 소비자에 대한 파악이 있어야 한다. 물론 인기 있는 TV 콘텐츠라고 무작정 차용하는 것 또한 금물이며 전달하려는 메시지와 상품, 활용할 TV 콘텐츠를 잘 엮는 창의성과 능력이 중요하다.

2) 라디오 광고

- 공중파 라디오 광고와 인터넷라디오광고로 구분한다.
- 공중파 라디오광고는 PRO 광고, SPOT광고, 협찬광고, 시보광고로 집행된다.

① PRO 광고 :

프로그램 내에 포함되어 집행되며 라디오 광고 종류 중에서 프로 광고의 경우 프로그램은 흔히 1~4부로 구분한다. 한 타임(한 부)진행되는 중에 광고가 집행이 되는 것이다. 프로그램 별로 송출되는 모든 지역에 노출이 되고 브랜드명을 노출할 수 있다는 게 가장 큰 장점이다. 광고 소재로는 CM송이나 나레이션, 혹은 프로그램 MC들의 멘트로 노출이 된다.

② SPOT광고 :

프로그램과 프로그램 사이에 집행되며 프로그램 한 부가 끝나고 다음 타임이 시작되기 사이인 29분 59분에 진행이 되는 광고이다. MC의 멘트가 추가되지 않고 풀 송이나 나레이션으로 제작된 소재로 광고가 가능하며 지역에 따른 노출이 가능하다는 점이 큰 장점으로 해당 지역에만 브랜드를 알리고 싶을 때 스팟 광고가 적절하다.

(a) 시보광고-홀수, 짝수시간,

(b) 협찬광고-상품을 드리거나 간식, 상품권을 드리는 것들을 통틀어 협찬광고로 본다.

3) 신문광고

신문광고는 지면광고 중에서 가장 큰 영향력은 가진 인쇄광고 이다.

① 특징

파급력과 신뢰성이 높은 신문광고는 많은 광고주들이 선호하며 지속적으로 참여하고 있는 매체이다. 지면광고의 가장 큰 장점은 많은 메시지를 전달할 수 있으며 다른 광고물보다 구독하는 체류시간이 길게 나타나며 집중고와 가독성이 높게 나타난다. 그래서 다른 광고물보다 자세한 내용전달이 가능하다.

전국단위로 발행되어 커버리지가 높게 나타나며 인쇄광고 중에서 가장 큰 비중을 차지한다. 또한 신문에서 나오는 신뢰성이 광고와도 연계되어 광고의 인지도를 더욱 높여준다.

② 대표적인 신문 광고 사이즈 및 광고비용:

신문광고 중에 가장 많이 진행되는 사이즈는 전면, 9단21, 5단통, 5단반통 순서이다.
전면비용이 가장 높고 광고료는 1일 단위로 책정된다.
일간지광고 비용은 다양한 요소에 의하여 변동된다. 대기업, 공공기관, 상장기업, 재단법인, 사단법인, 외국계법인 등 규모가 비교적 큰 업체는 비용이 인상될 수 있다. 날짜지정, 지면 지정 여부에 따라 금액이 변동된다.

4) ATL

ATL이란 Above the Line의 약자로 전통적인 광고 매체인 TV, 신문, 라디오, 잡지 등에 노출되는 광고이다. 온라인이 활성화된 현대사회에서는 다양한 인터넷 매체를 포함하고 있기도 하고 다양한 매체들을 통해 브랜드 광고를 잠재적 고객들에게 노출시키는 광고 행위이다. 광범위한 영역에 광고를 내보내는 ATL 광고는 노출 측면에서는 강력한 효과를 보이지만, 정확한 타겟팅(Targeting)을 하기에는 부족한 부분이 있다. 또 최근 들어 점점 광고에 대한 제약과 견제가 심해지면서 광고 크리에이티브를 내는데 한계에 직면하기도 한다.

5) BTL

BTL이란 Below the Line의 약자로 BTL 광고의 예로는 DM 발송, 전시 및 매장 디스플레이, 세일즈 프로모션, 각종 이벤트, PPL 등 직·간접적으로 소비자가 제품을 체험할 수 있도록 하는 광고 행위들이 있고 다소 일방적인 ATL광고와 달리 소비자의 관심을 불러일으키고 소비자와 소통함으로써 한 발짝 더 가까이 다가가기 위한 광고 전략으로 볼 수 있다.

종합광고대행사에서 ATL과 BTL을 함께 다루기도 하지만, BTL 광고 전문 회사가 따로 있을 정도로 특화된 광고의 한 분야이다.

ATL광고와는 달리 타깃층을 세분화하고 그들을 위한 정보를 선별하여 어필할 수 있는 장점이 있는 BTL 광고는 고객 친화적인 방식으로 접근하는 것이 BTL의 차별점이며, 고객들의 능동적인 참여를 이끌어 내어 자연스럽게 제품을 홍보할 수 있어 ATL의 대안으로 주목받고 있다.

6) PPM

PPM이란 Product Portfolio Management의 약자로 제품 포트폴리오 관리이다. 여러 사업이나 제품을 생산 및 판매하고 있는 기업체의 경우, 어느 사업과 제품을 좀 더 확대하고 살릴 것인가, 어느 사업과 제품을 축소할 것인가, 어느 사업과 제품을 청산할 것인가를 판단해 그에 따른 자금 흐름과 사업·제품 전략을 판단하기 위한 방법이라고 볼 수 있다.

기업체가 가진 사업과 제품의 요인분석에 따라 유효적절한 자원배분을 하기 위한 대응전략으로 볼 수 있다.

7) 개념에 의한 방식적 마케팅

앰부시(Ambush, 매복마케팅), 입소문(바이럴, 버즈, 구전), 풀(Pull)/푸시(Push) 마케팅(매체 광고 등으로 끌어주고 대리점 등을 통해서 밀어 넣는 방식), 인터넷서비스(오픈마켓, 소셜 네트웍(SNS, 트위터, 페이스북, 카카오스토리, 싸이월드 등), 오버추어(클릭초이스), 베너광고, 쇼핑몰, 제휴, 언론보도, UCC(User Created Contents, 유투브 등), SCC(Seller Created Contents), 메타검색), 스폰서십, 마일리지 등이 있다.

8) 특수한 방법의 마케팅

복권마케팅(집을 판매하는데 복권을 발행해서 판매한 사례), 향기, 감성, 소설, 영화, 게임 등 이외에도 생각하기에 따라서 얼마든지 다양한 장소나 개념, 매체 등의 프로모션을 이용한 마케팅이 있다.

9) 디지털 환경과 소비자

(1) 디지털 환경

일반적으로 우리가 인식하는 세계는 '아날로그 세계'이다. 아날로그 세계란 '빛의 흐름과 신호의 강약'으로 이루어진 세계로서 모든 것은 연속적인 흐름으로 이루어진다. 하지만 이진법적 부호의 표현으로 작동하는 컴퓨터와 네트워크 환경, 즉 디지털 환경으로서의 가상공간은 지금까지 내려온 아날로그 세계와는 차원을 달리한다. 우선, 과거에서 현재까지의 미디어가 송신자에 의해 완성된 텍스트 또는 정보를 일방적으로 전달하는 형태이면, 고도의 상호작용을 보장하는 디지털 환경은 송신자와 수신자의 자유로운 소통에 의하여 텍스트나 정보가 만들어진다. 따라서 아날로그 환경이 생산자와 소비자의 관계와 역할을 일방적으로 설정할 수 밖에 없는 것이었다면, 디지털 환경은 정보의 생산과 소비에 있어서 생산자와 소비자의 역할 경계를 무너뜨리고 있는 것이다. 나아가 디지털 환경은 정보의 생산을 둘러싼 조건을 없앤다.

① 정보를 생산하기 위한 제반 조건들 :

법, 규범, 인종, 민족, 계급 등을 제거함으로써, 누구나 자유 의지에 따라 정보 생산 과정에 참여할 수 있다.

따라서 오늘날 우리사회가 접하고 있는 디지털 환경은 아날로그 시대에 요구되었던 사회질서와 규범의 당위성을 희석시켜 나가고 있다.

(2) 디지털 환경의 특징

Janet Muray는 디지털 시대의 문학에 대한 비전을 제시하고 컴퓨터가 차세대 스토리텔링 매체가 될 수 있는지 설명하기 위해 디지털 환경의 특징을 절차적, 참여적, 공간적, 해박함 4가지로 설명하였다.

① 절차적 디지털 환경 : 뛰어난 절차적 규칙과 비즈니스 의사결정에 대한 이해를 요구
② 참여적인 디지털 환경 : UCC, 블로그, 온라인 커뮤니티
③ 공간적인 디지털 환경 : 디지털 환경의 가상 공간 창조 능력으로 공상과학 작가의 상상력을 발휘
④ 박학다식한 디지털 환경 : 정보를 쉽고 값싸게 저장 가능

(3) 디지털시대의 마케팅 전략

디지털시대의 마케팅 전략의 종류에는 참여마케팅, 구전마케팅, 브랜드 마케팅, 커뮤니티 마케팅 들이 있다.

① 참여 마케팅

소비자 참여를 이끌어내기 위한 기업의 노력은 해외여행권이나 자동차, 심지어 아파트까지 경품으로 등장하게 했다. 소비자들을 기업이나 브랜드 활동에 자발적으로 참여시키는 것이 점점 어려워지자 '주인공인 소비자를 열광시켜라'라는 콘셉트로 뜨거운 참여마케팅을 펼치는 스마트한 기업들이 늘고 있다. 소비자들은 본인들의 참여 활동을 자발적으로 주변에 입소문내는 열성적인 브랜드 홍보대사가 된다.

기저귀 브랜드 하기스는 아기를 자랑하고 싶어하는 엄마의 심리를 자극해 아기가 옹알이하는 영상을 찍어 보내는 이벤트를 진행했다. 우수작 100편을 선정하여 여기에 재미있는 자막을 달았다. 아기 옹알이를 통역했다는 설명이 붙었다.

예를 들면 오렌지색 옷을 입은 아이 2명이 옹알이를 하는 동안 아래에 자막이 나간다. "나 오늘 오렌지색으로 깔맞춤 했어~" "난 곰돌이 모자로 야성미를 더해 봤어. 어때?" 옹알이의 실제 뜻은 알 수 없지만, 유머러스한 이 영상의 조회 수는 10만 건에 달했다.

하기스에 따르면 아기 영상을 올린 엄마는 평균 20번 정도 자기가 영상을 올린 사실을 주변에 알리고 영상을 보도록 권유했다. 주변 엄마들을 만날 때마다 하기스의 행사 홍보 활동을 펼친 셈이다. 이런 활동에 대한 금전적인 대가는 없지만, 사랑스러운 내 아기를 주변에 자랑하는 것만으로 충분히 동기부여가 된 것이다.

해외에선 P&G의 남성용 샤워젤 '올드 스파이스'가 참여마케팅으로 화제를 모았다. 이 회사는 광고에서 남성미 넘치는 운동선수 출신 모델이 꽃향기 나는 여성용 샤워젤을 던져 버리는 장면을 보여주면서 일반 남성들에게 나만의 올드스파이스 영상 아이디어를 보내달라고 권유했다. 소비자들이 아이디어를 제공하면 관련 영상은 P&G에서 만들어졌다. 해당 사이트 조회 수는 무려 2억4000만번에 달했다. 시장에서 잊혀 가던 오래된 이 브랜드는 단숨에 시장점유율 1위로 올라섰다.

코카콜라도 세상에 단 하나뿐인 나만의 코카콜라 광고를 만드는 '도전! 코카콜라 광고' 이벤트를 실시해 큰 인기를 끌고 있다. 단순히 경품을 내걸고 페이스북의 팬이나 트위터의 팔로어 수를 늘리는 기존 SNS(소셜네트워크서비스) 마케팅은 효과가 크지 않다는 평이다. 자신이 직접 제품 아이디어를 내고, 브랜드 광고를 만드는 참여형 마케팅이 더 열광적인 반응을 얻는 현상이 이어지고 있다.

동영상 사이트 유튜브는 음악에 열광하는 전 세계인을 대상으로 2년에 한 번씩 동영상 오디션을 통해 오케스트라 단원을 선발한다. 이는 '유튜브 심포니 오케스트라' 프로젝트다. 세계 각국에서 보내온 오디션 동영상은 교향악단 전문 연주자의 심사와 네티즌 투표를 통해 뽑는다. 작년의 경우 1500만명에 달하는 네티즌이 투표에 참여했다.
여기서 선발된 단원 100여명은 미국 뉴욕 카네기홀, 호주 시드니 오페라하우스 등 꿈의 무대에서 공연을 펼칠 수 있다. 작년 시드니 공연의 경우 객석 2000석이 모두 매진됐다. 유튜브를 통한 라이브 실황중계는 전 세계 3300만명이 시청했다.

장대련 연세대 교수(경영학)는 "소비자들을 열광시켜 자발적으로 참여하도록 만드는 마케팅 기법이 매출 증대 등의 효과를 톡톡히 올리고 있다"고 말했다.

② 구전마케팅

제품, 서비스, 기업이미지 등을 마케팅 하는데 소비자들의 입소문을 활용하는 것이다.
구전마케팅의 중요성이 커진 이유는 인터넷 매체의 보급으로 오프라인보다 온라인에서 얻는 정보의 양이 많아졌기 때문이다.
그리고 상업적 광고 메시지의 범람으로 광고에 대한 주목성 및 신뢰가 감소하고 주변사람의 말을 신뢰한다.

(a) 구전 마케팅의 종류

ⓐ 바이럴 마케팅 : 전달주제가 명확,공식 매체를 통해 전파
ⓑ 버즈마케팅 : 전파 주제가 불명확하고, 일반 소비자들끼리 입소문이 나게 함으로써 제품의 이미지를 개선하고자 한다.

(b) 구전 마케팅의 효과

ⓐ 발신주제가 같은 소비자들이기 때문에 신뢰도가 높아 효과가 좋다.

ⓑ 정보 흐름이 쌍방향적이다.

(c) 구전마케팅의 성공사례

현 시대는 한 산업 내에 존재하는 다수의 기업들이 모두 소비자의 욕구에 상응하는 수준의 품질을 제공 할 수 있는 능력을 갖추게 되었기 때문에 품질만으로 소비자를 만족 시킬 수 없다. 소비자들은 품질 그 이상을 원하기 시작 했는데 즉 제품 및 서비스의 소비에 의미를 담으려 하고, 감정적인 소비활동을 하며, 소비를 통해 자신의 개성까지도 표현하기 시작한 것이다(기저귀 브랜드 하기스 사례 참조).

③ 브랜드마케팅

본격적으로 디지털 시대에 접어들면서 마케팅이 여간 어려워진 것이 아니다. 소비자들의 욕구는 그 어느 때보다 다양해졌고, 브랜드가 감안해야 할 것은 더욱 많아지고 복잡해졌으며, 시대의 트렌드는 그 어느 때보다 빠르게 변화하고 있다. 이러한 것들에 더해 큐알(QR)코드, 위치기반(LBS), 증강현실(AR), 가상현실(VR), 빅데이터와 같이 이 시대를 대변하는 테크놀로지(기술)까지 마케팅에서 간과해선 안 되는 중요한 요소들이 등장해서 마케팅을 하는 사람이 고민해야 할 요소는 더욱 많아진 것이 분명하다. 1902년에 만들어진 이 제품은 맥주를 발효시키고 남은 이스트를 스프레드로 만든건데 엄청 짠맛을 낸다. 맛이 하도 이상해서 싫어하는 사람도 많다고 한다. 한국음식으로 비유해 본다면 삭힌 홍어랑 비슷할 것이다.

[사례 1]

마마이트의 광고도 만만치 않게 놀라웠다. 광고 슬로건이 'You either love it or hate it: 미치도록 좋아하거나 미치도록 싫어하거나'이다. '좋아하는 사람은 먹고 뭐 싫어하는 사람은 안 먹어도 됩니다'라고 말하는 카피다. 이런 브랜드의 태도를 담은 광고는 꽤 오래 유지돼 왔다. 이 브랜드는 광고뿐 아니라 제품의 성분이나 패키지도 잘 바꾸지 않고 마마이트가 가지고 있는 정체성 그대로 100년째 내려오고 있다. 브랜드의 자신감이 있는 그런 브랜드다. 이 자신감의 시작은 우리 제품의 강점을 알아주는 고객을 놔두고 맘에 안 들어하는 고객들 취향까지 맞추려고 노력하지 않겠다는 브랜드의 철학에서 시작한다. 좋아하지 않는 사람들의 입맛을 맞추기 위해 마마이트가 가진 정체성을 바꾸어간다면, 기존의 고객도 떠나고 새로운 고객도 유치하기 어렵다는 확고한 신념을 갖고 있는 것 같다.

④ 커뮤니티 마케팅

커뮤니티 마케팅이란 네이버 카페, 다음 카페 등의 온라인상에 존재하고 있는 커뮤니티 공간을 통한 마케팅이다. 카페는 회원제로 운영이 되고 있기 때문에 대상이 되는 소비자가 공통의 취향, 공통의 니즈를 가지고 있을 가능성이 크다.

그렇기 때문에 회원간의 정보교환이나 지식공유를 통해 인적 네트워크 구축이 가능하다는 장점이 있다.

커뮤니티 마케팅은 네이버나 다음등의 포털사이트에서 제공하는 '카페'라는 개념의 커뮤니티 공간을 통해 진행되는데 이러한 커뮤니티 마케팅의 성공을 위해서는 중요한 포인트가 있다.

기업이 전달하고자 하는 정보가 소비자의 입장에서 신뢰를 가질 수 있는 정보여야 한다.

커뮤니티 공간을 활용한 마케팅이기 때문에 대상이 되는 소비자가 스스로 선택을 통해 정보에 대한 반응, 호응과 확산을 결정한다는 것을 기억해야 한다.

(a) 컨텐츠의 다양화

커뮤니티 공간에서 다양한 컨텐츠를 제공하게 되면 소비자들의 관심이 커지며 기업에 대한 충성도를 높일 수 있다.

(b) 타겟 키워드

정확한 타겟의 키워드를 통한 컨텐츠의 확산은 기업의 신뢰도를 높이는데 큰 도움이 된다.

(c) 홍보의 지속성

온라인의 컨텐츠는 오프라인 광고보다 지속성이 높기 때문에 키워드 광고를 통한 정보성 컨텐츠는 오랜 기간 동안 기업의 홍보에 도움이 된다.

이렇게 효과적인 커뮤니티 마케팅을 진행하기 위해서는 마케팅의 공간인 '카페'에 대해 이해하는 것이 중요하다.

또한 회원의 숫자와 재 방문률, 그리고 회원들의 자발적인 참여가 많은 카페일수록 커뮤니티 공간에서의 힘을 갖게 된다는 것을 인식하고 카페 커뮤니티 마케팅을 진행하는 것이 바람직 하다. 또한 꾸준한 컨텐츠 생성과 빠른 피드백, 그리고 시기에 맞는 프로모션의 진행이 이루어지는 것이 중요하다.

3. 온라인 매체 노출 방법 및 전략

1) 온라인 마케팅 무료 운영채널

온라인 마케팅이라는 용어는 검색 엔진 결과에서 비즈니스를 홍보하는 것부터 고객에게 이메일을 통해 뉴스레터나 할인 정보를 전달하는 일까지 광범위하게 사용된다. 인지도를 쌓으려 하는 경우, 지역 고객에게 구체적으로 연락하려 하는 경우, 기존 고객이 추가 구매를 위해 계속 재방문하도록 하려 하는 경우, DIY 도구와 전문 서비스를 통해 생각보다 짧은 시간 내에 목표를 손쉽게 달성할 수 있다.

첫째 온라인 마케팅 전략의 시작은 '고객'이다!

- 어떤 비즈니스든지 가장 먼저 생각해야 할 부분은 '고객'이다.
  온라인 마케팅 성공이 100%라고 한다면 '고객의 이해'가 80%이다. 고객을 제대로 이해하고 알면 어떤 카피를 써야 좋아 하고, 어떤 제품을 만들어야 좋아 하고, 어떤 사이트를 만들어야 좋아 하고, 어떤 글을 써야 좋아하고, 어떤 식으로 운영해야 좋아 하는지에 대해 일말의 추측 없이 정확하게 알 수 있기 때문이다. 따라서 고객이 원하는 것, 고객이 필요로 하는 것, 고객이 갈망하는 것, 고객이 고통스러워하는 것, 고객이 불편해하는 것, 고객이 해결하고 싶은 문제를 먼저 포착해야 한다.
  이 단계를 건너뛴 모든 종류의 온라인 마케팅은 '도박'이다. 사람들이 원하는지 원하지 않는지도 모르고 제품을 만드는 결과를 가져온다. 제품을 구매할만한 타겟 고객이 누구인지를 먼저 파악해야 하고, 그 타겟 고객이 어떤 사람인지에 대해서도 깊게 이해하고 있어야 한다.

[고객에 대한 이해 예시문]

가. 누가 타겟 고객인가?
나. 고객이 흥미 있어 하는 것은 어떤 것인가?
다. 고객 연령층은?
라. 주 구매층은 남자인가? 여자인가?
마. 구매고객은 매일 매일 어떤 생활을 하고 있나?
바. 구매고객들이 가장 많이 애용하는 소셜미디어는 무엇인가?
사. 구매고객들은 포털사이트에서 어떤 검색어로 검색해서 구매하고 싶어할까?
아. 경쟁사의 제품이 아니라 내 제품을 구매하는 감정적인, 실용적인 이유?

그 외에 타겟고객을 이해할 수 있는 질문들에 대한 답변들 이외에도 타겟고객을 이해하는데 도움이 되는 질문은 수없이 많다. 내 제품을 구매할만한 고객들이 어떤 사람들인지 깊게 이해할수록 더 만족시킬 수 있는 제품을 만들 수 있다.

2) 온라인 시장 상황 파악하기

온라인으로 마켓 리서치를 하는 방법은 다양하다.
현재 경쟁사는 몇 개가 있고, 어떤 경쟁사가 우위를 선점하고 있는지, 경쟁사마다 내세우고 있는 '최고의 가치'는 무엇인지도 파악할 수 있다. 또는 소셜미디어에서 경쟁사 제품을 구매한 사람들이 어떤 점이 좋았는지, 어떤 점이 부족해서 개선했으면 좋겠는지 등에 대한 얘기를 들을 수도 있다. 또는 커뮤니티에 가보면 타겟고객이 경쟁사 제품에 대해 하는 얘기도 들을 수도 있다. 또 다른 방법은 키워드 리서치를 통해 경쟁사들이 진행하는 유료 광고로 어떤 제품을 판매하는지 그리고 어떤 블로그들이 상위노출 되어있는지 등에 대해서도 파악이 가능하다.

네이버 트렌드나 구글 트렌드 등으로 현재 시장의 대략적인 흐름도 판단이 가능하다.
이정도 조사가 끝나면 내가 들어갈 시장에 대한 전체적인 조감도와 시장 흐름까지 판단이 되고 타겟고객들이 원하는 제품이나 서비스를 만들기 위해서는 어떻게 만들어야 하는지 까지도 일말의 추측없이 정확한 판단이 가능해진다. 만약 국내에는 경쟁사가 아예 없는 새로운 제품이라면 해외를 통해 리서치를 하는 것이 좋다. 물론 시장 환경이 국내와 해외는 다르겠지만 기본적인 사람들이 구매하는 이유, 심리 등은 근본적으로 동일하기 때문이다. 따라서 사람들이 근본적으로 원하는 부분이 무엇인가? 에 초점을 맞추고 해외 시장을 리서치하는 것이다.
그 다음으로 '키워드 광고'나 '블로그 마케팅', '소셜 마케팅', '이메일 마케팅', '제휴마케팅' 같은 마케팅 방법을 활용해서 내 제품을 알릴수가 있다.

3) 온라인 마케팅

무료로 할 수 있는 온라인 마케팅과 유료로 진행할 수 있는 온라인 마케팅으로 나뉠 수 있다.

(1) 무료광고

무료로 진행할 수 있는 온라인 마케팅의 경우 모든 소셜미디어 채널과 포털사이트를 겨냥한 블로그 마케팅, 구글 검색엔진 최적화 등이 있다. 이렇게 마케팅을 진행하기 위해서는 일단 웹사이트 제작이 필요하다.

① 상위노출을 통한 무료마케팅 :

ⓐ 사이트 제작이 완료되었다면 노출이 중요한 문제이다

아무리 비싼 돈을 주고 웹사이트를 만들었다고 해도 방문자가 한명도 없다면 그건 죽은 사이트이다. 유료 광고를 진행하지 않겠다면 내 웹사이트에 방문자를 유입시키기 위해서는 반드시 구글이나 포털사이트를 겨냥해서 글을 써서 상위노출을 시켜야 한다. 또는 소셜 미디어에서 지속적인 콘텐츠 생산을 통해 무료로 방문자를 유입시키는 방법도 있다.

ⓑ 상위노출을 시키기 위해서는 일단 키워드 리서치가 선행이 되어야 한다.

- 상위노출을 위한 검색 후 찾은 키워드(=검색어)를 겨냥해서 상위노출 기준에 부합되는 글을 써서 상위노출을 시켜야 한다. 물론 요즘 포털사이트에서의 상위노출 기법이 통하지 않는다는 얘기가 많이 들리고 있다. 그래서 대안으로써 구글에 도전하시는 분들이 굉장히 많아졌다.
- 기존의 포털사이트에서의 상위노출 전략의 경우는 아무리 내 글이 상위 노출이 되어도 며칠 있거나 몇 주 있으면 저 아래로 내려가게 된다. 그래서 어쩔 수 없이 똑같은 키워드로 주기적인 콘텐츠를 생산해야 되는데 이 부분이 만만치 않았다.
- 이렇게 상위노출이 되도 계속해서 아래로 밀리는 악순환이 반복되면서 글 하나 하나에 대한 퀄리티는 당연히 떨어질 수밖에 없었다.
- 구글의 경우 한번 상위노출이 되면 최소 1년 이상은 1페이지에 머물러서 안내려오기 때문이다.
- 키워드 리서치를 통해 타겟 고객이 검색할만한 검색어를 파악하고 해당 검색어별로 킬러 콘텐츠를 만들면 상위노출이 된다.
- 상위노출이 된다는 것은 누군가 특정 검색어로 검색해서 글을 보려고 내 웹사이트에 들어온다는 의미로 즉 방문자가 발생하는 것이다.

이런 방식으로 내 웹사이트에 무료로 방문한 사람들을 안정적이고 끊임없이 유입시킬 수가 있다. 만약 구글의 방문자수로도 부족하다면 소셜미디어를 통해 무료로 방문자를 유입시킬 수 있다. 각각의 소셜미디어 채널에서 사람들이 좋아하는 콘텐츠 유형을 파악해 주기적인 콘텐츠 생산으로 방문자들을 유입시킬 수가 있다. 이때 어떤 콘텐츠를 생산해야 할것인가? 에 대한 가장 좋은 답은 역시 이미 해당 소셜미디어 채널에서 효과적으로 운영 중인 비즈니스들을 참조하는 방식이다.

(2) 유료 광고

누구보다 더 빠른 성과를 원한다면 유료 광고는 필수적이다.

사실 아무리 상위노출이 빨리 되더라도 며칠은 걸리기 마련이다. 사실 우리나라 사람들의 특징이 '빨리 빨리'를 유독 원하는 성향이 강하기 때문에 이런 구글 상위노출 방식이 답답한 분들은 유료 광고를 통해 빠른 성과를 낼 수가 있다.

판매할 제품만 있다면 랜딩페이지를 제작해서 유료광고를 진행할 수가 있다.

ⓐ 유료 광고의 종류 :

구글 광고와 포털사이트 키워드 광고, 소셜미디어 광고 이렇게 대표적으로 3가지가 존재한다.

(3) 구매 전환율 높이는 단계

노출만 되고 아무도 구매를 하지 않는다면 죽은 사이트다!

내 사이트에 방문자는 많이 들어오는데 정작 구매가 하나도 발생하지 않으면 그건 죽은 사이트로 방문자들이 내 사이트에 들어왔을 때 구매까지 할 수 있도록 사이트 내부를 설계해야 한다. 다시 말해 지금 이 단계는 방문자수 유입이 문제가 아니라 내 사이트에 들어온 방문자들을 어떻게 구매까지 발생하도록 만들것인가에 초점을 맞추는 단계이다.

해외에서는 사이트에 방문한 사람들을 구매까지 발생하도록 만드는 이 전체 과정을 '구매전환율에 최적화된 사이트'라고 부른다.

이렇게 구매로 전환되는 비율을 끌어올리기 위해서는 수많은 요소들이 영향을 주며 디자인 뿐만 아니라 콘텐츠, 카피라이팅, 브랜드 이미지, 기능 모두가 구매전환율에 영향을 끼치게 된다.

(4) A/B 테스트

현대는 끊임없는 개선이 필요할 때이며, A/B 테스트는 지속적인 온라인 비즈니스 운영에 있어서 필수이다.

이제 방문자도 들어오고 구매전환율도 어느 정도 최적화를 시켰다면 이제는 끊임없는 A/B테스트가 필요한 단계로 지속적인 A/B 테스트를 통해 온라인 비즈니스를 개선시켜 나갈 수 있다. 버튼 색상이나 배경색 등 디자인적인 요소들만 A/B 테스트를 해야 한다고 생각하기보다는 A/B테스트의 범위는 내가 운영하는 비즈니스의 모든 영역이라고 보아야 한다. 왜냐하면 디자인 외에도 모든 요소들이 비즈니스에 영향을 끼치기 때문이다.

예를 들어 다음과 같은 것들을 A/B 테스트할 수 있다.

[A/B 테스트 목록]

-제목
-부제목
-내 제품을 구매해야 하는 이유
-타겟 고객 변경
-카피라이팅 변경
-콜투액션 버튼
-카피 길이
-페이지 레이아웃
-제품 가격
-세일즈 퍼널
-폰트
-색상
-비디오 vs 텍스트
-링크 색상
-네비게이션 링크
-콘택트 폼
-소셜 미디어 콘텐츠
-광고 문구
등등

이밖에도 비즈니스에 영향을 줄만한 모든 요소들은 A/B테스트의 대상이 될 수 있다.

이렇게 6단계의 온라인 마케팅 전략 프로세스로 안정적이고 장기적인 온라인 비즈니스를 운영할 수 있게 된다.

(5) 페이스북 유사 타겟

내가 갖고 있는 고객 리스트를 기반으로 내 비즈니스에 관심을 가질만한 새로운 사람들에게 도달하는 방법이다.

만약 당신이 이미 2000명의 고객 메일 주소를 알고 있다면, 그 메일 주소를 페이스북 유사 타겟 리스트에 추가해서 고객들의 정보와 가장 흡사한 사람들에게만 타겟팅을 할 수가 있다. 이미 고객의 메일주소를 갖고 계신 분들은 지금 바로 활용해서 효과를 보실수 있는 방법이다. 그리고 유사 타겟이 효과가 없다면 가장 큰 원인은 원래 갖고 있던 고객 리스트가 사실 내 비즈니스와 별로 관련성이 없는 리스트인 경우이다.

(6) 이메일 마케팅

이메일은 전세계 모든 마케팅 채널을 통틀어서 ROI가 가장 높은 마케팅이다. 단, 여기서 말하는 이메일 마케팅은 내 비즈니스에 실제로 관심이 있어서 사람들의 동의를 얻고 구독신청이 된 이메일 리스트를 통해 마케팅을 하는 것을 의미한다.

[효과적인 이메일 마케팅 전략]

- 가장 효과가 좋은 온라인 마케팅 전략중 하나이다.
- 전자책, 전자책 서점 마케팅 채널로 이용할 수 있다.
  미국에서는 이미 흔한 개념이긴 하지만 국내에서는 활용하는 경우가 그렇게 많지 않다.
- 제휴마케팅 커뮤니티를 통해 자사의 제품을 대신 판매해달라고 홍보하면 된다.
  해외에서는 비즈니스 자체에 제휴마케팅 프로그램을 개발하는 경우가 많다.
- 제휴마케터를 이용하라.
  제휴마케터를 공짜로 내 제품을 팔아주는 세일즈맨이라고 생각하면 제휴마케터들에게 판매될 때마다 %로 커미션을 제공하면 초기비용도 들지 않으면서 서로 Win-Win 할 수 있다.

특히 고단가의 제품이나 서비스를 판매해야 하는 비즈니스라면 제휴마케팅 프로그램은 필수적이다. 반면에 제품 단가가 너무 낮으면 제휴마케팅이 그렇게 효과적이지는 않다. 현재 유튜브는 전 세계적으로 매달 8억 명 이상의 방문자를 보유하고 있는 가장 거대한 플랫폼중 하나이다. 또한 국내에서는 그 중요성이 간과되고 있는 채널중 하나이다. 하지만 많은 온라인 비즈니스 오너들이 놓치고 있는 부분이 바로 '내 사이트에 방문한 사람들에게 어떻게 구매를 발생하게끔 만들 수 있을까?'에 대한 고민은 그렇게 많이 하지 않는다는 것이다.

온라인 마케팅이라고 하는 단어의 뉘앙스가 웹사이트 내부보다는 웹사이트 외부에 초점을 맞춘 마케팅이라는 성격이 강하고 또한 웹 사이트 내부를 최적화시킨다는 개념이 국내에는 잘 알려지지 않아서 그 중요성을 잘 모르는 경우가 많다. 소셜이나 블로그 등을 통해 트래픽을 늘리는 것도 중요하지만 그만큼 중요한 것이 내 사이트 내부를 최적화시켜 구매 전환율을 끌어올리는 것이다. 이 부분에 대한 깊은 고민이 없다면 아무리 많은 방문자가 유입 되어도 구매는 별로 발생하지 않을 것이다.

[주요 용어 참고]

① **블로그**: "웹 로그(Web Log)"의 줄임말인 블로그(BLog)는 판매를 늘리고, 고객 참여도를 높이고, 브랜드의 SEO 성능을 끌어올리는 데 도움이 될 수 있는 온라인 문서 모음이다. 블로깅은 콘텐츠 마케팅의 한 형태로 간주된다.

② **콘텐츠 마케팅**: 콘텐츠 마케팅은 팔로워와 고객에게 몰입도가 높은 유용한 콘텐츠를 제공하여 판매를 늘리는 방식이다. 콘텐츠 마케팅의 예로는 블로깅과 이메일 마케팅이 있다.

③ **CTA**: CTA는 Call to Action(콜투액션)의 약어이다. 효과적인 마케팅 콘텐츠에는 항상 고객에게 다음 수행 사항(예: "여기를 클릭하여 지금 바로 무료 전자책을 손에 넣으세요.")을 알려 주는 콜투액션이 포함되어 있다.

④ **CTR**: CTR은 Click-Through Rate(클릭 비율)의 약어이다. 귀사의 클릭 비율은 CTA를 클릭하는 사이트 방문자 또는 이메일 수신자의 비율을 나타낸다.

⑤ **도메인 이름**: 도메인 이름은 GoDaddy.com처럼 고객이 사이트로 이동하기 위해 브라우저에 입력하는 웹 주소이다. 효과적인 온라인 마케팅은 확실한 도메인 이름으로 시작된다. 도메인 이름이 브랜드와 어울리고, 전문성을 확립하고, 사람들의 이목을 끌도록 한다.

⑥ **전자상거래**: 전자상거래는 제품과 서비스를 온라인에서 판매하는 것을 의미한다. 아무리 작은 비즈니스라도 전자상거래 기능을 갖춘 웹사이트를 구축할 수 있다.

⑦ **키워드**: 키워드는 사람들이 귀사의 사이트를 검색할 때 사용할 가능성이 가장 높은 용어이다. 예를 들어 뉴욕 시에서 활동하는 배관공인 경우 몇 가지 핵심 키워드로는 "배관공", "배관", "NYC" 등이 있을 것이다. 효과적인 온라인 마케팅은 특정 키워드에 대해 콘텐츠를 최적화하는 데 달려 있다. 검색 엔진(예: Google, Bing, Yahoo)에서는 이러한 키워드를 사용하여 검색 결과에 반환할 웹사이트를 결정한다.

⑧ **로컬 비즈니스 목록**: 소비자들은 Yelp, Facebook, Google 같은 사이트를 통해 해당 지역의 특정 범주(예: "피자" 또는 "네일샵")를 검색한다. 이러한 검색 결과에 귀사의 비즈니스가 나타나도록 하려면 로컬 비즈니스 목록을 최적화해야 한다.

⑨ **옵트인**: 승인 기반 마케팅이라고도 하는 옵트인 마케팅은 자신에게 연락하도록 승인한 기존 고객 및 가망 고객에게만 프로모션을 전송하는 것을 의미한다. 이는 모범 사례로 간주되는 것은 물론, 기업이 원치 않는 이메일을 '스팸 메일'로 보내는 행위를 금지하는 법도 마련되어 있다.

⑩ **분류**: 이는 고객 및 가망 고객을 특정 그룹(예: 기프트 카드를 구매한 사람)으로 구분하는 행위를 말한다. 수신자를 분류하면 보다 대상이 세분화되고 성공적인 이메일 마케팅 캠페인을 실행할 수 있다.

⑪ **SEO**: SEO는 Search Engine Optimization(검색 엔진 최적화)의 약어로, 말 그대로 검색 엔진에 대해 사이트를 최적화하는 것이다. SEO는 Google, Bing, Yahoo! 등의 검색 결과에서 높은 순위를 유지하는 데 필수적이다. 이러한 검색 엔진에서는 키워드와 그 밖의 SEO 요소를 검색하여 가장 관련성이 높은 사이트를 반환한다.

⑫ **SEM**: SEM은 Search Engine Marketing(검색 엔진 마케팅)의 약어로, 검색 엔진(예: Google, Bing, Yahoo)에 비용을 지불하고 특정 검색 결과에 비즈니스 광고를 게재하는 것이다.

⑬ **소셜 미디어**: 소셜 미디어 사이트(예: Facebook, Twitter, Instagram)는 개인만을 위한 것이 아니다. 소셜 미디어에 비즈니스 프로필을 만들면 몰입도 높은 콘텐츠, 특별 행사 및 유용한 정보를 통해 귀사의 브랜드가 더 많은 비즈니스를 창출할 수 있다. 소셜 미디어 마케팅에는 무료 및 유료 기회가 포함된다.

4. 샵 마케팅 기획하기

1) 뷰티 샵 경영의 개념, 필요성, 경영관리

(1) 뷰티 샵 경영의 개념

뷰티(미용)직무를 수행할 수 있도록 동기 부여를 하고 목표의 진행 방향을 검토하며 최소의 비용으로 성공적인 피부미용 샵을 만든다. 상권 선택, 고객관리, 판매관리, 기술 개발을 통하여 샵 경영의 전문성과 효율성으로 경쟁력을 높인다.

(2) 뷰티 샵 경영의 필요성

미용 산업 급성장에 맞추어 체계화된 전문적 경영이 필요하다. 경쟁 심화에 따라 기술 위주의 경영 방식뿐만 아니라 서비스 품질을 향상시켜 효율적인 경영을 할 수 있도록 한다.

(3) 뷰티 샵의 경영 관리

고객관리, 인적 자원 관리, 마케팅 관리, 기술개발 및 교육관리, 성교육 및 고객 서비스, 시설과 인테리어, 상권선택, 제품 판매관리, 재무관리, 홍보 등 각종 자원을 효과적으로 활용한다. 경영 분석을 통해 기간별 손익을 분석해야 한다.

2) 뷰티 샵과 상권

상권이란 소비자 선호 공간의 범위를 의미한다. 피부미용 기업의 상권은 미용 기업의 경영 활동이 이루어지는 장소를 뜻한다. 상권의 넓이로는 점포의 크기, 취급하는 상품의 종류나 상업 밀집도, 그에 따르는 철도, 버스 등 교통기관의 편리함에 의해 결정된다. 따라서 대형 상점의 출점, 지하철역, 터미널, 철도의 개설 등으로 범위는 크게 변한다.

(1) 상권결정의 요소

상권의 범위는 고정적인 것이 아니고 영위하고자 하는 업종의 종류, 사업장의 규모, Grade, 상권 구분의 물리적 요소 등의 복합적 요인에 의해 Case by Case로 결정된다.

크게는 판매업, 서비스업, 외식업, 레저, 스포츠업 등으로 구분하여 생각할 수 있으며, 판매는 생필품, 중간품, 기호품, 판매업 등으로, 또 업태에 따라 편의점(CVS, Convenience Store) 슈퍼, 쇼핑센터, 백화점의 범위가 다르게 형성된다. 상권은 필요에 의해 설정하는 것이며 소득수준, 고객층의 분포, 인구밀도, 인구구성, 지역형태등에 따라 크기와 형태가 결정되며 가장 경제적이고 합리적으로 관리할 수 있는 영업활동의 범위를 말한다.

(2) 사업장의 규모 (Grade)

동일 업종을 영위하는 경우에도 사업장의 규모의 크기에 따라, 또 시설의 고급화 정도에 따라 동적임. 대체적으로 사업장 규모가 클수록 또 시설이 고급일수록 상권은 넓어지며, 반대로 작을수록 또 저급일수록 상권 범위는 좁아진다.

(3) 경영전략

사업의 업종 유치 시설조건이 동일하다 하더라도 경영자의 경영자세 및 영업, 판촉전략에 크게 확장되기도 하고 축소되기도 한다(적극적 경영전략 → 상권확대 / 소극적 경영전략 → 상권축소).

(4) 상권구분의 물리적 요소

다음과 같은 요소들이 상권 내에 존재하는 경우 실제 상권은 영향을 받는다.

① 자연지형물 : 산, 하천, 철도, 도로 등은 상권을 분할하는 대표적 요소이다.
② 대형시설물 : 학교, 관공서, 운동장등의 대형시설물은 상권을 분할시키는 요소이다.
③ 도로 상태 : 도로망의 연계 상태, 노폭, 중앙분리대, 신호등, 건널목 유무, 도로 접근도 조건에 따라 상권 달라진다.
④ 중심방향 : 도심, 역등 사람들이 모여드는 방향이 어느 쪽이냐에 상권의 범위도 됨 (중심방향쪽 → 상권 좁음 / 중심 반대쪽 → 상권 넓음)

3) 입지 및 점포 선택 시 우선 고려 사항

(1) 창업하려는 업종의 주요 고객 파악

대부분의 업종과 점포에 따라 주요 소비 고객층은 정해져 있다. 식료품점이나 생활용품점은 주부들을 주요 소비 대상으로 하고 있기 때문에 주택가 주변에 많고, 문구점은 학생들을 대상으로 하기 때문에 학교 주변에 많으며, 식당의 경우는 회사원이 많은 오피스 구역에 많다. 이처럼 자신이 창업하려는 점포의 주요 고객층은 어떠한 연령층에 직업은 어떠한 사람들인지, 그들의 소비형태와 소비심리는 어떠한지 등을 파악하여 주택가, 사무실 밀집지역, 또는 상업지역 번화가 등 여러 구역 중 적당한 곳을 결정해야 한다.

(2) 충분한 소비가 이루어 질 수 있는 곳인지 장소파악

이론적으로는 적합한 입지라고 하더라도 소비시장 자체가 작으면 창업자가 예상한 만큼의 매출은 올리기 힘들다. 점포가 들어설 입지는 어느 정도 주변상권이 활성화되어 고객을 흡수할 수 있는 업종들이 고루 분포된 곳이어야 하며, 판매상품의 객단가 (고객 1명이 팔아주는 평균가격)가 주위 소비자들의 소득수준과 맞는 곳이어야 하므로 유의하는 것이 좋다. 즉 주변 지역의 소비수준과 창업자가 준비 중인 아이템의 가격수준을 맞추어야 한다.

(3) 창업 후보 지역 상세 분석

적당한 후보 지역을 선택하였다면 계약을 고려중인 예상점포를 중심으로 반경 500m 또는 1km이내로 조사지역을 한정한 후 인구와 가구수, 잠재구매력, 교통망, 업종의 분포, 취급 상품의 종류, 주변 점포주들의 성별과 나이는 어떠한지 등 장사에 영향을 줄 수 있는 모든 요인을 조사한다. 물론 말처럼 쉬운 것이 아니라 긴 시간과 노력이 필요하지만 성공적인 창업을 위해서는 이 정도 노력은 반드시 필요하다. 또한 가능하다면 계약을 고려중인 예상점포 앞에서 유동인구를 조사하는 것이 좋으며, 일주일간 아침 7시부터 저녁 12시까지 요일별, 시간대별, 연령별, 성별로 지나가는 사람의 숫자를 파악하여 통행인의 특성을 파악한다. 특히 그 중 창업자가 주요 소비대상으로 생각하는 잠재 고객들의 시간대별 통행 수는 자세히 살펴 볼 필요가 있다.

◈ 상세한 점포 선택 시 고려 사항은 다음과 같다.

① 아침보다 저녁시간 대에 유동인구가 많은 구역

일반적으로 구매의 경우에는 휴대 및 보관상의 문제 때문에 아침이나 낮 시간대에 이루어지기 보다는 퇴근길에 이루어지는 경우가 많다. 그렇기 때문에 판매점의 경우는 아침이나 낮 시간대에 유동인구가 많은 것은 매출에 큰 영향을 주지 못하는 경우가 많다. 물론 음식점의 경우는 낮 시간에도 유동인구가 많으면 매출에 큰 영향을 주지만 판매점의 경우는 그렇지 않다는 것에 유의하여야 한다.

② 지하철역 및 버스정류장 주변 구역

지하철역에서 300미터 이내의 범위에 있거나 버스정류장에서 100미터 이내이며 버스 노선이 5개 이상인 지역의 점포는 그 외 지역에 비해 유동인구가 더 많다. 주택의 경우는 버스정류장과 너무 가까우면 문제가 있지만 상가의 경우는 얘기가 달라진다. 지하철역 및 버스정류장과 가까울수록 유동인구가 많고, 매출이 높아질 가능성이 높다. 또한 지하철역이나 버스정류장으로부터 주택가 진입로의 경우도 좋은 위치라고 할 수 있다.

③ 유동인구가 많은 4거리의 대형 상가

편도 2차선 이상의 도로가 있는 상권의 입지로 4거리에서 100m이내의 점포의 경우는 성공확률이 높다. 특히 4거리의 코너 상가의 경우는 두 방향에서 보이기 때문에 주목성이 매우 높다. 대형 상가라고 하더라도 전면이 좁고 안쪽이 긴 상가는 활용성 면에서 떨어지므로 상가 전면이 넓어 전시 효과를 살리고 구매욕구를 일으키는데 유리한 가로로 긴 상가가 좋다.

대형 주차장에 접해 있거나 주차시설이 잘 되어 있다면 더욱 좋다.

④ 백화점, 대형할인점 등의 주변 구역

백화점, 대형할인점 등의 주변 구역의 경우는 백화점과 대형할인점 때문에 매출이 떨어질 것으로 생각하지만 그것은 백화점, 대형할인점과 경쟁하는 일부 품목에 제한된다. 백화점과 대형할인점에서 판매하지 않는 품목이나 음식점, 보완재 등의 경우는 많은 유동인구를 바탕으로 높은 매출을 올릴 수 도 있으므로 업종에 따라 좋은 입지가 될 수도 있다.

⑤ 대규모 아파트 단지 주변 구역

대부분의 아파트 단지의 경우는 단지내 상가가 존재 하지만 그 규모가 충분하지 않기 때문에 주변에 근린 상가에 의지하는 비중이 적지 않다. 그렇기 때문에 아파트 단지와 지하철역 혹은 버스정류장과의 걷는 거리 정도에 위치한 도로변 상가의 경우는 유동인구가 많기 때문에 유망하다. 하지만 주변에 지나치게 많은 상가가 들어선다면 경쟁이 심각해질 수 있기 때문에 미리 살피는 것이 좋다.

⑥ 주변에 노점이 있는 구역

노점상이 많다는 것은 그만큼 그 구역이 유동인구도 많고, 장사도 잘 된다는 것을 뜻하는 만큼 상가 선택지표로 활용하는 것도 좋다. 하지만 인도가 좁은 구역에 노점상이 많은 경우 인도에 접한 점포들의 주목성 및 접근성이 떨어지는 경우도 있기 때문에 확인하도록 한다.

⑦ 층별 특성에 따라 점포를 선택한다.

도로변 점포의 경우는 1층과 그 외층의 경우 보통 2배, 심한 경우 3배 이상의 권리금과 임대료의 차이가 있다. 그 이유는 접근성에서 큰 차이가 나기 때문이다. 사람들은 일반적으로 1층의 가까운 점포를 이용하려고 하고, 계단이나 엘리베이터 등을 이용해 그 외의 층으로 이동하는 것을 불편해 한다. 그렇기 때문에 많은 사람들이 1층에 점포를 얻으려고 하지만 1층의 점포 수는 제한되어 있고 경쟁이 존재하므로 상대적인 가치가 타 층의 점포들에 비해 높아지는 것이다. 그렇기 때문에 더 높은 이윤을 추구할 수 있는 점포들이 대체로 1층을 차지하게 된다. 일반적으로 보면 알 수 있듯이 판매점이 1층에 대부분 차지하는데, 약국, 의류점, 편의점, 귀금속점 등 판매점 들이 상대적으로 높은 수익을 내기 때문에 임대료가 비싼 1층을 차지하게 된다. 또한 판매점들의 경우는 계획적인 구매도 많지만 지나가면서 전시된 물품을 보고 충동적인 구매가 이루어지는 경우도 많기 때문에 전시(display)적 측면 때문에 1층에 많이 입점하게 된다. 반면에 노래방, 호프, 식당, 미용실 등은 소비를 위한 확실한 목적 및 계획에 따라 이루어지므로 반드시 1층이 아니더라도 그 점포의 특성(서비스, 질적 수준 등)에 따라 기타 층으로 이동하는 약간의 수고는 감수하게 된다. 따라서 층의 영향을 적게 받게 되며, 수익상 서비스 업종이 판매업에 비해 약세이기도 하므로 1층 외의 층을 차지하게 된다.

특히 창업 예정인 업종에 따라 상가에서의 층을 선택하는 것도 매출 및 이윤에 따라 고민해야 할 중요한 문제이다.

⑧ 점포의 선택은 최대한 신중하게 한다.

일반적으로 서울 내의 경우는 점포를 계약 하는 경우 몇 천 만원에서 몇 억 원 이상의 큰돈이 들게 된다. 하지만 대부분 이러한 큰돈이 드는데도 쉽게 주변의 말에 따라 덜컥 계약을 해 버리는 경우가 많다.

성공적인 창업을 원한다면 위의 사항들을 살펴보고, 주변의 중개업소 등에서도 의견을 들어보면서 최대한 신중하게 점포를 선택하여야 한다.

가. 상권 분석 시의 조사 항목

상권 내 경쟁 시설물 정보, 상가의 개수, 위치, 규모, 경쟁력, 상가의 종류, 임대가 등을 파악한다.

나. 상권 내 행정 통계

인구수, 세대수, 세대별 소비 지출 비용 내역, 사업체 수, 종업원 수, 유동인구, 인구밀도(차량통행량)등을 파악한다.

4) 뷰티샵 운영계획

(1) 직원관리

직원을 효율적으로 관리하고 그들의 능력을 개발하는 훈련을 통해 장기적인 성장과 발전을 할 수 있다. 직무분석을 통해 직원을 채용하고 그들에게 비전을 제시함으로써 뷰티샵의 경쟁력을 높일 수 있다.

가. 인력채용

① 채용의 의미

임금이 높고 교육훈련 및 복리 후생 제도 등이 잘 정비되었다고 하더라도 뷰티샵의 상황에 적합한 직원을 고용하지 못한다면 뛰어난 기술전달과 서비스를 전달함에도 고객을 만족시킬 수 없을 뿐만 아니라 경영 성과 또한 기대할 수 없다.

채용을 잘못하면 직접적, 간접적 손실이 크기 때문에 아주 세심한 주의를 기울일 필요가 있다. 그러므로 채용은 뷰티샵 경영의 성패를 결정짓는 중요한 일이라고 할 수 있다.

나. 채용 기준과 구비서류

나-1) 신규 채용 기준

① 2년 및 4년제 뷰티 계열학과 졸업 및 졸업 예정자
② 뷰티 미용학원 및 직업 학교 졸업 및 졸업 예정자
③ 미용사(피부) 자격증 소지자로 현장 경험이 없는 자
④ 국가표준직무능력(NCS) 교육을 이수한 자

나-2) 경력 채용 기준

① 미용사(피부) 자격증 소지자로서 뷰티 살롱에 1년 이상 경력을 인정할 수 있는 자 (4대 보험 납입 증명서 제출)
② 각 분야별 미용사자격증 소지자로서 뷰티샵 경영을 한 경험이 있는 자
③ 각 분야별 미용사자격증 소지자로서 뷰티 관련 업종에 1년 이상 경력을 인정할 수 있는 자
④ NCS 교육을 이수한 후 1년 이상 재직한 자

나-3) 채용에 필요한 구비 서류

① 이력서
② 자기 소개서
③ 주민등록등본
④ 미용사(피부) 면허증, 미용사(피부) 자격증 사본
⑤ 미용계열학과 졸업(예정)장 및 미용학원 수료증 사본
⑥ 경력 증명서(경력자의 경우)
⑦ 지원서

다. 채용절차

① 계획 및 준비
② 면접
③ 마감
④ 분석 및 평가

(2) 직원교육

인적 자원 개발의 첫 단계가 바로 교육 훈련이다. 인적 자원을 선발하면 자신의 환경에 적응하고 기술, 기능, 업무 지식 등을 향상시키기 위해 종합적인 교육 훈련을 실시하게 된다.

가. 직원교육의 중요성

① 고객이 상품을 구매하는 것은 복잡한 행위이다.

욕망의 측면에서 보아도 그렇다. 여러 가지 연구와 노력이 없이는 "사게 한다!"라는 목적을 쉽게 달성할 수 없다. 고객이 상품을 살 때에는 처음부터 사기로 결정하고 구입하는 것이 아니고 마음이 점차 구매욕으로 변화를 일으켜 구입하게 되는 것이다. 고객이 바람직한 방향으로, 즉 상품을 구매하겠다는 방향으로 마음을 움직이게 되면 그 이상 좋은 것은 없다. 그러나 전혀 반대의 방향으로 기울어지는 경우 즉 '구매를 하지 않겠다!'라고 한다면 매출이 발생될 수 없다. 곤란한 상황에 처할 수 있다. 그렇기 때문에 사업장(매장)의 얼굴인 직원(종업원)의 역할이 중요한 것이다.

② 직원과의 관계를 통해 소비자는 고객이 되고 단골이 되는 것이다.

고객이 늘어나면 매장 이미지는 아주 좋아진다. 매출도 가치도 동반 상승한다. 이 때문에 직원이 사업장의 얼굴이라고 할 수 있다. 즉, 직원이 매출 향상과 성공의 핵심을 쥐고 있다고 해도 과언이 아니다. 따라서 우수한 직원의 채용이 반드시 필요한 것이다.

이를 얼마나 창업주(경영자)가 잘 활용하느냐에 따라서 어제와 다른 오늘, 오늘과 다른 내일로 사업장을 변화시킬 수 있다. 혹시라도 '사람 구함'이라고 대충 써놓고서 적당히 면접을 보아 채용하는 것은 아닌가? 이는 인재 채용이 될 수 없다. 그럼에도 불구하고 사용자는 시간에 쫓기고, 혹은 지인의 청탁을 거절 못한다는 이유를 핑계로 아무렇게나 직원을 채용하고 있는 것은 아닌지 창업주라면 수시로 자신을 되돌아봐야 할 것이다. 여하튼 좋은 직원을 채용하기 위해서라면 '초심을 지켜야 한다.'라는 명언을 다시 되새겨야 할 것이다.

성공한 창업자는 어떻게 해서 인재 채용에 있어서 성공한 것일까?

그들의 채용방법은 다음과 같이 핵심 포인트 3가지가 있다.

① 처음엔 까다롭게 옥석을 가린다.

② 지원자의 소질이나 잠재력(성장성)에 더 후하게 점수를 매긴다.

③ 채용이 끝나면 의심하지 않는다. 그(직원)를 믿고 맡긴다.

실패하는 사업장의 공통점은 직원 채용이 안일하게 이루어진다는 점이다. 또 직원교육을 실시하지 않는다는 것을 들 수 있다. 고객 서비스를 위해 직원의 훈련이 반복되지 않는 사업장은 이를테면 '줄이 끊어진 연'처럼 통제를 할 수 없다. 수시로 서비스가 멈추게 마련이다. 결국엔 고객들에게 외면을 받게 된다. 따라서 직원 교육의 중요성은 아무리 강조해도 지나치지 않다.

나. 직원 교육의 내용

① 운영업종 이해와 구매고객의 성격 : 구매심리상태 및 판매접근방법을 교육한다.
② 접객지식과 자세 : 상품지식 및 생활정보, 옷차림, 고객과의 약속 처리방법들을 교육한다.
③ 접객기술 : 판매의 기본적인 화법, 고객응대요령, 전화예절 등을 교육한다.
④ 계산대에서의 접객방법, 신용카드 계산방법을 교육한다.
⑤ 유형별 고객관리, 불만고객 처리원칙 : 성별, 연령별, 성격별 고객관리을 관리하고, 불만고객에 대한 사과방법, 신속한 처리방법, 결과 통보방법들을 교육한다.
⑥ 개·폐점 안전관리 요령, 전기 조명 등의 시설물 안전관리 :
보안장치 이용방법, 매장(내) 이상 유무 체크, 전기 가스 등 가동 여부, 누전, 가스 사고 예방교육을 한다.
⑦ 점포 내(외)부 환경관리를 항상 살피도록 교육한다.
⑧ 종사자의 위생 관리 및 화장실 관리 : 종업원의 유니폼 및 복장 세탁여부를 항상 점검하도록 교육한다. 또한 화장실은 고객서비스의 화룡점정이므로 항상 청결을 유지하도록 한다.

다. 교육훈련

다-1) 교육 훈련의 기준

① 신규로 채용된 직원뿐만이 아니라 직무의 전환이나 승진 또는 새로운 지식이나 기술을 필요로 하는 경우에도 행해진다.
② 교육은 일반적 이론적 개념적 원리를 주로하여 지식을 습득하는 과정이다.
③ 훈련은 특정된 직무 또는 한정된 주체에 대하여 기술을 향상시키는 과정이다.
④ 직무를 능률적이고 효과적으로 수행할 수 있도록 체계적으로 그리고 정기적으로 교육받아야 한다.

다-2) 교육 훈련 전개 과정

① 기획 단계 : 교육 훈련의 목표 설정, 교육 훈련 개발의 대상, 장소, 방법, 목표 등 계획을 입안하는 단계
② 실행 단계 : 교육 훈련의 능력 개발 촉진의 구체적 과정, 능력 개발 방법의 선정 및 실시하는 단계

다-3) 교육훈련의 유형

① 직무 현장 훈련: 직무를 수행하면서 직속 상사로부터 실습을 통하여 직무를 배우는 훈련이다.

② 전문기관 훈련: 내부의 연수원이나 외부의 전문 교육 훈련 기관에 위탁하여 실시하는 훈련이다.

(3) 직원의 비전 제시

직원들이 일을 통하여 희망과 보람을 가질 수 있도록 적정하고 규칙적인 보수 체계, 안전한 근로환경 조성, 능력을 발휘할 수 있는 기회 제공. 성장과 안정을 위한 교육 및 기회 제공을 통해 직원들에게 만족감을 줄 수 있도록 한다.

① 규칙적인 직원회의 실시를 통한 정신교육이 필요하다.

점포(사업장)를 경영하는 창업자들을 살펴보면 의외로 직원과의 정기적 미팅이 전혀 없이 운영이 되는 경우가 있다. 점포는 사실 대기업도 아니고 중소기업도 아니다. 그저 작은 사업장에 불과하다. 그럼에도 무슨 조회가 필요하고 종례가 있어야 하는가? 이와 같은 의구심이 생겨날 수 있다.

그러나 계속해서 의구심이 든다면 기존의 성공한 사업장에 방문해 볼 필요가 있다. 사업장에 사장이 없어 보이는 데도 매일매일 조회가 열리고 종례가 진행되는 현장을 목격할 수 있을 것이다. 조회와 종례를 반드시 사장이 주관해야 되는 것은 아니다. 점장 혹은 선임 직원에게 그 권한을 위임하면 되기 때문이다. 그렇게 해서라도 날마다 실시해야 하는 것이 좋다.

아침조회를 한다면, 당일의 매출목표와 전달사항, 청결문제 확인 등을 토론하면 된다. 저녁종례는 당일의 목표 달성율과 반성해야 할 점, 개선되어야 할 점, 오늘 방문 고객의 주요 불만사항 접수와 처리 방법 등에 대해서 짧게 짚고 넘어가는 식으로 회의를 진행 한다.

② 모든 비즈니스는 서비스 사업이다.

- 서비스 업종은 누가 직원이고 내가 사장이고 할 것이 없다. 모두 고객을 상대하는 서비스의 기본을 갖추어야 되기 때문이다. 그렇지 않으면 사업장의 지속적인 생존과 매출이 상승하는 성공을 기대할 수 없다. 그렇기 때문에 서비스의 기본기는 몸에 익숙해질 때까지 계속해서 교육을 통해 반복되어야 하는 것이다.
- 서비스의 결정적 한방은 '미소'가 꽃이다. 미소에 인색한 직원에게는 꽃이 피어나지 않는다. 성공이란 열매가 달리지 않는다. 미소가 없는 사람이라면 아예 창업할 생각을 하지 말아야 한다. 설사 집안의 우환이 닥치고 슬픈 조사가 있더라도 마찬가지다. 고객 앞에서 언제나 환하게 미소를 보일 자신감이 없거나 고객서비스 정신이 없다면 서비스 업종의 필승과 성공은 현실로 반영이 되지 않는다.

③ 훌륭한 직원이야말로 모든 비즈니스를 좌우한다.

훌륭하고, 우수한 직원이란 단지 외모가 아름다운 직원을 말함이 아니다. 요컨대 훌륭한 인재는 사업장의 경영신념과 철학, 고객 서비스 정신, 상품 전문지식, 판매기술 스킬 등이 풍부하다. 한마디로 모두 주인의식을 지니고 있다.

〈훌륭한 직원의 자질〉

- 한결같은 양질의 고객서비스를 제공한다.
- 고객과의 관계에서 문제를 발생시키지 않는다.
- 고객과의 벽을 만들지 않는다.
- 언제나 미소로 말하고 미소로 행동한다.

(4) 직원의 복리 후생

① 휴일 및 휴가제도

직원의 재충전을 위해 충분한 휴식을 취할 수 있도록 휴일 및 휴가를 지정한다.

② 식사 제공

직원의 건강한 생활을 위해 균형잡힌 위생적인 식사를 제공하여 업무 효율성을 높일 수 있다.

③ 직원의 경조비 지급

- 축의금: 직원 당사자의 결혼, 형제자매에의 결혼, 부모 회갑 또는 칠순, 출산
- 조의금: 직원 배우자의 사망, 본인 및 배우자의 형제자매에의 사망, 자녀의 사망

5) 정보수집 관리(정보수집의 필요성)

(1) 정보수집 관리

현대는 지식 정보화 사회라고 한다. TV,라디오는 물론 전화 컴퓨터, 휴대폰 등의 정보기기를 이용하여 수많은 정보를 손쉽게 주고받고 있다. 이러한 변화의 핵심은 인터넷에 있으며, 인터넷은 인류에게 가장 큰 영향을 준 기술로서 단순한 정보 기술이 아니라 새로운 문화로 자리잡고 소비패턴을 크게 변화시키고 있다. 이러한 추세는 미용 산업의 여러 분야에도 많은 변화를 일으켰다. 인터넷을 기반으로 다양한 정보 활용은 경영 활동에 많은 도움을 가져다 줄 것이다. 그러나 다양한 정보 속에서 정확한 정보를 얻기 위해서는 논문, 학술지, 미용 박람회, 제품 등을 통해 정보의 경쟁력을 확보할 수 있을 것이다.

(2) 정보수집의 필요성

지식정보 사회에서는 경쟁이 심화되기 때문에 경쟁력 강화는 필수 요건이다. 변화에 대응하는 대응력과 경쟁력을 높일 수 있는 방법 중 하나가 정보 수집이다. 고객의 선호도가 트렌드에 따라 변화하기 때문에 새로운 정보 활용은 업무 생산성을 높일 수 있다. 다양한 피부미용 정보를 수집하여 활용할 수 있는 능력이 있어야 한다. 정보를 수집한 후 사용목적에 따라 분야별로 분류해 두면 활용하기가 편리하다.

(3) 정보수집 방법

① 미용 관련논문
② 미용 학술지
③ 미용 박람회
④ 미용 제품 세미나
⑤ 미용 기기 세미나
⑥ 뉴스 및 인터넷
⑦ 미용 관련 서적

(4) 정보 분류 방법

① 알파벳순 또는 가나다순
② 연대순 또는 날짜순
③ 출처순
④ 구전 마케팅

(5) 정보의 활용방안

① 새로운 정보의 수집으로 피부미용 샵의 경쟁력을 강화시킬 수 있다.
② 피부미용 관광 콘텐츠 개발 등 다양하고 새로운 프로그램 개발을 할 수 있다.
③ 피부미용 관련 세계대회, 박람회 등을 적극 유지하고 해외 행사 참여도를 높일 수 있다.

5-1) 피부미용 정보지를 이용하여 정보 수집하기

정보수집을 위한 재료준비

- 자료(각 분야별 미용 정보지, 학술지, 인터넷, 서적, 소개 책자 및 잡지)
- 기기(장비 공구), 컴퓨터 및 주변 기기
- 필기도구

5-2) 정보수집시 안전 유의사항

① 정보의 정확성을 파악하고 정보를 수집한다.
② 다양한 자료들을 활용하여 정보를 수집한다.
③ 정보의 논리성을 파악하고 정보를 수용한다.
④ 다양한 정보 속에서 무조건적 수용은 주의한다.

5-3) 정보수집 수행 순서

① 미용 정보지를 읽고 정보를 수집한다.
- 주제를 선정하여 자료를 수집할 수 있도록 한다.

② 수집한 자료를 읽고 자료를 정보화하여 정리한다.
- 모둠별로 자료를 정리하고 새로운 정보를 공유한다.

③ 목적에 따라 분류한다.
- 정보의 종류별로 자료를 분류해 둔다.

④ 활동지를 나누어 주고 작성해 본다.
- 모듬별로 활동지를 나누어 주고 작성해 본다.

⑤ 정리한 자료에 대해 토의하고 활용 방안에 대해 생각해 본다.

부록

국가직무능력표준(NCS) 기반 직무내용 활용

※ 참조 : 관련 홈페이지 안내

- 훈련기준 및 국가직무능력표준 : http://www.ncs.go.kr
- 자격정보 : http://www.q-net.or.kr
- 훈련교재 및 매체 : http://book.hrdkorea.or.kr

부록

국가직무능력표준(NCS) 에 기초한 직무관리와 주요내용

Ⅰ. 자격개요

1. 헤어미용 자격 정의

대 분 류	12.이용 숙박·여행·오락·스포츠	중 분 류	01.이·미용	소 분 류	01.이·미용서비스
자격종목명		01 헤어디자인_L2		분류번호	12010101
자격종목정의		헤어미용은 미적요구 충족을 통해 정서적 만족감 및 자존감을 높이려는 고객에게 미용기기와 제품을 활용하여 샴푸, 헤어커트, 헤어펌, 헤어컬러, 두피·모발관리, 헤어스타일연출, 데이크업 등의 미용서비스를 제공할 수 있는 능력이다.			

2. 피부미용 자격정의

대분류	12.이용 숙박·여행·오락·스포츠	중분류	01. 이·미용	소분류	01. 이·미용서비스
자격종목명		02 미용사(피부)		분류번호	12010102
자격종목정의		피부미용은 고객의 상담과 피부분석을 통하여 안정감 있고 위생적인 환경에서 얼굴이나 몸매의 피부를 피부미용기기와 화장품을 이용하여 서비스를 제공하고 피부미용에 대한 업무수행을 기획, 관리하는 능력이다.			

3. 메이크업 자격정의

대 분 류	12.이용 숙박·여행·오락·스포츠	중 분 류	01.이·미용	소 분 류	01.이·미용서비스
자격종목명		03 메이크업 -		분류번호	110103
자격종목정의		메이크업은 특정한 상황과 목적에 맞는 이미지, 캐릭터 창출을 목적으로 이미지분석, 디자인, 메이크업, 뷰티코디네이션, 후속관리 등을 실행함으로써 얼굴·신체를 연출하고 표현하는 일이다.			

4. 네일미용

대 분 류	12.이용 숙박·여행·오락·스포츠	중 분 류	01.이·미용	소 분 류	01.이·미용서비스
자격종목명		04. 네일 미용_L2		분류번호	12010104
자격종목정의		고객의 건강한 네일 관리와 미적 요구의 충족을 위하여 네일 숍 위생서비스, 네일 화장물 적용 전처리, 네일 화장물 적용 마무리, 네일 화장물 제거, 네일 컬러링, 네일 기본 관리, 기초 팁 네일, 자연 네일 보강을 성공적으로 수행하여 네일 미용에 응용할 수 있는 능력을 인증하는 자격이다.			

Ⅱ. 직무 내용

1. 헤어미용

1-1. 직무 기본 정보

직 무	헤어미용	능력단위분류번호	1201010101_16v3
		능 력 단 위	미용업 안전위생 관리
직무 목적	미용업 안전위생 관리는 고객에게 청결하고 안전한 서비스를 제공하기 위해 미용사와 서비스공간의 위생을 관리하고 안전사고를 예방하는 능력이다.		
개발 날짜	2016.06.30	개 발 기 관	(사)대한미용사회

1-2. 직무 책임 및 역할

주 요 업 무	책임 및 역할
미용사 위생 관리하기	- 고객의 두피나 얼굴 등에 상해를 주지 않도록 손톱을 관리할 수 있다 - 고객에게 불쾌감을 주지 않도록 체취와 구취를 관리할 수 있다. - 미용 업소 내에서 복장을 청결하게 착용할 수 있다. - 미용서비스 전·후 손을 깨끗이 씻거나 소독할 수 있다.
미용업소 위생 관리하기	- 청소점검표에 따라 미용업소 내·외부를 청소할 수 있다. - 미용서비스를 위한 수건과 가운을 세탁하여 옷장에 보관할 수 있다. - 식음료 서비스에 사용하는 집기류를 청결하게 세척·건조 할 수 있다. - 설비시설과 사용기기 및 도구의 소재별 특성을 고려하여 소독할 수 있다. - 미용업소내의 쾌적한 실내 환경 유지를 위해 환기할 수 있다. - 미용업소에서 발생하는 쓰레기를 종류별로 분리하여 배출할 수 있다.

주 요 업 무	책임 및 역할
미용업 안전사고 예방하기	- 전기사고 예방을 위해 전열기, 전기기 기 등의 안전 상태를 점검할 수 있다. - 화재사고 예방을 위해 난방기, 가열기 등의 안전 상태를 점검할 수 있다. - 낙상사고 예방을 위해 바닥의 이물질 등을 수시로 제거할 수 있다. - 구급약을 비치하여 상황에 따른 응급조치를 할 수 있다. - 긴급 상황 발생 시 비상조치 요령에 따라 신속하게 대처할 수 있다.

1-3 직무수행 요건

구 분	상 세 내 용	
학습경험	특성화고등학교, 미용학원, 직업훈련학교, 학력 인정학교, 직업 위탁기관, 2년제 대학, 4년제 대학 등 헤어미용분야과정을 개설하여 과정을 인증받은 교육기관	(전공: 미용예술관련학과) (분야: 헤어미용분야)
자 격 증	해당사항없음	
지식·기술	〈지식〉 - 공중위생관리법 - 개인위생 및 건강관리에 관한 지식 - 감염병과 소독에 관한 지식 - 시설 및 물품별 청소법 - 시설 및 물품별 청소법 - 세탁물별 세탁법 - 미용업소의 공간구조에 대한 이해 - 미용업소 시설 · 설비에 관한 이해 - 도구와 기기별 소독법 - 미용업소 환경위생에 관한 이해 - 소방 안전법 - 전기 안전법 - 응급조치에 관한 지식 - 비상조치 요령에 대한 지식 〈기술〉 - 개인 위생 및 건강관리 능력 - 지속적인 정보 수집과 탐색 및 활용 기술 - 시설 및 물품에 적합한 청소 능력 - 세탁물별 적합한 세탁 능력 - 도구와 기기를 소독하는 능력 - 시설과 설비를 관리하는 능력 - 식음료 서비스 집기류의 조작 및 관리능력 - 소화기 사용 기술 - 응급조치 및 긴급 상황 대처 능력	
사전직무경험	무관	
직무숙련기간	약 3개월	

1-4. 평생경력개발 체계도

6수준						
		뷰티디자인전문_L3(트레이너)				
5수준		불만족고객관리 헤어디자인 분석 헤어디자인 개발	콤비네이션헤어커트 크리에이티브헤어커트 크리에이티브헤어컬러	크리에이티브업스타일 전통헤어스타일연출 개발헤어스타일연출	디자인헤어타투 미용업 홍보관리 미용업 인사관리	미용업 교육관리
4수준		미용업 재무관리				
		헤어디자인_L3(초급 헤어디자이너)				
3수준		두피 모발 관리 헤어미용전문제품사용 고객관계관리	헤어스타일 상담 그래쥬에이션헤어커트 레이어 헤어커트	쇼트 헤어커트 디자인 헤어펌 디지털세팅 헤어펌	볼륨 매직펌 디자인 헤어컬러 베이직 업스타일	웨이브 드라이 헤드스파케어 미용업 재무관리
		헤어디자인_L2(헤어디자인 전문 어시스턴트)				
2수준		고객응대 서비스 미용업안전위생관리 헤어서비스 준비	헤어샴푸 특수목적 샴푸 베이직 헤어펌	헤어 롤펌 매직프레스 헤어펌 베이직 드라이	헤어 컬러분석 베이직 헤어컬러 그레이 헤어컬러	헤어커트 도구사용 원랭스 헤어커트
수준 / 직종		헤어이용				

※ 헤어디자인_L2는 현재의 어시스턴트에 해당하나 NCS 체계에서 제시하는 헤어디자인_L2 어시스턴트는 헤어미용분야에 진입하는 전문화된 어시스턴트로서 상급자의 지시를 이해하고 전문화된 업무를 수행할 수 있는 능력을 갖춰 L3로 경력개발의 구체화된 경력개발의 경로를 갖게됨

※ 헤어디자인_L3는 현재의 주니어헤어디자이너에 해당하는 수준으로 제한된 권한내에서 일부의 직무를 독립적으로 수행하여 미용업 영업매출의 일부분을 담당하는 역할을 함으로써 현장에서의 경험이 축척됨과 동시에 숙련기술자로 성장하여 추후 뷰티디자인전문_L5로 경력개발이 가능함

※ 뷰티디자인전문_L5은 현재 디렉터, 트레이너 등 새로운 트랜드를 디자인하고 개발함은 물론 사내에서 직원교육 등 현장에서 축척된 경험을 바탕으로 조직에 영향력을 주는 전문관리인 역할 가능

1-5. 평생경력개발경로

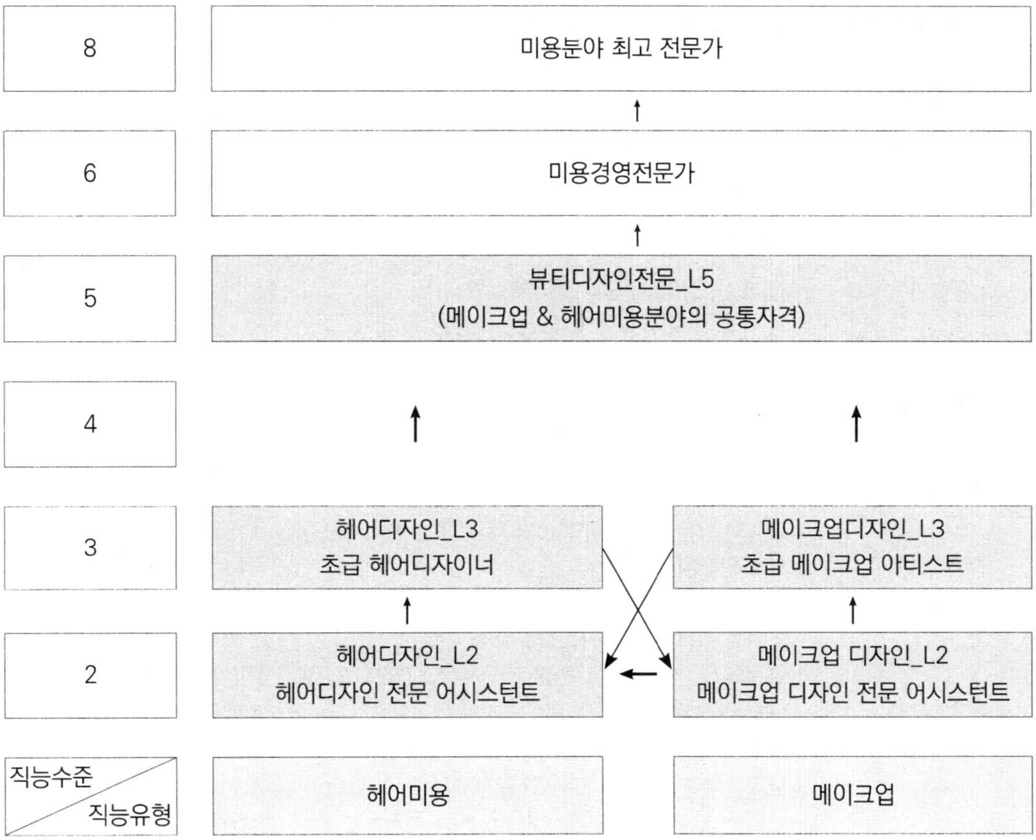

※ 평생경력개발 경로 설계배경

- 입직단계에 해당하는 2수준의 어시스턴트 과정은 미용분야의 탐색기로 헤어미용과 메이크업 분야가 가지고 있는 유사성과 이질성을 잘 파악하여 자신의 적성에 맞는 진로를 찾아가는 단계이다.
- 2단계에서 확실하게 진로가 정해지면 전문가가 되기 위해 3수준으로 진입을 하여 본격적인 경력개발에 몰입할 수도 있으나 진로가 확고하게 정해진 경우 바로 3수준으로 진입도 가능하다.
- 뷰티디자인전문_L5에는 디자인개발 등 상급기술자에 해당하는 전문성과 리더십, 교수법, 경영관리자에 해당하는 학습을 통해 뷰티디자인 전문가로 경력개발을 가능하도록하여 NCS 기반 자격의 활용성을 높이는 것은 물론 미용분야의 경력개발 경로를 확실하게 제시하려고 한다.

1-6. 훈련기준

○ 과정/과목명 : 고객응대 서비스(1201010116_16v3)

- 훈련개요

훈련목표	고객 만족감 향상을 위한 유 · 무형의 기술외적 서비스 제공능력을 함양
수 준	2수준
훈련시간	30시간
훈련가능시설	실습실, 강의실, 산업현장 중 선택
권장훈련방법	집체훈련, 원격훈련, 현장실습, 현장견학 중 선택

- 편성내용

<table>
<tr><th>단 원 명
(능력단위 요소명)</th><th>훈 련 내 용
(수행준거)</th><th>평가 시 고려사항</th></tr>
<tr><td>데스크 안내
업무하기</td><td>1.1 고객의 방문사유를 확인한 후 대기 또는 서비스공간으로 안내할 수 있다.
1.2 고객의 소지품과 의복 등을 보관할 수 있다.
1.3 고객에게 전화응대 서비스를 할 수 있다.</td><td rowspan="3">· 고객과 눈 맞춤을 하며 밝은 목소리와 표정을 유지하는 자세
· 고객의 소지품과 의복을 보관 및 전달하는 태도
· 예약 업무 시 고객의 말을 경청하고, 예약에 필요한 내용 파악 여부
· 고객응대 시 동선 파악 인지 능력
· 대기고객에게 잡지와 음료를 권하는 자세
· 결제 시 할인카드 및 미용서비스 요금을 정확하게 안내하는 태도</td></tr>
<tr><td>대기고객
응대하기</td><td>2.1 고객에게 대기시간을 전달하고 서비스공간으로 안내할 수 있다.
2.2 고객에게 준비된 다과 및 음료 등을 제공할 수 있다.
2.3 고객에게 신문, 잡지, 컴퓨터 등을 제공할 수 있다.</td></tr>
<tr><td>고객배웅하기</td><td>3.1 보관한 고객의 소지품과 의복 등을 고객에게 전달할 수 있다.
3.2 서비스가 종료된 고객에게 서비스내역과 요금을 확인 후 결제할 수 있다.
3.3 제휴카드 포인트 적립 등의 부가서비스를 안내할 수 있다.
3.4 고객에게 차회방문권유 및 방문시기 등을 안내할 수 있다.
3.5 고객을 배웅할 수 있다.</td></tr>
</table>

- 지식 · 기술 · 태도

구 분	주 요 내 용
지식	ㅇ 내점 고객 응대법 ㅇ 전화고객 응대법 ㅇ 예약접수 및 안내법 ㅇ 고객소지품 보관요령 ㅇ 고객 DB사용법 ㅇ 서비스 프로세스에 관한 지식 ㅇ 대기고객 응대요령 ㅇ 다과 제공 등 부가서비스에 관한 지식 ㅇ 배웅고객 응대요령 ㅇ 요금정산 및 결제 시스템 활용 지식 ㅇ 제휴카드 및 포인트 적립 방법 ㅇ 재방문유도 및 차회방문권유 및 예약안내 요령
기술	ㅇ 방문고객 응대능력 ㅇ 전화 응대능력 ㅇ 예약업무를 수행하는 능력 ㅇ 고객소지품 보관능력 ㅇ 고객 DB사용능력 ㅇ 서비스 프로세스 참여 능력 ㅇ 대기고객 응대능력 ㅇ 다과 및 부가서비스 제공능력 ㅇ 배웅고객 응대능력 ㅇ 서비스내역과 요금 확인 및 결제 능력 ㅇ 제휴카드 및 포인트 적립을 안내 능력 ㅇ 재방문유도 및 차회방문권유 및 예약안내 능력
태도	ㅇ 고객 만족을 위한 서비스 마인드 ㅇ 고객의 소지품을 안전하게 보관하려는 태도 ㅇ 정확한 예약업무를 수행하려는 서비스직업인의 마인드 ㅇ 대기고객의 불편함을 줄이기위한 배려하는 자세 ㅇ 고객만족을 위해 다양한 부가서비스를 제공하려고 노력하는 자세 ㅇ 고객의 요구사항을 파악하여 신속하게 응대하는 태도 ㅇ고객의 소지품을 안전하게 보관·전달하는 주의깊은 자세 ㅇ 정확한 요금정산 및 결제를 위해 노력하는 태도 ㅇ 재방문유도 및 차회방문권유 및 예약·안내하는 적극적인 태도

- 장비

장 비 명	단 위	활용구분(공용/공용)	1대당 활용인원
• 컴퓨터 및 프린터기	대	공용	-

※ 장비는 주장비만 제시한 것으로 그 외의 장비와 공구는 별도로 확보

- 재료

재 료 목 록
• 고객 서비스용 화장품류 • 고객 응대용 다과류와 집기류 • 고객용 잡지, 신문, 도서류

※ 재료는 주재료만 제시한 것으로 그 외의 재료는 별도로 확보

○ 과정/과목명 : 헤어서비스 준비(1201010117_16v3)

- 훈련개요

훈련목표	헤어커트, 헤어펌, 헤어컬러, 드라이 등의 서비스 제공에 필요한 재료, 도구, 기구 준비 능력을 함양
수 준	2수준
훈련시간	30시간
훈련가능시설	실습실, 강의실, 산업현장 중 선택
권장훈련방법	집체훈련, 현장실습, 현장견학 중 선택

- 편성내용

단 원 명 (능력단위 요소명)	훈 련 내 용 (수행준거)	평가 시 고려사항
헤어커트 준비하기	1.1 고객에게 어깨보, 커트보 등을 착용해 줄 수 있다. 1.2 헤어커트 유형에 따라 모발의 수분 함량을 조절할 수 있다. 1.3 헤어커트 전 오염이 심한 모발은 사전샴푸를 할 수 있다. 1.4 헤어커트 도구 및 공간을 정리하여 작업을 준비할 수 있다.	• 수행준거에 따른 지식 · 기술 · 태도의 습득정도 • 헤어서비스 유형에 따라 정확하고 신속한 준비상태 • 고객과의 커뮤니케이션 및 응대 능력
헤어펌 준비하기	2.1 고객에게 어깨보, 가운 등을 착용해 줄 수 있다. 2.2 헤어펌 전 사전 샴푸를 할 수 있다. 2.3 프레스 도구와 로드 및 펌제 등을 준비할 수 있다. 2.4 모발에 연화 또는 유화작업을 할 수 있다. 2.5 헤어라인에 피부보호제를 도포할 수 있다.	
헤어컬러 준비하기	3.1 피부보호를 위해 얼굴, 목, 귀 등에 보호제품을 도포할 수 있다. 3.2 고객의 옷에 염모제가 묻지 않도록 어깨보, 가운 등을 착용해 줄 수 있다. 3.3 헤어컬러 서비스 전 알레르기 반응 확인을 위해 패치 테스트(Patch Test)를 할 수 있다. 3.4 헤어컬러 서비스 전 희망색상을 확인하기 위해 스트랜드 테스트(Strand Test)를 할 수 있다. 3.5 모발 상태에 따른 전처리를 처리할 수 있다.	
드라이 준비하기	4.1 고객에게 어깨보를 착용해 줄 수 있다. 4.2 헤어스타일 유형과 모발 상태에 따라 수분 함량을 조절할 수 있다. 4.3 오염이 심한 모발은 헤어스타일 연출을 위해 사전샴푸를 할 수 있다. 4.4 헤어스타일 연출에 필요한 도구 및 공간을 정리하여 작업을 준비할 수 있다.	

- 지식 · 기술 · 태도

구 분	주 요 내 용
지식	o 어깨보, 커트보, 가운 착용법 o 모발과학에 관한 지식 o 헤어커트 유형에 적합한 수분 밸런스에 관한 지식 o 모발 상태에 적합한 수분 밸런스에 관한 지식 o 헤어펌제 성분과 작용에 관한 지식 o 프레스 도구와 로드의 종류와 특징 및 사용법 o 헤어펌 사전처리하는 방법 o 피부보호제품의 성분과 사용법 o 패치테스트와 스트랜드테스트에 관한 지식 o 전처리 제품과 피부보호제의 역할과 사용법에 관한 지식 o 헤어스타일 연출을 위한 열과 수분의 연관성에 관한 지식 o 블로우드라이어와 브러시 종류 o 헤어매직기의 종류 o 헤어스타일 연출 제품의 종류와 사용법
기술	o 어깨보, 커트보, 가운 착용 능력 o 분무기 사용능력 o 샴푸테크닉 o 헤어펌 서비스 전 사전처리하는 기술 o 헤어라인에 피부보호제품을 도포하는 능력 o 패치테스트와 스트랜드테스트 테크닉 o 전처리 기술
태도	o 고객이 불편하기 않도록 배려하는 자세 o 정리 · 정돈을 꼼꼼하게 하는 태도 o 고객 챠트의 작업지시사항을 준수하는 태도 o 피부 · 모발 보호제를 섬세하게 바르는 자세 o 고객의 안전을 살피는 주의깊은 태도 o 모발의 상태를 정확하게 판단하려는 의지

- 장비

장 비 명	단 위	활용구분(공용/공용)	1대당 활용인원
• 거울과 의자	개	공용	4
• 헤어펌 도구(로드, 고무줄, 페이퍼, 매직기 등)	세트	공용	-
• 헤어커트 도구(가위, 레쟈, 빗 등)	세트	공용	-
• 헤어컬러 도구(염색볼, 염색브러시, 전자저울 등)	세트	공용	-
• 헤어스타일링 도구(블로우 드라이어, 헤어 아이롱 등)	대	공용	-

※ 장비는 주장비만 제시한 것으로 그 외의 장비와 공구는 별도로 확보

- 재료

재 료 목 록
• 커트보, 어깨보, 가운 등 • 샴푸제와 린스제 • 헤어스타일 연출 제품

※ 재료는 주재료만 제시한 것으로 그 외의 재료는 별도로 확보

○ 과정/과목명 : 미용업 재고관리(1201010152_16v3)

- 훈련개요

훈련목표	미용서비스에 사용되는 재료, 기기, 도구 및 소모품의 적절한 재고량을 준비하기 위해 제품의 입출고를 확인하고 부족 수량을 주문 · 구매할 수 있는 능력을 함양
수 준	3수준
훈련시간	15시간
훈련가능시설	실습실, 강의실, 산업현장 중 선택
권장훈련방법	집체훈련, 원격훈련, 현장실습, 현장견학 중 선택

- 편성내용

단 원 명 (능력단위 요소명)	훈 련 내 용 (수행준거)	평가 시 고려사항
재고관리 계획하기	1.1 미용업소에서 필요한 전문제품과 점판제품 및 사무용품의 리스트를 작성할 수 있다. 1.2 작성한 리스트 품목의 입출고 상태를 확인할 수 있다. 1.3 확인 결과로 제품의 주문 · 구매 시기, 수량, 단가 등을 계획할 수 있다.	• 수행준거에 따른 지식 · 기술 · 태도의 습득 능력 • 정량적 평가와 정성적 평가를 복합적으로 실시 • 재고관련 컴퓨터프로그램 활용 능력 • 재료입출금 등을 정산할 수 있는 계산능력
재고관리 실행하기	2.1 미용업소에서 필요한 물품의 입 · 출고를 확인하여 최저 물품 재고량보가 부족한 물품을 주문 · 구매할 수 있다. 2.2 제품의 유통기한과 제품 교환 및 반품에 대한 의사결정을 할 수 있다. 2.3 효율적인 제품의 보관과 재고관리를 위해 관리시스템을 활용할 수 있다.	

- 지식 · 기술 · 태도

구 분	주 요 내 용
지식	ㅇ 소매업 재고관리에 대한 기초지식 ㅇ 제품 및 물품 구매시점 관리방법 ㅇ 경제적 구매량 관련 노하우 ㅇ CRP(continuous replenishment program) 사용법
기술	ㅇ 컴퓨터 활용능력 ㅇ 제품 리스트 작성 능력 ㅇ 제품 입출고 수량 파악 능력 ㅇ CRP(continuous replenishment program) 사용능력
태도	ㅇ 제품 입 · 출고 수량을 정확하게 파악하려는 의지 ㅇ 제품을 경제적으로 구매하려는 노력 ㅇ 주인의식을 갖고 솔선수범하는 자세 ㅇ 정직하며 도덕적인 태도

- 장비

장 비 명	단 위	활용구분(공용/공용)	1대당 활용인원
• 인터넷이 연결된 컴퓨터와 프린터 • 경영관련 프로그램	대 세트	공용 공용	-

※ 장비는 주장비만 제시한 것으로 그 외의 장비와 공구는 별도로 확보

- 재료

재 료 목 록
해당사항없음

※ 재료는 주재료만 제시한 것으로 그 외의 재료는 별도로 확보

○ 과정/과목명 : 미용업 재무관리(1201010153_16v3)

- 훈련개요

훈련목표	미용업소 운영에 필요한 자금의 조달, 수입과 지출 계획 및 통제 등 일련의 재무관리 능력을 함양
수 준	4수준
훈련시간	30시간
훈련가능시설	실습실, 강의실, 산업현장 중 선택
권장훈련방법	집체훈련, 원격훈련, 현장실습, 현장견학 중 선택

- 편성내용

<table>
<tr><th>단 원 명
(능력단위
요소명)</th><th>훈 련 내 용
(수행준거)</th><th>평가 시 고려사항</th></tr>
<tr><td>재무관리
계획하기</td><td>1.1 고객의 미용업소에서 발생하는 입출금 내역을 확인할 수 있다.
1.2 미용업소의 운영비 및 금전적 흐름을 파악할 수 있다.
1.3 비용절감을 위해 원가계산을 할 수 있다.
1.4 미용업소의 경영재무를 근거로 예산을 수립할 수 있다.</td><td rowspan="2">• 수행준거에 따른 지식 · 기술 · 태도의 습득 능력
• 정량적 평가와 정성적 평가를 복합적으로 실시
• 재무관련 프로그램을 운영할 수 있는 컴퓨터 활용 능력
• 경영원가 등을 정산할 수 있는 계산능력</td></tr>
<tr><td>재무관리
실행하기</td><td>2.1 예산서를 근거로 예산을 집행할 수 있다.
2.2 경영자금 상태를 분석하여 자금 조달시기 및 투자여부를 결정할 수 있다.
2.3 합리적이며 정확하게 세금을 신고할 수 있다.
2.4 재무상황의 문제점을 도출하여 개선안을 수립할 수 있다.</td></tr>
</table>

- 지식 · 기술 · 태도

구 분	주 요 내 용
지식	ㅇ 각종 세법 및 금융정보에 관한 지식 ㅇ 손익계산 산출법 ㅇ 매출대비 인건비의 적정 비율 산정법 ㅇ 매출대비 인건비 외 고정비의 적정 비율 산정법 ㅇ 영업매출 DB관리법 ㅇ 예산집행에 관련된 지식 ㅇ 경영자금 상태 분석 방법 ㅇ 각종 세금관련 정보 ㅇ 재무 상황의 문제점 도출기법 ㅇ 영업매출 및 매입 등 재무 프로그램 활용법
기술	ㅇ 손익계산서 계정과목별 현황파악능력 ㅇ 영업매출관리 운영프로그램 사용 기법 ㅇ 적정원가 산출 능력 ㅇ 예산수립 능력 ㅇ 예산집행 능력 ㅇ 경영자금 상태 분석 능력 ㅇ 절세 능력 ㅇ 재무 상황의 문제점 도출 능력 ㅇ 영업매출 및 매입 등 재무 프로그램 활용 능력

태도	ㅇ 투명한 재무관리를 위해 노력하는 자세 ㅇ 예산 수립과 결산 집행에 신중한 태도 ㅇ 손익계산에 따른 전략적 사고의지 ㅇ 지출을 절감하려는 자세 ㅇ 납세의무에 대한 성실한 태도

- 장비

장 비 명	단 위	활용구분(공용/공용)	1대당 활용인원
• 인터넷이 연결된 컴퓨터와 프린터	대	공용	-
• 경영관련 프로그램	세트	공용	-

※ 장비는 주장비만 제시한 것으로 그 외의 장비와 공구는 별도로 확보

- 재료

재 료 목 록
없음

※ 재료는 주재료만 제시한 것으로 그 외의 재료는 별도로 확보

○ 과정/과목명 : 미용업 홍보관리(1201010151_16v3)

- 훈련개요

훈련목표	고객 및 대중에게 미용업소를 알리기 위한 홈페이지, 블로그 등의 SNS활동 및 미용업소 내·외부에 광고 등을 실시하는 마케팅 능력을 함양
수 준	5수준
훈련시간	45시간
훈련가능시설	실습실, 강의실, 산업현장 중 선택
권장훈련방법	집체훈련, 원격훈련, 현장실습, 현장견학 중 선택

- 편성내용

단 원 명 (능력단위 요소명)	훈 련 내 용 (수행준거)	평가 시 고려사항
홍보관리 계확하기	1.1 미용업소 주변 상권과 고객 DB를 분석할 수 있다. 1.2 설문조사, 점판제품의 판매추이 분석 등을 실시할 수 있다. 1.3 홍보 관련 우수사례와 실패사례를 조사하여 분석할 수 있다. 1.4 분석 결과를 근거로 잠재 고객층과 고객요구를 파악하여 마케팅 활동을 기획할 수 있다.	• 수행준거에 따른 지식 · 기술 · 태도의 습득 능력 • 정량적 평가와 정성적 평가를 복합적으로 실시 • 고객DB, DM, SNS, 블로그 등을 운영할 수 있는 기본 컴퓨터 활용 능력 • 홍보기획서 작성 능력
홍보관리 실행하기	2.1 미용업소에서 실시하고 있는 다양한 이벤트를 홈페이지, 블로그 등 SNS마케팅을 할 수 있다. 2.2 내방고객을 위해 미용업소 내에서 실시하고 있는 다양한 미용서비스 및 이벤트내용을 POP로 제작할 수 있다. 2.3 영업 촉진을 위해 각종 내 · 외부광고와 이벤트를 실시할 수 있다.	

- 지식 · 기술 · 태도

구 분	주 요 내 용
지식	ㅇ 영업 광고에 대한 지식 ㅇ 상권분석에 대한 지식 ㅇ 서비스마케팅 믹스에 관한 지식 ㅇ SNS활용에 관한 지식 ㅇ POP작성에 관한 지식 ㅇ 판매촉진을 위한 지식 ㅇ 저작권, 초상권, 개인 정보유출에 관한 지식
기술	ㅇ 상권분석능력 ㅇ 홍보기획안 작성능력 ㅇ SNS 활용능력 ㅇ POP 작성능력 ㅇ 홍보매체 활용능력 ㅇ 홍보 관련 외부업체와의 원만한 커뮤니케이션 능력
태도	ㅇ 브랜드이미지를 정확하게 인식하려는 의지 ㅇ 홍보를 위한 정보수집에 적극적인 태도 ㅇ 고객의 요구파악을 위해 주의 깊게 관찰하는 자세 ㅇ 홍보를 위해 마케팅 활동에 적극적인 자세 ㅇ 홍보이미지를 각종 매체에서 창의적으로 표현하려는 노력 ㅇ 타인과 원만한 커뮤니케이션을 위해 노력하는 자세

- 장비

장 비 명	단 위	활용구분(공용/공용)	1대당 활용인원
• 인터넷이 연결된 컴퓨터와 프린터	대	공용	-
• 빔프로젝터	대	공용	-

※ 장비는 주장비만 제시한 것으로 그 외의 장비와 공구는 별도로 확보

- 재료

재 료 목 록
해당사항없음

※ 재료는 주재료만 제시한 것으로 그 외의 재료는 별도로 확보

1-7.평가기준

○ 고객응대서비스 (1201010116_16v3)

<table>
<tr><td colspan="2">능 력 단 위</td><td>고객응대서비스</td><td rowspan="2">능력단위 수준</td><td rowspan="2">2수준</td></tr>
<tr><td colspan="2">분 류 번 호</td><td>1201010116_16v3</td></tr>
<tr><td colspan="2">능력단위 정의</td><td colspan="3">고객응대서비스란 고객의 만족감 향상을 위한 유 · 무형의 부가서비스를 제공하는 능력이다.</td></tr>
<tr><td colspan="2" rowspan="2">평 가 방 법</td><td>지필평가 : 복합형</td><td>시 간</td><td>50분</td></tr>
<tr><td>실무평가 : 수행평가</td><td>시 간</td><td>10분</td></tr>
<tr><td rowspan="4">평가
내용</td><td>능력단위 요소
(세 부 항 목)</td><td colspan="3">수 행 준 거
(세 세 항 목)</td></tr>
<tr><td>1201010116_16v3.1
데스크 안내 업무하기</td><td colspan="3">1.1 고객의 방문사유를 확인한 후 대기 또는 서비스공간으로 안내할 수 있다.
1.2 고객의 소지품과 의복 등을 보관할 수 있다.
1.3 고객에게 전화응대 서비스를 할 수 있다.</td></tr>
<tr><td>1201010116_16v3.2
대기고객 응대하기</td><td colspan="3">2.1 고객에게 대기시간을 전달하고 서비스공간으로 안내할 수 있다.
2.2 고객에게 준비된 다과 및 음료 등을 제공할 수 있다.
2.3 고객에게 신문, 잡지, 컴퓨터 등을 제공할 수 있다.</td></tr>
<tr><td>1201010116_16v3.3
고객배웅하기</td><td colspan="3">3.1 보관한 고객의 소지품과 의복 등을 고객에게 전달할 수 있다.
3.2 서비스가 종료된 고객에게 서비스내역과 요금을 확인 후 결제할 수 있다.
3.3 제휴카드 포인트 적립 등의 부가서비스를 안내할 수 있다.
3.4 고객에게 차회방문권유 및 방문시기 등을 안내할 수 있다.
3.5 고객을 배웅할 수 있다.</td></tr>
<tr><td>관련
지식</td><td colspan="4">o 내점 고객 응대법
o 전화고객 응대법
o 예약접수 및 안내법
o 고객소지품 보관요령
o 고객 DB사용법
o 서비스 프로세스에 관한 지식
o 대기고객 응대요령
o 다과 제공 등 부가서비스에 관한 지식
o 배웅고객 응대요령
o 요금정산 및 결제 시스템 활용 지식
o 제휴카드 및 포인트 적립 방법
o 재방문유도 및 차회방문권유 및 예약안내 요령</td></tr>
<tr><td>평가
시설
· 장비</td><td colspan="4">• 미용업소의 안내데스크와 흡사한 구조의 공간</td></tr>
</table>

○ 과정/과목명 : 헤어서비스 준비 (1201010117_16v3)

<table>
<tr><td colspan="2">능 력 단 위
분 류 번 호</td><td>헤어서비스 준비
1201010117_16v3</td><td>능력단위 수준</td><td>2수준</td></tr>
<tr><td colspan="2">능력단위 정의</td><td colspan="3">헤어서비스 준비란 미용업소에서 고객에게 헤어커트, 헤어펌, 헤어컬러, 드라이 등의 서비스 제공에 필요한 재료, 도구, 기구 등을 준비할 수 있는 능력이다.</td></tr>
<tr><td colspan="2" rowspan="2">평 가 방 법</td><td>지필평가 : 복합형</td><td>시 간</td><td>50분</td></tr>
<tr><td>실무평가 : 수행평가</td><td>시 간</td><td>10분</td></tr>
<tr><td rowspan="4">평가
내용</td><td>능력단위 요소
(세 부 항 목)</td><td colspan="3">수 행 준 거
(세 세 항 목)</td></tr>
<tr><td>1201010117_16v3.1
헤어커트 준비하기</td><td colspan="3">1.1 고객에게 어깨보, 커트보 등을 착용해 줄 수 있다.
1.2 헤어커트 유형에 따라 모발의 수분 함량을 조절할 수 있다.
1.3 헤어커트 전 오염이 심한 모발은 사전샴푸를 할 수 있다.
1.4 헤어커트 도구 및 공간을 정리하여 작업을 준비할 수 있다.</td></tr>
<tr><td>1201010117_16v3.2
헤어펌 준비하기</td><td colspan="3">2.1 고객에게 어깨보, 가운 등을 착용해 줄 수 있다.
2.2 헤어 펌 전 사전 샴푸를 할 수 있다.
2.3 프레스 도구와 로드 및 펌제 등을 준비할 수 있다.
2.4 모발에 연화 또는 유화작업을 할 수 있다.
2.5 헤어라인에 피부 보호제를 도포할 수 있다.</td></tr>
<tr><td>1201010117_16v3.3
헤어컬러 준비하기</td><td colspan="3">3.1 피부보호를 위해 얼굴, 목, 귀 등에 보호제품을 도포할 수 있다.
3.2 고객의 옷에 염모제가 묻지 않도록 어깨보, 가운 등을 착용해 줄 수 있다.
3.3 헤어컬러 서비스 전 알레르기 반응 확인을 위해 패치 테스트(Patch Test)를 할 수 있다.
3.4 헤어컬러 서비스 전 희망색상을 확인하기 위해 스트랜드 테스트(Strand Test)를 할 수 있다.
3.5 모발 상태에 따른 전처리제를 처리할 수 있다.</td></tr>
<tr><td>관련
지식</td><td colspan="4">o 어깨보, 커트보, 가운 착용법
o 모발과학에 관한 지식
o 헤어커트 유형에 적합한 수분 밸런스에 관한 지식
o 모발 상태에 적합한 수분 밸런스에 관한 지식
o 헤어펌제 성분과 작용에 관한 지식
o 프레스 도구와 로드의 종류와 특징 및 사용법
o 헤어펌 사전 처리하는 방법
o 피부보호제품의 성분과 사용법
o 패치테스트와 스트랜드테스트에 관한 지식
o 전처리 제품과 피부보호제의 역할과 사용법에 관한 지식
o 헤어스타일 연출을 위한 열과 수분의 연관성에 관한 지식
o 블로우 드라이어와 브러시 종류
o 헤어매직기의 종류
o 헤어스타일 연출 제품의 종류와 사용법</td></tr>
<tr><td>평가
시설
· 장비</td><td colspan="4">• 거울과 의자
• 샴푸대와 의자(냉·온수시설 구비)</td></tr>
</table>

○ 과정/과목명 : 고객관계관리 (1201010129_16v3)

<table>
<tr><td colspan="2">능 력 단 위</td><td>고객관계관리</td><td rowspan="2">능력단위 수준</td><td rowspan="2" colspan="2">3수준</td></tr>
<tr><td colspan="2">분 류 번 호</td><td>1201010129_16v3</td></tr>
<tr><td colspan="2">능력단위 정의</td><td colspan="4">고객관계관리란 고객의 재방문 및 브랜드 충성도를 높이기 위해 고객의 정보를 수집하여 관리하고 활용하는 능력이다.</td></tr>
<tr><td colspan="2" rowspan="2">평 가 방 법</td><td>지필평가 : 복합형</td><td>시 간</td><td colspan="2">50분</td></tr>
<tr><td>실무평가 : 해당사항없음</td><td>시 간</td><td colspan="2">-</td></tr>
<tr><td rowspan="4">평가 내용</td><td>능력단위 요소
(세 부 항 목)</td><td colspan="4">수 행 준 거
(세 세 항 목)</td></tr>
<tr><td>1201010129_16v3.1
고객정보 수집하기</td><td colspan="4">1.1 개인정보보호 관련 법령 등에 따라 고객동의하에 기본적인 고객정보를 수집할 수 있다.
1.2 고객만족도를 높이기 위해 미용서비스 내용을 수집할 수 있다.
1.3 수집된 고객정보 관리를 위해 컴퓨터를 활용할 수 있다.</td></tr>
<tr><td>1201010129_16v3.2
고객정보 활용하기</td><td colspan="4">2.1 서비스품질 향상을 위해 고객의 만족도 조사를 할 수 있다.
2.2 고객에게 생일이나 행사관련 문자 등의 홍보내용을 안내할 수 있다.
2.3 기존 고객에게 재방문시기를 안내 할 수 있다.</td></tr>
<tr><td>1201010129_16v3.3
고객정보 관리하기</td><td colspan="4">3.1 개인정보보호 관련 법령 등에 따라 고객의 기본적인 정보DB를 관리할 수 있다.
3.2 수집된 고객만족에 대한 정보를 관리할 수 있다.
3.3 고객정보DB가 외부에 유출되지 않도록 보안을 유지할 수 있다.</td></tr>
<tr><td>관련 지식</td><td colspan="5">o 개인정보보호 관련 법령
o 고객정보DB를 수집 방법
o 문서작성과 전산 및 통계 관련 지식
o 충성고객 관리 방법
o 서비스 마케팅관련 지식
o 고객정보DB의 분류와 활용 및 관리에 관한 지식</td></tr>
<tr><td>평가 시설 · 장비</td><td colspan="5">• 인터넷이 가능한 PC
• 고객관리 프로그램</td></tr>
</table>

○ 과정/과목명 : 불만족고객응대 (1201010141_16v3)

<table>
<tr><td colspan="2">능 력 단 위</td><td>불만족고객응대</td><td rowspan="2">능력단위 수준</td><td rowspan="2">5 수준</td></tr>
<tr><td colspan="2">분 류 번 호</td><td>1201010141_16v3</td></tr>
<tr><td colspan="2">능력단위 정의</td><td colspan="3">불만족고객응대란 불만고객의 상담을 통해 고객 불만사항 및 요구내용을 파악하여 대처한 후 고객 만족 수준을 모니터링하는 능력이다.</td></tr>
<tr><td colspan="2" rowspan="2">평 가 방 법</td><td>지필평가 : 복합형</td><td>시 간</td><td>50분</td></tr>
<tr><td>실무평가 : 수행평가</td><td>시 간</td><td>20분</td></tr>
<tr><td rowspan="4">평가
내용</td><td>능력단위 요소
(세 부 항 목)</td><td colspan="3">수 행 준 거
(세 세 항 목)</td></tr>
<tr><td>1201010141_16v3.1
불만족 고객 상담하기</td><td colspan="3">1.1 고객의 불만족 사유를 적극적인 자세로 경청할 수 있다.
1.2 경청한 내용을 바탕으로 불만족 고객의 요구사항을 파악할 수 있다.
1.3 불만족 고객의 의견을 수용하고 응대할 수 있다.</td></tr>
<tr><td>1201010141_16v3.2
불만족 고객 대처하기</td><td colspan="3">2.1 고객의 불만족 내용에 대한 원인을 고객에게 설명할 수 있다.
2.2 고객의 요구사항에 대한 대처 방안을 수립하여 설명할 수 있다.
2.3 상황에 따라 다양한 보상 방법을 제시할 수 있다.</td></tr>
<tr><td>1201010141_16v3.3
불만족 고객
모니터링하기</td><td colspan="3">3.1 불만족고객의 보상 및 응대 결과를 확인할 수 있다.
3.2 고의적인 불만족고객을 선별하여 관리할 수 있다.</td></tr>
<tr><td>관련
지식</td><td colspan="4">o 고객 불만족 상황에 따른 적절한 응대 지식
o 불만족 고객 심리에 관한 지식
o 소비자보호법에 대한 지식
o 소비자 상담심리에 관한 지식
o 서비스품질, 친절도 및 만족도 조사에 필요한 지식
o 분석된 정보를 토대로 고객을 관리할 수 있는 지식</td></tr>
<tr><td>평가
시설
· 장비</td><td colspan="4">• 인터넷이 가능한 PC와 프린터
• 거울과 의자</td></tr>
</table>

○ 과정/과목명 : 미용업 재고관리 (1201010152_16v3)

<table>
<tr><td colspan="2">능 력 단 위</td><td>미용업 재고관리</td><td rowspan="2">능력단위 수준</td><td rowspan="2">3 수준</td></tr>
<tr><td colspan="2">분 류 번 호</td><td>1201010152_16v3</td></tr>
<tr><td colspan="2">능력단위 정의</td><td colspan="3">미용업 재고관리란 미용서비스에 사용되는 재료, 기기, 도구 및 모든 소모품의 적절한 재고량을 준비하기 위해 제품의 입출고를 확인하고 부족수량을 주문·구매할 수 있는 능력이다.</td></tr>
<tr><td colspan="2" rowspan="2">평 가 방 법
평 가 방 법</td><td>지필평가 : 복합형</td><td>시 간</td><td>50분</td></tr>
<tr><td>실무평가 : 없음</td><td>시 간</td><td>-</td></tr>
<tr><td rowspan="3">평가
내용</td><td>능력단위 요소
(세 부 항 목)</td><td colspan="3">수 행 준 거
(세 세 항 목)</td></tr>
<tr><td>1201010152_16v3.1
재고관리 계획하기</td><td colspan="3">1.1 미용업소에서 필요한 전문제품과 점판제품 및 사무용품의 리스트를 작성할 수 있다.
1.2 작성한 리스트 품목의 입출고 상태를 확인할 수 있다.
1.3 확인 결과로 제품의 주문 · 구매 시기, 수량, 단가 등을 계획할 수 있다.</td></tr>
<tr><td>1201010152_16v3.2
재고관리 실행하기</td><td colspan="3">2.1 미용업소에서 필요한 물품의 입 · 출고를 확인하여 최저물품 재고량보가 부족한 물품을 주문 · 구매할 수 있다.
2.2 제품의 유통기한과 제품 교환 및 반품에 대한 의사결정을 할 수 있다.
2.3 효율적인 제품의 보관과 재고관리를 위해 관리시스템을 활용할 수 있다.</td></tr>
<tr><td>관련
지식</td><td colspan="4">o 소매업 재고관리에 대한 기초지식
o 제품 및 물품 구매시점 관리방법
o 경제적 구매량 관련 노하우
o CRP(continuous replenishment program) 사용법</td></tr>
<tr><td>평가
시설
· 장비</td><td colspan="4">• 컴퓨터와 프린터 등</td></tr>
</table>

○ 과정/과목명 : 미용업 재무관리 (1201010153_16v3)

<table>
<tr><td colspan="2">능 력 단 위</td><td>미용업 재무관리</td><td rowspan="2">능력단위 수준</td><td rowspan="2">4 수준</td></tr>
<tr><td colspan="2">분 류 번 호</td><td>1201010153_16v3</td></tr>
<tr><td colspan="2">능력단위 정의</td><td colspan="3">미용업 재무관리란 미용업소 운영에 필요한 자금의 조달, 수입과 지출 계획 및 통제 등 일련의 재무관리를 하는 능력이다.</td></tr>
<tr><td colspan="2" rowspan="2">평 가 방 법</td><td>지필평가 : 복합형</td><td>시 간</td><td>50분</td></tr>
<tr><td>실무평가 : 없음</td><td>시 간</td><td>-</td></tr>
<tr><td rowspan="3">평가 내용</td><td>능력단위 요소
(세 부 항 목)</td><td colspan="3">수 행 준 거
(세 세 항 목)</td></tr>
<tr><td>1201010153_16v3.1
재무관리 계획하기</td><td colspan="3">1.1 미용업소에서 발생하는 입출금 내역을 확인할 수 있다.
1.2 미용업소의 운영비 및 금전적 흐름을 파악할 수 있다.
1.3 비용절감을 위해 원가계산을 할 수 있다.
1.4 미용업소의 경영재무를 근거로 예산을 수립할 수 있다.</td></tr>
<tr><td>1201010153_16v3.2
재무관리 실행하기</td><td colspan="3">2.1 예산서를 근거로 예산을 집행할 수 있다.
2.2 경영자금 상태를 분석하여 자금 조달시기 및 투자여부를 결정할 수 있다.
2.3 합리적이며 정확하게 세금을 신고할 수 있다.
2.4 재무상황의 문제점을 도출하여 개선안을 수립할 수 있다.</td></tr>
<tr><td>관련 지식</td><td colspan="4">o 각종 세법 및 금융정보에 관한 지식
o 손익계산 산출법
o 매출대비 인건비의 적정 비율 산정법
o 매출대비 인건비 외 고정비의 적정 비율 산정법
o 영업매출 DB관리법
o 예산집행에 관련된 지식
o 경영자금 상태 분석 방법
o 각종 세금관련 정보
o 재무 상황의 문제점 도출기법
o 영업매출 및 매입 등 재무 프로그램 활용법</td></tr>
<tr><td>평가 시설 · 장비</td><td colspan="4">• 컴퓨터와 프린터 등</td></tr>
</table>

○ 과정/과목명 : 미용업 홍보관리(1201010151_16v3)

<table>
<tr><td colspan="2">능 력 단 위</td><td>미용업 홍보관리</td><td rowspan="2">능력단위 수준</td><td rowspan="2">5 수준</td></tr>
<tr><td colspan="2">분 류 번 호</td><td>1201010151_16v3</td></tr>
<tr><td colspan="2">능력단위 정의</td><td colspan="3">미용업 홍보관리란 고객 및 대중에게 미용업소를 알리기 위한 홈페이지, 블로그 등의 SNS 활동 및 미용업소 내 · 외부에 광고 등을 실시하는 마팅 능력이다.</td></tr>
<tr><td colspan="2" rowspan="2">평 가 방 법</td><td>지필평가 : 복합형</td><td>시 간</td><td>50분</td></tr>
<tr><td>실무평가 : 수행평가</td><td>시 간</td><td>60분</td></tr>
<tr><td rowspan="3">평가
내용</td><td>능력단위 요소
(세 부 항 목)</td><td colspan="3">수 행 준 거
(세 세 항 목)</td></tr>
<tr><td>1201010151_16v3.1
홍보관리 계획하기</td><td colspan="3">1.1 미용업소 주변 상권과 고객 DB를 분석할 수 있다.
1.2 설문조사, 점판제품의 판매추이를 분석할 수 있다.
1.3 홍보 관련 우수사례와 실패사례를 조사하여 분석할 수 있다.
1.4 분석 결과를 근거로 잠재 고객층과 고객요구를 파악하여 마케팅 활동을 기획 할 수 있다.</td></tr>
<tr><td>1201010151_16v3.2
홍보관리 실행하기</td><td colspan="3">2.1 미용업소에서 실시하고 있는 다양한 이벤트를 홈페이지, 블로그 등 SNS마케팅을 할 수 있다.
2.2 내방고객을 위해 미용업소내에서 실시하고 있는 다양한 미용서비스 및 이벤트내용을 POP로 제작할 수 있다.
2.3 영업 촉진을 위해 각종 내 · 외부광고와 이벤트를 실시할 수 있다.</td></tr>
<tr><td>관련
지식</td><td colspan="4">o 영업 광고에 대한 지식
o 상권분석에 대한 지식
o 서비스마케팅 믹스에 관한 지식
o SNS활용에 관한 지식
o POP작성에 관한 지식
o 판매촉진을 위한 지식
o 저작권, 초상권, 개인 정보유출에 관한 지식</td></tr>
<tr><td>평가
시설
· 장비</td><td colspan="4">• 컴퓨터와 프린터 등</td></tr>
</table>

2. 피부미용

2-1. 직무 기본 정보

<table>
<tr><td rowspan="2">직 무</td><td rowspan="2">피부미용</td><td>능력단위분류번호</td><td>1201010201_16v2</td></tr>
<tr><td>능 력 단 위</td><td>피부미용 고객상담</td></tr>
<tr><td>직무 목적</td><td colspan="3">효율적인 피부관리를 위하여 고객의 방문동기를 파악한 후 고객관리차트 작성하여, 고객의 피부에 영향을 줄 수 있는 인자를 도출하고 고객의 요구 자료를 정보화하여 처리할 수 있다.</td></tr>
<tr><td>개발 날짜</td><td>2016.06.28</td><td>개 발 기 관</td><td>사)한국피부미용사회 중앙회</td></tr>
</table>

2-2. 직무 책임 및 역할

주 요 업 무	책임 및 역할
방문동기 파악하기	- 고객이 관리실을 선택하여 방문한 동기를 파악한다. - 고객이 상담에 응할 수 있도록 편안한 분위기를 조성 한다. - 고객이 가지고 있는 피부문제 및 관리 목적을 파악한다. - 고객과 상담자가 생각하는 피부문제가 다른 경우 그 차이를 설명한다.
고객관리차트 작성하기	- 고객의 개인 신상·건강상태·방문동기와 방문목적 등을 차트에 기록한다. - 피부의 문제 결함 등을 피부유형식별 기준에 따라 차트에 기록할 수 있다. - 생활환경에 대한 특성과 고객관리차트 작성 결과를 피부 관리 계획 한다.
고객응대하기	- 단정한 용모와 친절한 예의로써 고객을 응대한다. - 고객의 방문목적에 따라 상담실과 작업실을 구분하여 안내한다. - 고객의 피부관리에 대한 일정관리를 수립한다.
고객정보처리하기	- 고객관리차트와 상담에 따른 내용을 분류한다. - 수집된 관련 정보를 분류하여 정리한다. - 분류된 각 정보를 목적에 따라 활용할 수 있도록 관리한다.

2-3. 직무수행 요건

구 분	상 세 내 용
학습경험	• 4년제 대학졸업 (전공: 피부미용 학과) (분야:)
자 격 증	• 미용사(피부) • CIDESCO (국제피부미용위원회) 자격
지식·기술	- 상담, 심리 원칙 및 기법 - 피부미용이론 - 식품영양 관련 이론 - 인체 해부생리 - 방문자 상담 능력 - 피부유형 식별능력 - 상담·심리 이론 -·피부관리 방법 -·문서작성 방법 -·고객관리차트 작성 능력 -·고객과 상담능력 -·예의와 예절 이론 -·상담·대화 이론 -·공중위생 관련 법규 -·고객심리파악 능력 -·일정관리수립 능력 -·고객응대서비스 능력
사전직무경험	·직류를 이용한 피부미용기기 활용 ·교류를 이용한 피부미용기기 활용 ·음파를 이용한 피부미용기기 활용 ·피부미용 응용기구 활용
직무숙련기간	약 2년

2-4. 평생경력개발 체계도

직능수준		피부미용
6	원장	**원 장** 피부미용 샵 경영관리
5	실장	**실 장** 피부미용 고객상담 제모 눈썹미용관리 아로마 테라피 한국형 특수관리 스톤 테라피 뱀부(대나무) 테라피 두피분석 두피 모공관리 두피 모낭관리 두피 모근관리
4	팀장	**팀 장** 직류를 이용한 피부미용기기 활용 교류를 이용한 피부미용기기 활용 음파를 이용한 피부미용기기 활용 피부미용 응용기구 활용
3	일반 관리사	**일반 관리사** 피부미용 피부분석 얼굴 매뉴얼테크닉 몸매분석 몸매 각질관리 몸매 상체전면관리 몸매 상체후면관리 몸매하체관리 림프관리
2	인턴	**인 턴** 얼굴 각질관리 얼굴 팩·마스크 몸매 팩·마스크 피부미용 고객마무리관리 피부미용 필수기구 활용 피부미용 기초화장품사용 피부미용 향·색조 화장품사용 피부미용 위생관리
직능 수준 / 직능 유형		**피부미용**

2-5. 훈련기준

○ 과정/과목명 : 피부미용 고객상담(1201010201)

- 훈련개요

훈련목표	효율적인 피부관리를 위하여 고객의 방문동기를 파악한 후 고객관리차트를 작성하여, 고객의 피부에 영향을 줄 수 있는 인자를 도출하고 고객의 요구 자료를 정보화하여 처리 하는 능력을 함양
수 준	5
훈련시간	50
훈련가능시설	강의실
권장훈련방법	집체훈련

- 편성내용

<table>
<tr><th>단 원 명
(능력단위 요소명)</th><th>훈 련 내 용
(수행준거)</th><th>평가 시 고려사항</th></tr>
<tr><td>방문동기 파악하기</td><td>1.1 고객이 관리실을 선택하여 방문한 동기를 파악할 수 있다.
1.2 고객이 상담에 응할 수 있도록 편안한 분위기를 조성할 수 있다.
1.3 고객이 가지고 있는 피부문제 및 관리목적을 파악할 수 있다.
1.4 고객과 상담자가 생각하는 피부문제가 다른 경우 그 차이를 설명할 수 있다.</td><td rowspan="4">- 평가자는 다음의 사항을 평가해야 한다.
• 고객상담능력
• 의사소통에 필요한 도구 및 문서작성 능력
• 고객의 의도를 파악하는 능력
• 고객관리차트의 작성능력
• 피부문제 결함 등의 파악능력
• 피부관리계획 수립 능력
• 수집된 정보의 분류 능력과 활용관리 능력</td></tr>
<tr><td>고객관리차트 작성하기</td><td>2.1 고객의 개인 신상·건강상태·방문동기와 방문목적 등을 차트에 기록할 수 있다.
2.2 피부의 문제 결함 등을 피부유형식별 기준에 따라 차트에 기록할 수 있다.
2.3 생활환경에 대한 특성과 고객관리차트 작성 결과를 피부관리 계획 할 수 있다.</td></tr>
<tr><td>고객응대하기</td><td>3.1 단정한 용모와 친절한 예의로써 고객을 응대할 수 있다.
3.2 고객의 방문목적에 따라 상담실과 작업실을 구분하여 안내할 수 있다.
3.3 고객의 피부관리에 대한 일정관리를 수립한다.</td></tr>
<tr><td>고객정보처리하기</td><td>4.1 고객관리차트와 상담에 따른 내용을 분류한다.
4.2 수집된 관련 정보를 분류하여 정리한다.
4.3 분류된 각 정보를 목적에 따라 활용할 수 있도록 한다.</td></tr>
</table>

- 지식 · 기술 · 태도

구 분	주 요 내 용	
지식	ㅇ 상담, 심리 원칙 및 기법 ㅇ 식품영양 관련 이론 ㅇ 피부 유형 식별 ㅇ 문서작성 방법 ㅇ 상담·대화 이론	ㅇ 피부미용이론 ㅇ 인체 해부생리 ㅇ 피부관리 방법 ㅇ 예의와 예절 이론 ㅇ 공중위생 관련 법규
기술	ㅇ 고객응대 서비스능력 ㅇ 방문자 상담 능력 ㅇ 피부유형 식별능력 ㅇ 일정관리수립 능력	ㅇ 고객의 생활환경 파악능력 ㅇ 고객관리차트 작성 능력 ㅇ 고객심리파악 능력 ㅇ 고객응대서비스 능력
태도	ㅇ 객관적 태도 ㅇ 고객 신상정보 보호하려는 태도 ㅇ 고객에게 신뢰감을 주려고 하는 태도 ㅇ 고객의 말을 들어주려는 태도 ㅇ 고객의 심리를 파악하려는 태도 ㅇ 고객을 편하게 응대하려는 태도 ㅇ 고객이 편하고 안정적인 분위기 조성 태도 ㅇ 대화를 소통하려는 태도 ㅇ 상대의 의사를 인정하려는 태도 ㅇ 정확성을 기하는 태도 ㅇ 친절한 서비스를 제공하려는 테도 ㅇ 쾌적한 작업장 환경을 만들려는 태도	

- 장비

장 비 명	단 위	활용구분(공용/공용)	1대당 활용인원
• 컴퓨터	대	공용	5
• 소프트웨어	식	공용	-
• 빔프로젝트	대	공용	-
• 복사기	대	공용	-

※ 장비는 주장비만 제시한 것으로 그 외의 장비와 공구는 별도로 확보

- 재료

재 료 목 록
• 고객상담차트

※ 재료는 주재료만 제시한 것으로 그 외의 재료는 별도로 확보

o 과정/과목명 : 피부미용 위생관리(1201010210)

- 훈련개요

훈련목표	고객을 신체적, 정신적으로 안정감을 주기 위하여 작업장을 위생적으로 제공하고 피부미용에 관련된 비품과 직원위생을 철저하게 관리 하는 능력을 함양
수 준	2
훈련시간	35
훈련가능시설	강의실
권장훈련방법	집체훈련

- 편성내용

단 원 명 (능력단위 요소명)	훈 련 내 용 (수행준거)	평가 시 고려사항
피부미용 작업장 위생관리하기	1.1 위생관리 지침에 따라 피부미용 작업장 위생 관리 업무를 책임자와 협의하여 준비, 수행할 수 있다. 1.2 쾌적함을 주는 피부미용 작업장이 되도록 체크리스트에 따라 환풍, 조도, 냉 · 난방시설에 대한 위생을 점검할 수 있다. 1.3 위생관리 지침에 따라 피부미용 작업장 청소 및 소독 점검표를 기록할 수 있다. 1.4 피부미용 작업장 소독계획에 따른 작업장 소독을 통해 작업장의 위생 상태를 관리할 수 있다.	- 평가자는 다음의 사항을 평가해야 한다. • 조명의 적절성 고려 능력 • 청소하기에 용이한 동선과 바닥재질의 고려 상태 • 적절한 내부온도와 환기 상태 점검 능력 • 작업실, 휴게실 구분 동선 배치 능력 • 피부 미용기기및 기구의 위생상태 파악 능력 • 기구의 위생상태 파악 능력 • 위생상태 (위생복, 마스크, 손톱, 손 소독) 점검 능력 • 관련 법규에 의한 시설 기준 파악 능력 • 소독약품 및 소독기간 점검 능력
피부미용 비품 위생관리하기	2.1 위생관리 지침에 따라 피부미용 비품의 위생관리 업무를 책임자와 협의하여 준비, 수행할 수 있다. 2.2 위생관리 지침에 따라 적절한 소독방법으로 피부관리실 내부의 비품을 소독하여 보관할 수 있다. 2.3 소독제에 대한 유효기간을 점검할 수 있다. 2.4 사용종류에 알맞은 피부미용 비품의 정리정돈을 수행할 수 있다.	
직원위생관리하기	3.1 위생관리 지침에 따라 피부미용사로서 깨끗한 위생복, 마스크, 실내화를 구비하여 착용할 수 있다. 3.2 장신구는 피하고 가벼운 화장과 예의 있는 언행으로 작업장 근무수칙을 준수할 수 있다. 3.3 위생관리 지침에 따라 두발, 손톱 등 단정한 용모와 신체 청결을 유지할 수 있다.	

- 지식 · 기술 · 태도

구 분	주 요 내 용
지식	ㅇ 고객심리이론 ㅇ 고객예절에 관한 지식 ㅇ 공중위생관리법규 ㅇ 작업장 안전사항 ㅇ 작업장 환경관리 ㅇ 직원 위생관리에 관한 지식 ㅇ 피부관리실내 세탁물 위생관리 ㅇ 피부미용 비품 소독 방법 ㅇ 고객심리 파악 이론 ㅇ 고객응대 방법
기술	ㅇ 고객과의 대화시 적절한 용어사용능력 ㅇ 고객에게 위생적인 느낌을 주는 능력 ㅇ 실내 소독법 적용능력 ㅇ 작업장 비품 청소, 소독 기술 ㅇ 작업장 위생 관리 기술 ㅇ 작업장 위생 관리 기술 ㅇ 쾌적한 작업장 조성 능력
태도	ㅇ 고객요청 적극적인 수용태도 ㅇ 고객을 편안하게 배려하는 태도 ㅇ 안전사항 준수 ㅇ 위생적인 작업 준수 ㅇ 피부관리실 내부에 대한 전반적인 파악능력

- 장비

장 비 명	단 위	활용구분(공용/공용)	1대당 활용인원
• 자외선 소독기	대		-
• 고압멸균기	대		-

※ 장비는 주장비만 제시한 것으로 그 외의 장비와 공구는 별도로 확보

- 재료

재 료 목 록
• 중성세제 • 알코올 • 크레졸

※ 재료는 주재료만 제시한 것으로 그 외의 재료는 별도로 확보

ㅇ 과정/과목명 : 피부미용 샵 경영관리(1201010211)

- 훈련개요

훈련목표	경영원칙인 최소경비에 최대 흑자 개념을 이해하고 수익창출을 위해 효율적인 마케팅을 기획하며, 고객관리에 충실하고자 직원을 관리하고 정보를 수집하여 프로그램을 개발하는 능력을 함양
수 준	6
훈련시간	50
훈련가능시설	강의실
권장훈련방법	집체훈련

- 편성내용

단 원 명 (능력단위 요소명)	훈 련 내 용 (수행준거)	평가 시 고려사항
샵마케팅 기획하기	1.1 샵 주변 상권의 경제, 정보를 분석할 수 있다. 1.2 샵의 강점을 살려 마케팅에 관련된 홍보물을 제작할 수 있다. 1.3 온.오프라인매체를 활용하여 샵을 홍보할 수 있다. 1.4 작업장에 필요한 물품과 용품을 관리하고 운영계획을 수립할 수 있다. 1.5 수립한 계획에 대한 고객만족도 및 샵 인지도를 조사할 수 있다. 1.6 기간별로 매출에 따른 손익을 경영 분석할 수 있다..	- 평가자는 다음의 사항을 평가해야 한다. • 컴퓨터 활용 능력 (워드, 데이터 베이스 조작 등) • 주변 상권 분석 능력 • 잠재고객을 위한 홍보 능력 • 홍보 매체 활용 능력 • 기간별 매출에 대한 손익 분석 능력 • 전문 정보 수집능력 및 분류 능력 • 수집 정보의 활용 능력 • 피부 유형별 프로그램 개발 능력 • 피부개선도에 따른 제품 교체 추천 능력 • 컴퓨터나 전화를 통한 고객관리 능력 • 고객의 불평이나 클레임에 올바르게 대처할 수 있는 능력 • 직원 채용에 대한 선발 능력
프로그램 개발하기	2.1 유형별 피부상태를 파악하여 적합한 피부관리 상품을 기획할 수 있다. 2.2 유형별 제품을 선정하여 차별화된 프로그램을 개발할 수 있다. 2.3 피부개선도에 따라 피부 관리 상품 교체를 추천할 수 있다.	
정보수집 관리하기	3.1 관련된 서적 및 정보지, 학술, 기기 제품 세미나, 인터넷 들 정보를 탐색할 수 있다. 3.2 수집된 정보를 분석하여 목적에 따라 분류 할 수 있다. 3.3 분류된 정보를 구분하여 다양한 방법으로 활용할 수 있도록 관리할 수 있다.	
직원관리하기	4.1 샵 경영규정에 의하여 직원을 채용할 수 있다. 4.2 고객만족을 위하여 직원에게 서비스 교육을 할 수 있다. 4.3 고객을 배려하는 용모와 예절교육을 할 수 있다. 4.4 샵 경영을 위해 정기적으로 직원교육을 할 수 있다. 4.5 직원의 자기개발을 위한 비전을 제시할 수 있다.	

- 지식 · 기술 · 태도

구 분	주 요 내 용	
지식	ㅇ 샵 경영 및 마케팅 이론 ㅇ 상담심리이론 ㅇ 신기술아이템 적용 방법 ㅇ 요구조사 및 자료분석 방법 ㅇ 인터넷활용에 관한 지식 ㅇ 화장품 종류 및 성분 ㅇ 피부관리 방법	ㅇ 홍보디자인 이론 ㅇ 인터넷 운용방법 ㅇ 외국의 피부미용 정보 수집 방법 ㅇ 인체해부생리 지식 ㅇ 화술과 매너에 관한 지식 ㅇ 세계적 피부미용 동향 분석 ㅇ 프로그램 기획방법
기술	ㅇ 고객관리능력 ㅇ 상담 능력 ㅇ 외국어 해독 및 구사 능력 ㅇ 정보수집 및 관리능력 ㅇ 상품기획능력 ㅇ 피부관리기법 능력 ㅇ 화술과 매너능력	ㅇ 홍보디자인 제작능력 ㅇ 아이템관리능력 ㅇ 인사관리능력 ㅇ 조직관리능력 ㅇ 프로그램개발능력 ㅇ 직원 서비스교육 능력
태도	ㅇ 경영흑자를 위한 매출 기획 관리 ㅇ 고객의 환경변화 관리하는 태도 ㅇ 깨끗한 위생복과 용모를 관리하는 태도 ㅇ 실현 가능한 기획 ㅇ악세사리는 피하고 예의 갖추려는 태도 ㅇ 업계의 새로운 신기술을 익히는 태도 ㅇ 정기적인 교육에 참여하는 태도 ㅇ 출퇴근을 정확하게 지키는 태도 ㅇ 피부유형별 제품선택을 관리하는 태도	

- 장비

장 비 명	단 위	활용구분(공용/공용)	1대당 활용인원
• 컴퓨터	대	공용	5
• 관련 소프트웨어	식		-
• 빔프로젝트	대		-

※ 장비는 주장비만 제시한 것으로 그 외의 장비와 공구는 별도로 확보

- 재료

재 료 목 록
• 관련 설문지

※ 재료는 주재료만 제시한 것으로 그 외의 재료는 별도로 확보

2-6. 평가기준

○ 과정/과목명 : 피부미용 고객상담(1201010201_16v2)

<table>
<tr><td colspan="2">능 력 단 위</td><td>피부미용 고객상담</td><td rowspan="2">능력단위 수준</td><td rowspan="2">5수준</td></tr>
<tr><td colspan="2">분 류 번 호</td><td>1201010201_16v2</td></tr>
<tr><td colspan="2">능력단위 정의</td><td colspan="3">효율적인 피부관리를 위하여 고객의 방문동기를 파악한 후 고객관리차트를 작성하여, 고객의 피부에 영향을 줄 수 있는 인자를 도출하고 고객의 요구 자료를 정보화하여 처리 하는 능력이다.</td></tr>
<tr><td colspan="2" rowspan="2">평 가 방 법</td><td>지필평가 : 복합형</td><td>시 간</td><td>30분</td></tr>
<tr><td>실무평가 : 수행평가, 포트폴리오</td><td>시 간</td><td>60분</td></tr>
<tr><td rowspan="5">평가
내용</td><td>능력단위 요소
(세 부 항 목)</td><td colspan="3">수 행 준 거
(세 세 항 목)</td></tr>
<tr><td>1201010201_16v2.1
방문동기파악하기</td><td colspan="3">1.1 고객이 관리실을 선택하여 방문한 동기를 파악할 수 있다.
1.2 고객이 상담에 응할 수 있도록 편안한 분위기를 조성 할 수 있다.
1.3 고객이 가지고 있는 피부문제 및 관리 목적을 파악할 수 있다.
1.4 고객과 상담자가 생각하는 피부문제가 다른 경우 그 차이를 설명할 수 있다.</td></tr>
<tr><td>1201010201_16v2.2
고객관리차트
작성하기</td><td colspan="3">2.1 고객의 개인 신상·건강상태·방문동기와 방문목적 등을 차트에 기록할 수 있다.
2.2 피부의 문제 결함 등을 피부유형식별 기준에 따라 차트에 기록할 수 있다.
2.3 생활환경에 대한 특성과 고객관리차트 작성 결과를 피부 관리 계획 할 수 있다.</td></tr>
<tr><td>1201010201_16v2.3
고객응대하기</td><td colspan="3">3.1 단정한 용모와 친절한 예의로써 고객을 응대한다.
3.2 고객의 방문목적에 따라 상담실과 작업실을 구분하여 안내한다.
3.3 고객의 피부관리에 대한 일정관리를 수립한다.</td></tr>
<tr><td>1201010201_16v2.4
고객정보처리하기</td><td colspan="3">4.1 고객관리차트와 상담에 따른 내용을 분류한다.
4.2 수집된 관련 정보를 분류하여 정리한다.
4.3 분류된 각 정보를 목적에 따라 활용할 수 있도록 관리한다.</td></tr>
<tr><td>관련
지식</td><td colspan="2">- 상담, 심리 원칙 및 기법
- 식품영양 관련 이론
- 식품영양 지식
- 피부관리 방법
- 예의와 예절 이론
- 피부관리 지식
- 피부유형 식별</td><td colspan="2">- 피부미용이론
- 인체 해부생리
- 피부 유형 식별
- 문서작성 방법
- 공중위생 관련 법규
- 피부미용이론</td></tr>
<tr><td>평가
시설
·장비</td><td colspan="2">- 계산기
- 사무용 기기
- 전화 및 팩스</td><td colspan="2">- 문서작성 도구
- 응접 책상 및 의자
- 컴퓨터와 주변기기</td></tr>
</table>

○ 과정/과목명 : 피부미용 샵 경영관리(1201010211_16v2)

능 력 단 위	피부미용 샵 경영관리	능력단위 수준	6수준
분 류 번 호	1201010211_16v2		
능력단위 정의	경영원칙인 최소경비에 최대 흑자 개념을 이해하고 수익창출을 위해 효율적인 마케팅을 기획하며, 고객관리에 충실하고자 직원을 관리하고 정보를 수집하여 프로그램을 개발함으로서 경제원칙을 거두고자 하는 능력이다.		
평 가 방 법	지필평가 : 복합형	시 간	60분
	실무평가 : 포트폴리오, 수행평가	시 간	60분

	능력단위 요소 (세 부 항 목)	수 행 준 거 (세 세 항 목)
평가 내용	1201010211_16v2.1 샵마케팅 기획하기	1.1 샵 주변 상권의 경제, 정보를 분석할 수 있다. 1.2 샵의 강점을 살려 마케팅에 관련된 홍보물을 제작할 수 있다. 1.3 온·오프라인 매체를 활용하여 샵을 홍보할 수 있다. 1.4 작업장에 필요한 물품과 용품을 관리하고 운영계획을 수립할 수 있다. 1.5 수립한 계획에 대한 고객만족도 및 샵 인지도를 조사할 수 있다. 1.6 기간별로 매출에 따른 손익을 경영 분석할 수 있다.
	1201010211_16v2.2 프로그램 개발하기	2.1 유형별 피부상태를 파악하여 적합한 피부관리 상품을 기획할 수 있다. 2.2 유형별 제품을 선정하여 차별화된 프로그램을 개발할 수 있다. 2.3 피부개선도에 따라 피부 관리 상품 교체를 추천할 수 있다.
	1201010211_16v2.3 정보수집 관리하기	3.1 관련된 서적 및 정보지, 학술, 기기 제품 세미나, 인터넷 등 정보를 탐색할 수 있다. 3.2 수집된 정보를 분석하여 목적에 따라 분류 할 수 있다. 3.3 분류된 정보를 구분하여 다양한 방법으로 활용할 수 있도록 관리할 수 있다.
	1201010211_16v2.4 직원관리하기	4.1 샵 경영규정에 의하여 직원을 채용할 수 있다. 4.2 고객만족을 위하여 직원에게 서비스 교육을 할 수 있다. 4.3 고객을 배려하는 용모와 예절교육을 할 수 있다. 4.4 샵 경영을 위해 정기적으로 직원교육을 할 수 있다. 4.5 직원의 자기개발을 위한 비전을 제시할 수 있다.

관련 지식	- 샵 경영 및 마케팅 이론 - 홍보디자인 이론 - 상담심리이론 - 인터넷 운용방법 - 신기술아이템 적용 방법 - 외국의 피부미용 정보 수집 방법 - 요구조사 및 자료분석 방법 - 인체해부생리 지식 - 인터넷활용에 관한 지식 - 화술과 매너에 관한 지식 - 화장품 종류 및 성분 - 세계적 피부미용 동향 분석 - 피부관리 방법 - 프로그램 기획방법
평가 시설 · 장비	- 계산기 - 미용기기 - 베드 및 의자 - 베드커버 및 이불 - 비품 - 소독기 - 온장고 - 웨곤 - 유형별 제품 - 응접의자 - 전화 - 팩스 - 피부미용 소개 책자 및 잡지 - 피부미용에 관련한 모든 비품 - 필기도구 - 컴퓨터 및 주변기기

○ 과정/과목명 : 피부미용 위생관리(1201010210_16v2)

<table>
<tr><td colspan="2">능 력 단 위</td><td>피부미용 위생관리</td><td rowspan="2">능력단위 수준</td><td rowspan="2" colspan="2">2수준</td></tr>
<tr><td colspan="2">분 류 번 호</td><td>1201010210_16v2</td></tr>
<tr><td colspan="2">능력단위 정의</td><td colspan="4">고객을 신체적, 정신적으로 안정감을 주기 위하여 작업장을 위생적으로 제공하고 피부미용에 관련된 비품과 직원위생을 철저하게 관리 하는 능력이다.</td></tr>
<tr><td colspan="2" rowspan="2">평 가 방 법</td><td>지필평가 : 단답형</td><td>시 간</td><td colspan="2">30분</td></tr>
<tr><td>실무평가 : 수행평가</td><td>시 간</td><td colspan="2">30분</td></tr>
<tr><td rowspan="4">평가
내용</td><td>능력단위 요소
(세 부 항 목)</td><td colspan="4">수 행 준 거
(세 세 항 목)</td></tr>
<tr><td>1201010210_16v2.1
피부미용 작업장
위생관리하기</td><td colspan="4">1.1 위생관리 지침에 따라 피부미용 작업장 위생 관리 업무를 책임자와 협의하여 준비, 수행할 수 있다.
1.2 쾌적함을 주는 피부미용 작업장이 되도록 체크리스트에 따라 환풍, 조도, 냉 · 난방시설에 대한 위생을 점검할 수 있다.
1.3 위생관리 지침에 따라 피부미용 작업장 청소 및 소독 점검표를 기록할 수 있다.
1.4 피부미용 작업장 소독계획에 따른 작업장 소독을 통해 작업장의 위생 상태를 관리할 수 있다.</td></tr>
<tr><td>1201010210_16v2.2
피부미용 비품
위생관리하기</td><td colspan="4">2.1 위생관리 지침에 따라 피부미용 비품의 위생관리 업무를 책임자와 협의하여 준비, 수행할 수 있다.
2.2 위생관리 지침에 따라 적절한 소독방법으로 피부관리실 내부의 비품을 소독하여 보관할 수 있다.
2.3 소독제에 대한 유효기간을 점검할 수 있다.
2.4 사용종류에 알맞은 피부미용 비품의 정리정돈을 수행할 수 있다.</td></tr>
<tr><td>1201010210_16v2.3
직원위생관리하기</td><td colspan="4">3.1 위생관리 지침에 따라 피부미용사로서 깨끗한 위생복, 마스크, 실내화를 구비하여 착용할 수 있다.
3.2 장신구는 피하고 가벼운 화장과 예의 있는 언행으로 작업장 근무수칙을 준수할 수 있다.
3.3 위생관리 지침에 따라 두발, 손톱 등 단정한 용모와 신체 청결을 유지할 수 있다.</td></tr>
<tr><td>관련
지식</td><td colspan="3">- 고객심리이론
- 공중위생관리법규
- 작업장 환경관리
- 피부관리실내 세탁물 위생관리
- 고객심리 파악 이론</td><td colspan="2">- 고객예절에 관한 지식
- 작업장 안전사항
- 직원 위생관리에 관한 지식
- 피부미용 비품 소독 방법
- 고객응대 방법</td></tr>
<tr><td>평가
시설
· 장비</td><td colspan="5">- 컴퓨터 및 주변기기
- 피부관리용 제품
- 피부미용기기 및 기구</td></tr>
</table>

3. 메이크업

3-1. 직무 기본 정보

직 무	메이크업	능력단위분류번호	1201010312_16v3
		능 력 단 위	메이크업 카운슬링
직무 목적	메이크업 카운슬링이란 상담을 통해 고객의 얼굴특성, 피부상태, 고객의 요구를 파악하여 고객에게 메이크업 디자인을 제안하는 능력이다.		
개발 날짜	2016.06	개 발 기 관	(사)대한미용사회

3-2. 직무 책임 및 역할

주 요 업 무	책임 및 역할
얼굴특성 파악하기	- 관찰, 질문 등을 통해 얼굴형태, 이미지, 특성 등을 진단지에 기록할 수 있다 - 고객요구, 스타일, 콘셉트 등을 고려하여 얼굴 특성을 파악할 수 있다
메이크업 디자인 제안하기	- 고객의 요구와 얼굴 특성을 반영한 메이크업 시안을 고객에게 설명할 수 있다. - 고객의 요구를 반영하여 메이크업 디자인을 제안할 수 있다

3-3. 직무수행 요건

구 분	상 세 내 용	
학습경험	특성화고등학교, 미용학원, 직업훈련학교, 학력 인정학교, 직업위탁기관, 전문학사과정, 학사과정 등	(전공: 미용예술분야) (분야: 메이크업)
자 격 증	해당사항없음	
지식·기술	ㅇ 얼굴 골격과 근육에 대한 지식 ㅇ 고객 심리에 대한 지식 ㅇ 얼굴의 비율, 균형, 형태 등을 파악하는 기술 ㅇ 피부 톤, 피부유형 등을 파악하는 기술 ㅇ 고객의 심리를 편안하게 만드는 기법 ㅇ 색채에 대한 지식 ㅇ 코디네이션 지식	ㅇ 얼굴 피부에 대한 지식 ㅇ 고객 상담 원리와 기법 ㅇ 고객 요구파악 기법 ㅇ 메이크업 트렌드 지식 ㅇ 패션 관련 지식
	ㅇ 메이크업 이미지에 대한 지식 ㅇ 스타일링 지식 ㅇ 분석된 이미지 표현 기법 ㅇ 메이크업으로 얼굴의 장점 부각, 단점 보완 기법	
사전직무경험	메이크업위생관리, 메이크업 고객서비스	
직무숙련기간	약 1년	

3-4. 평생경력개발 체계도

직능수준	직능유형	메이크업
7	경영 관리자	**경영관리자**
6	미용경영전문가	**미용경영전문가** 메이크업 경영관리
5	아트디렉터 트레이너	**뷰티디자인전문_L5** 메이크업 트랜드 홍보 메이크업 트랜드 개발
4	고급 기술자	**메이크업디자이너** 스킨아트 메이크업 스킨아트 문양디자인 에어브러시 메이크업 바디페인팅 판타지 메이크업 촬영현장 스페셜이펙트 메이크업 실리콘 스페셜이펙트 메이크업 준비 스페셜이펙트 메이크업슬랩 부착 스페셜이펙트 메이크업 디자인
3	초급 기술자	**주니어메이크업디자이너(메이크업디자인_L3)** 무대공연 캐릭터 메이크업 무대공연 스트레이트메이크업 미디어 캐릭터 메이크업 광고 메이크업 영화드라마 메이크업 트랜드 메이크업 응용메이크업 본식웨딩메이크업 리허설 웨딩메이크업 웨딩이미지 제안
2	어시스턴트	**어시스턴트(메이크업디자인_L2)** 뷰티스타일링 속눈썹연장 속눈썹연출 색조메이크업 베이스메이크업 메이크업 기초화장품사용 메이크업디자인 일러스트레이션 퍼스널이미지제안 메이크업 카운슬링 메이크업 고객서비스 메이크업 위생관리

3-5. 훈련기준

○ 과정/과목명 : 메이크업 고객서비스(11010340_16v1)

- 훈련개요

훈련목표	메이크업 고객 서비스란 고객의 만족감을 향상시키기 위하여 메이크업 샵을 방문하는 고객, 전화 상담 고객, 불만족 고객을 응대, 관리하는 능력이다.
수 준	2수준
훈련시간	45시간(3학점)
훈련가능시설	강의실, 실습실 중 선택
권장훈련방법	집체훈련, 실습, 현장실습 중 선택

- 편성내용

단 원 명 (능력단위 요소명)	훈 련 내 용 (수행준거)	평가 시 고려사항
방문 고객 응대하기	1.1 방문 고객에게 인사예절을 갖추어 인사할 수 있다. 1.2 고객의 소지품과 의복 등을 보관 · 관리한 후 배웅 시 전달할 수 있다. 1.3 예약을 원하는 경우 메이크업아티스트의 스케줄을 고려하여 예약할 수 있다. 1.4 고객의 방문사유를 확인한 후 대기 또는 작업 공간으로 안내할 수 있다. 1.5 대기하고 있는 고객에게 다과 및 책자 등을 제공할 수 있다. 1.6 작업 종료된 고객에게 작업내역과 요금을 안내한 후 정산할 수 있다. 1.7 고객에게 배웅인사를 할 수 있다.	- 평가자는 다음 사항을 평가해야 한다. • 수행준거에 따른 지식 · 기술 · 태도의 습득 능력 • 고객에게 다과 등을 예절에 맞게 대접하는 능력 • 친절하고 신속한 응대 태도 • 전화 응대 능력 • 정확한 작업요금 계산 능력 • 원활한 의사소통 능력 • 불만족 고객에 대한 대처능력 • 메이크업 샵의 규정과 서비스 요금 등의 매뉴얼 습득 능력
전화 상담 고객 응대하기	2.1 전화를 받고 끊을 때 응대 요령에 따라 할 수 있다. 2.2 잘못 걸려온 전화를 예절에 맞게 받을 수 있다. 2.3 전화 상담 또는 온라인 시스템 이용 고객에게 예약 서비스를 할 수 있다.	
불만 고객 응대하기	3.1 불만 고객에게 정중하게 사과할 수 있다. 3.2 고객의 불만족 사유를 적극적인 자세로 경청할 수 있다. 3.3 불만 사항에 대해 파악할 수 있다. 3.4 요구사항에 대하여 신속하게 대처할 수 있다. 3.5 불만 사항 처리 후 그 결과에 대한 만족도를 확인할 수 있다.	

- 지식 · 기술 · 태도

구 분	주 요 내 용
지식	ㅇ 방문 고객 응대에 관한 지식 ㅇ 예약에 관한 지식 ㅇ 요금정산에 필요한 시스템 활용 지식 ㅇ 고객 배웅 응대에 관한 지식 ㅇ 전화 상담 고객 응대 언어에 관한 지식 ㅇ 전화 예절에 관한 지식 ㅇ 소비 심리에 관한 지식 ㅇ 상담 심리와 방법에 관한 지식 ㅇ 소비자보호법에 관한 지식
기술	ㅇ 방문 고객에게 예절에 따른 인사하는 능력 ㅇ 고객의 소지품 및 의복 보관, 관리, 전달을 할 수 있는 능력 ㅇ 고객에게 다과 및 책자 등을 제공할 수 있는 능력 ㅇ 예약 업무를 수행하는 능력 ㅇ 작업내역, 요금, 제휴카드 및 포인트 적립을 안내하는 능력 ㅇ 고객 배웅을 하는 능력 ㅇ 전화를 받고 끊을 때, 잘못 걸려온 경우 등 전화 응대 능력 ㅇ 전화 및 온라인 시스템으로 예약서비스를 할 수 있는 능력 ㅇ 고객에게 정중하게 사과의 인사를 할 수 있는 능력 ㅇ 고객의 의견을 경청하고 공감할 수 있는 능력 ㅇ 고객의 불만사항을 파악하고 신속하게 대처하는 능력 ㅇ 고객 만족도를 확인할 수 있는 능력
태도	ㅇ 고객에게 성심을 다해 정중하게 인사하려는 자세 ㅇ 고객의 소지품 및 의복 등을 정확히 챙기는 태도 ㅇ 대기 중인 고객에게 현재 상황을 세심하게 알려주는 태도 ㅇ 고객에게 다과 및 책자 등을 성심껏 대접하려는 태도 ㅇ 예약을 확인하여 정확한 예약이 이루어질 수 있도록 노력하는 자세 ㅇ 작업내역에 따른 요금 정산 등을 정확하게 알리고 처리하려는 자세 ㅇ 전화 상담 고객에게 예의에 어긋나지 않게 응대하는 자세 ㅇ 전화 상담에 적합한 언어를 정중하게 사용하려는 태도 ㅇ 불만고객에게 진심으로 사과하려는 자세 ㅇ 고객의 요구를 적극적으로 경청하는 자세 ㅇ 불만 사항에 신속하게 응대하려는 태도 ㅇ 문제 해결을 위해 적극적으로 대처하는 자세

- 장비

장 비 명	단 위	활용구분(공용/공용)	1대당 활용인원
• 컴퓨터	대	공용	-
• 프린터	대	공용	-
• 전화기	개	공용	-

※ 장비는 주장비만 제시한 것으로 그 외의 장비와 공구는 별도로 확보

- 재료

재 료 목 록
• 고객 서비스용 잡지, 신문, 도서류

※ 재료는 주재료만 제시한 것으로 그 외의 재료는 별도로 확보

○ 과정/과목명 : 메이크업 트렌드 홍보(11010339_16v3)

- 훈련개요

훈련목표	메이크업 트렌드 홍보는 개발된 트렌드를 프로모션 등을 통해 홍보할 수 있는 능력이다.
수 준	5수준
훈련시간	45시간(3학점)
훈련가능시설	강의실, 실습실 중 선택
권장훈련방법	집체훈련, 실습 중 선택

- 편성내용

단 원 명 (능력단위 요소명)	훈 련 내 용 (수행준거)	평가 시 고려사항
메이크업 트렌드 홍보 기획하기	1.1 메이크업 트렌드의 홍보 방향, 전략, 대상을 기획할 수 있다. 1.2 홍보 대상과 홍보 방법 등의 홍보 전략을 수립할 수 있다. 1.3 메이크업 프로모션 행사를 기획할 수 있다.	- 평가자는 다음 사항을 평가해야 한다. • 메이크업 트렌드 분석을 위한 정보수집 및 활용능력 • 기획 및 제안 능력 • 효율적인 전달 능력
메이크업 트렌드 프리젠테이션 하기	2.1 콘셉트에 따른 메이크업 프리젠테이션 전략방향을 수립할 수 있다. 2.2 대상에 따른 프리젠테이션 시기, 환경, 공간적 특성 등을 분석할 수 있다. 2.3 전략방향에 따른 프리젠테이션 장소, 환경, 도구 등을 기획할 수 있다. 2.4 제품을 포함한 메이크업 트렌드의 핵심 내용을 구성하여 전달할 수 있다. 2.5 효과적인 도구를 활용하여 프리젠테이션을 발표할 수 있다	
메이크업 트렌드 홍보하기	3.1 개발된 트렌드(제품)에 대한 시장성을 검토하고 프로모션활동을 기획할 수 있다. 3.2 홍보타켓 계층을 선정하여 온·오프라인 프로모션 활동을 계획할 수 있다. 3.3 트렌드(제품) 평가, 품평회 등의 활동으로 시장반응을 분석할 수 있다. 3.4 트랜드(제품) 홍보를 위하여 온, 오프라인 미디어를 통한 메이크업을 실시할 수 있다. 3.5 트렌드(제품) 홍보를 위하여 교육을 실시할 수 있다.	

- 지식 · 기술 · 태도

구 분	주 요 내 용	
지식	o 프로모션 지식 o 홍보 커뮤니케이션에 대한 지식 o 소비자심리 분석을 위한 기초 지식 o 프리젠테이션 제작 활용 기법 o 통계 기초 지식 o 홍보 커뮤니케이션 o 프로모션 지식 o 홍보 커뮤니케이션 o 트렌드 변화과정	o 통계 기초지식 o 미디어 특성에 대한 지식 o 유행주기 o 홍보 지식 o 시장 분석기법 o 소비자심리 분석을 위한 기초 지식 o 통계 기초지식 o 소비자심리 분석을 위한 기초지식
기술	o 조사 및 자료 분석 기법 o 시장 분석기법 o 메이크업 실기기술 o 프리젠테이션 메이크업 기술 o 조사분석 자료 활용 기법	o 조사 분석 자료 활용능력 o 고객심리파악 능력 o 설득력 있는 화법 o 프리젠테이션 기술 o 메이크업 실기기술
태도	o 트렌드를 분석하고 이해하는 태도 o 트렌드를 제안할 수 있는 창의적 태도 o 트렌드개발 및 제품 제안을 위한 전문가적 태도 o 정확한 정보를 전달하려는 신뢰있는 전문가적 자세 o 바른 언어와 예의를 갖추는 태도 o 관객의 흥미와 관심을 이끌어내는 태도 o 외적 이미지를 가꾸려고 노력하려는 자세 o 트렌드를 분석하고 이해하는 태도 o 트렌드를 제안할 수 있는 창의적 태도 o 트렌드개발 및 제품 제안을 위한 전문가적 태도	

- 장비

장 비 명	단 위	활용구분(공용/공용)	1대당 활용인원
• 시청각 기기류	대	공용	-
• 컴퓨터	대		

※ 장비는 주장비만 제시한 것으로 그 외의 장비와 공구는 별도로 확보

- 재료

재 료 목 록
• 없음

※ 재료는 주재료만 제시한 것으로 그 외의 재료는 별도로 확보

○ 과정/과목명 : 메이크업 경영관리(11010311_16v3)

- 훈련개요

훈련목표	메이크업 경영관리는 메이크업 커리어 PR, 고객관리, 직원육성, 재무관리, 경영관리 등을 통해 메이크업 샵 운영을 효율적으로 관리할 수 있는 능력이다.
수 준	6수준
훈련시간	45시간(3학점)
훈련가능시설	강의실, 실습실 중 선택
권장훈련방법	집체훈련, 실습 중 선택

- 편성내용

단 원 명 (능력단위 요소명)	훈 련 내 용 (수행준거)	평가 시 고려사항
메이크업 커리어 PR하기	1.1 메이크업트렌드, 이미지, 뷰티코디네이션 등을 포트폴리오로 제작할 수 있다. 1.2 메이크업 시안을 가시적이고 다양한 미디어로 제작할 수 있다. 1.3 메이크업디자인 결과물, 시안, 관련 작품들을 DB로 활용할 수 있다. 1.4 메이크업디자이너 커리어, 작품 등을 개인 홍보자료로 구성하여 관리할 수 있다.	- 평가자는 다음의 사항을 평가해야 한다. • 프리젠테이션 환경 조성 능력 • 메이크업 테크닉의 숙련도, 재료사용법 • 커뮤니케이션스킬 • 프리젠테이션 메이크업 제품 표현 스킬
고객 관리하기	2.1 고객의 기본적인 정보를 수집, 분류, 유지, 보완 관리할 수 있다. 2.2 이용 고객과 잠재 고객 정보를 수집하고 유지, 보완 관리 할 수 있다. 2.3 고객 유지와 신규 고객 확보를 위해 모니터링, 수요 조사를 계획할 수 있다. 2.4 고객요구와 평가결과를 수집하여 서비스 품질 향상에 반영할 수 있다. 2.5 고객 정보 DB가 외부에 유출되지 않도록 보안을 유지할 수 있다.	
직원 육성하기	3.1 메이크업 서비스와 고객 응대에 필요한 교육·훈련을 실시할 수 있다. 3.2 메이크업 관련 최신 정보(제품, 트렌드)를 교육·훈련을 통해 제공할 수 있다. 3.3 직원에 대한 직무평가를 인사고과에 반영할 수 있다. 3.4 성과와 직무역량에 따른 승급 체계 및 보상 제도를 마련하여 직원을 육성할 수 있다. 3.5 직원 만족도 향상을 위해 커뮤니케이션을 할 수 있다.	

재무 관리하기	4.1 매출을 관리하고 입출금 내역을 확인하여 운영비를 관리할 수 있다. 4.2 매장의 영업매출과 수입 대비 각종 지출을 관리할 수 있다. 4.3 적절한 원가를 적용하여 비용을 절감할 수 있다. 4.4 경영재무자료를 통해 예산 계획과 자금의 흐름을 통제 관리할 수 있다	
경영 관리하기	5.1 직원을 채용하고, 고용관계 계약을 체결할 수 있다. 5.2 직무역량을 파악하여 업무를 조정하고 인력을 배치·운영할 수 있다. 5.3 매출수준, 고객, 업계동향 등을 파악하고 경영활동에 적용할 수 있다. 5.4 고객 및 자체평가 등을 통해 매장의 서비스수준을 개선할 수 있다.	

- 지식 · 기술 · 태도

구 분	주 요 내 용
지식	o 메이크업 산업에 대한 지식 o 메이크업 제품시장에 대한 지식 o 메이크업 제품의 특성에 대한 지식 o 메이크업 트렌드에 관한 지식 o 메이크업 제품 트렌드에 관한 지식 o 홍보·마케팅에 관한 지식 o 고객 관리 방법에 관한 지식 o 개인정보수집, 유지, 보완관리에 관한 지식 o 통계에 관한 이해 o 충성고객 확보와 관리에 관한 지식 o 예약시스템에 관한 지식 o 고객 수요 조사 및 만족도 조사 관련 설문 형태에 관한 지식 o 인사관리에 관한 지식 o 노무관리에 관한 지식 o 직무분석에 관한 지식 o 리더십에 관한 지식 o 직원평가에 관한 지식 o 평가에 따른 보상제도에 관한 지식 o 퇴직 및 이직 관리에 대한 지식 o 경력·직급별 필요한 교육·훈련 프로그램에 대한 정보 o 교육 프로그램 기획·개발·운영에 대한 지식 o 산업재해 관련 고용보험 처리 과정 관련 지식 o 커뮤니케이션에 관한 지식 o 매출대비 지출 항목 적정비율에 관한 지식 o 매출대비 비용관리에 대한 지식 o 세금납부에 관한 지식 o 각종 세법에 관한 지식 o 금융관련 정보

	ㅇ 영업매출 데이터 관리 ㅇ 매장관리 지식 ㅇ 회계관리에 관한 지식 ㅇ 고용관리에 관한 지식 ㅇ 경영전반에 관한 지식 ㅇ 산업동향 분석 기법 ㅇ 시장동향 분석 기법 ㅇ 제품의 특성 비교 분석 기법 ㅇ 메이크업 결과물, 시안 등의 작품 수집 및 DB 활용 기술 ㅇ 메이크업디자이너 커리어, 작품 등의 자료로 홍보물 제작 기술 ㅇ 고객 정보 수집, 분류, 정리, 보완 관리 기술 ㅇ DM발송을 위한 홍보물 제작 기술 ㅇ 고객 관리를 위한 전화 상담 및 모니터링 기술 ㅇ 고객 관리 프로그램 사용 능력 ㅇ 고객 수요 조사 및 만족도 조사를 위한 설문지 제작 기술
기술	ㅇ 인사관리 규정 작성 기술 ㅇ 인적자원을 관리하는 기법 ㅇ 직원을 평가하는 기술 ㅇ 직원 교육 · 훈련 프로그램 기획·개발·운영의 기술 ㅇ 직원과의 커뮤니케이션 기술 ㅇ 손익계산서 운영기술 ㅇ 손익계산서 계정과목별 현황파악기술 ㅇ 수익을 위한 적정원가 적용 기술 ㅇ 영업매출 관리 능력 ㅇ 영업매출 관리 운영체계 프로그램 사용기술 ㅇ 직무능력에 따른 인력 배치 운영 능력 ㅇ 매장 관리 지침에 따른 매장 운영 평가 기술 ㅇ 보고서 작성 기술
태도	ㅇ 산업동향을 정확하게 분석하려는 자세 ㅇ 비교·분석에 대해 시사점을 구하고자 하는 자세 ㅇ 제품을 이해하고자 하는 자세 ㅇ 메이크업 결과물, 작품 등을 꼼꼼하게 수집하려는 자세 ㅇ 고객에게 메이크업 트렌드에 맞춰 홍보하고자 하는 자세 ㅇ 고객의 눈높이에 맞추어 홍보물을 제작하려는 자세 ㅇ 고객을 주의 깊게 관찰하는 태도 ㅇ 정확한 고객정보 수집을 위해 세심한 주의를 기울이는 태도 ㅇ 고객 정보를 꼼꼼하게 기록하는 자세 ㅇ 고객 정보에 대한 보안 유지에 주의하는 자세 ㅇ 수집한 고객 정보를 경영에 적극적으로 활용하려는 의지 ㅇ 고객과의 신뢰감 형성을 위해 노력하는 자세 ㅇ 객관적으로 평가하는 태도 ㅇ 공정하게 인사·관리하는 태도 ㅇ 리더십을 발휘하고자 하는 태도 ㅇ 개인의 특성을 고려하는 태도

	ㅇ 상호 신뢰를 쌓을 수 있는 공정한 태도 ㅇ 이직 및 퇴직을 낮추기 위한 전략적 사고 ㅇ 윤리적 실천을 하려는 의지 ㅇ 새로운 기술과 문화에 대한 관심을 가지려는 자세 ㅇ 직원들의 의견을 적극적으로 수용하려는 자세 ㅇ 투명한 재무관리를 위한 자세 ㅇ 예산 절감 및 절약하고자 하는 태도 ㅇ 손익계산에 따른 전략적 태도 ㅇ납세의 의무를 준수하고자 하는 태도 ㅇ 세무관리에 따른 책임감 있는 태도 ㅇ 매장운영과 경영에 있어 신중하게 의사결정 하는 자세 ㅇ 정해진 운영규칙을 준수하고자 하는 자세 ㅇ 전략적 매장 운영 및 경영 자세 ㅇ 정확하고 올바른 판단하고 행동하고자 하는 자세 ㅇ 사람들과 신뢰를 쌓고자 하는 태도 ㅇ 주위의 의견을 수용하고자 하는 태도

- 장비

장 비 명	단 위	활용구분(공용/공용)	1대당 활용인원
• 컴퓨터	대	공용	-
• 작업대	대	공용	1
• 의자	대	공용	1

※ 장비는 주장비만 제시한 것으로 그 외의 장비와 공구는 별도로 확보

- 재료

재 료 목 록
• 필기도구

※ 재료는 주재료만 제시한 것으로 그 외의 재료는 별도로 확보

○ 과정/과목명 : 메이크업 위생관리(11010301_16v3)

- 훈련개요

훈련목표	메이크업 위생관리란 작업자와 고객 위생관리를 포함한 메이크업 용품, 시설, 도구, 기기 등을 청결히 하고 지속적인 성능을 유지하여 안전하게 사용할 수 있도록 관리·점검할 수 있는 능력이다.
수 준	2수준
훈련시간	30시간(2학점)

훈련가능시설	강의실, 실습실 중 선택
권장훈련방법	집체훈련, 현장실습 중 선택

- 편성내용

단 원 명 (능력단위 요소명)	훈 련 내 용 (수행준거)	평가 시 고려사항
메이크업 위생 관리하기	1.1 상담실, 제품보관실, 메이크업 작업 환경을 세제와 도구를 사용하여 청결하게 청소할 수 있다. 1.2 상담실, 제품보관실 메이크업 작업 환경의 실내공기를 환기시킬 수 있다.	- 평가자는 다음 사항을 평가해야 한다. • 도구, 기기 등의 세척, 관리 방법의 선택과 숙련도 • 실내의 청결도 • 재료, 도구, 기기관리 체크리스트에 따른 평가 • 메이크업 재료, 도구, 기기 정리정돈 상태 • 메이크업 도구, 기기에 대한 소독기의 사용법과 위생상태 • 메이크업 샵 시설의 청결 관리 체크리스트에 따른 평가 • 위생과 소독에 관한 기본지식 • 위생법규의 이해 • 개인 위생관리 체크리스트에 따른 평가 • 위생에 대한 메이크업 작업자의 자세 • 메이크업 작업자의 복장, 위생상태
메이크업 재료, 도구 위생관리하기	2.1 메이크업 시행에 필요한 도구관리 체크리스트를 만들 수 있다. 2.2 메이크업 도구관리 체크리스트에 따라 사전점검 작업을 실시할 수 있다. 2.3 고객에게 제공되는 재료, 도구, 기기 등을 청결하게 위생처리할 수 있다.	
메이크업 작업자 위생관리하기	3.1 고객에게 불쾌감을 주지 않도록 체취와 구취를 관리할 수 있다. 3.2 작업 전후 손을 깨끗이 씻거나 소독할 수 있다. 3.3 메이크업 샵 내에서는 항상 복장을 청결하게 착용할 수 있다.	

- 지식 · 기술 · 태도

구 분	주 요 내 용
지식	ㅇ 위생에 대한 지식 ㅇ 청소방법에 관한 지식 ㅇ 세제에 관한 지식 ㅇ 실내 공기오염 및 환기에 관한 지식 ㅇ 메이크업 재료, 도구, 기기 관리 지식 ㅇ 메이크업 재료, 도구, 기기의 소독에 관한 지식 ㅇ 개인 위생 관리에 관한 지식 ㅇ 개인 건강관리에 대한 지식 ㅇ 감염 경로와 소독에 대한 지식 ㅇ 공중위생법에 관한 지식

기술	ㅇ 청소관련 기기 사용 기술 ㅇ 청소용 세제 사용 기술 ㅇ 메이크업 작업 환경의 환기를 할 수 있는 능력 ㅇ 메이크업 도구 세척 능력 ㅇ 메이크업 재료, 도구, 기기 관리 기술 ㅇ 메이크업 절차에 따른 도구배열 기술 ㅇ 메이크업 도구, 기기를 소독할 수 있는 능력 ㅇ 손 소독할 수 있는 능력 ㅇ 구강 청결관리 능력
태도	ㅇ 거울 및 바닥의 청결상태를 유지하려는 태도 ㅇ 세제의 올바른 사용방법을 지키려는 태도 ㅇ 실내공기를 깨끗하게 유지하려는 태도 ㅇ 메이크업 재료, 도구, 기기를 위생적으로 청결하게 유지하려는 태도 ㅇ 도구 및 재료, 제품의 관리, 보관을 적극적으로 하려는 태도 ㅇ 도구 및 재료, 제품을 작업 동선에 맞게 정돈하려는 태도 ㅇ 개인의 건강관리에 대한 책임감 ㅇ 손 및 개인 신체를 청결히 하는 자세 ㅇ 신뢰감과 전문성이 나타나는 복장을 유지하려는 자세

- 장비

장 비 명	단 위	활용구분(공용/공용)	1대당 활용인원
• 자외선 소독기	대	공용	-
• 작업대	개	공용	1
• 의자(높이 조절이 가능한 의자)	개	공용	2

※ 장비는 주장비만 제시한 것으로 그 외의 장비와 공구는 별도로 확보

- 재료

재 료 목 록
• 메이크업재료세트 • 소독제(손, 메이크업 도구, 제품 등) • 티슈, 코튼, 면봉, 수건, 가운 등 • 청소도구 및 세제

※ 재료는 주재료만 제시한 것으로 그 외의 재료는 별도로 확보

3-6. 평가기준

○과정/과목명 : 메이크업 위생관리(11010301_16v3)

<table>
<tr><td colspan="2">능 력 단 위
분 류 번 호</td><td>메이크업 위생관리
11010301_16v3</td><td>능력단위 수준</td><td>2수준</td></tr>
<tr><td colspan="2">능력단위 정의</td><td colspan="3">메이크업 위생관리란 고객에게 위생적인 서비스를 제공하기 위해 메이크업 작업자의 위생관리를 포함한 메이크업 시설, 메이크업 재료, 도구, 기기 등을 청결히 하여 위생적으로 사용할 수 있도록 관리·점검할 수 있는 능력이다.</td></tr>
<tr><td colspan="2" rowspan="2">평 가 방 법</td><td>지필평가 : 해당없음</td><td>시 간</td><td>-</td></tr>
<tr><td>실무평가 : 수행평가</td><td>시 간</td><td>10분</td></tr>
<tr><td rowspan="4">평가
내용</td><td>능력단위 요소
(세 부 항 목)</td><td colspan="3">수 행 준 거
(세 세 항 목)</td></tr>
<tr><td>11010301_16v3.1
메이크업
위생관리하기</td><td colspan="3">1.1 상담실, 제품보관실, 메이크업 작업 환경을 세제와 도구를 사용하여 청결하게 청소할 수 있다.
1.2 상담실, 제품보관실 메이크업 작업 환경의 실내공기를 환기시킬 수 있다.</td></tr>
<tr><td>11010301_16v3.2
메이크업 재료, 도구
위생관리하기</td><td colspan="3">2.1 메이크업 시행에 필요한 도구관리 체크리스트를 만들 수 있다.
2.2 메이크업 도구관리 체크리스트에 따라 사전점검 작업을 실시할 수 있다.
2.3 고객에게 제공되는 재료, 도구, 기기 등을 청결하게 위생처리할 수 있다.</td></tr>
<tr><td>11010301_16v3.3
메이크업 작업자
위생관리하기</td><td colspan="3">3.1 고객에게 불쾌감을 주지 않도록 체취와 구취를 관리할 수 있다.
3.2 작업 전후 손을 깨끗이 씻거나 소독할 수 있다.
3.3 메이크업 샵 내에서는 항상 복장을 청결하게 착용할 수 있다.</td></tr>
<tr><td>관련
지식</td><td colspan="4">o 위생에 대한 지식
o 청소방법에 관한 지식
o 세제에 관한 지식
o 실내 공기오염 및 환기에 관한 지식
o 메이크업 재료, 도구, 기기 관리 지식
o 메이크업 재료, 도구, 기기의 소독에 관한 지식
o 개인 위생 관리에 관한 지식
o 개인 건강관리에 대한 지식
o 감염 경로와 소독에 대한 지식
o 공중위생법에 관한 지식</td></tr>
<tr><td>평가
시설
· 장비</td><td colspan="4">o 자외선 소독기
o 작업대
o 의자 (높이 조절이 가능한 의자)
o 메이크업 재료 세트
o 소독제(손, 메이크업 도구, 제품 등)
o 티슈, 코튼, 면봉, 수건, 가운 등
o 청소도구 및 세제</td></tr>
</table>

○ 과정/과목명 :메이크업 경영관리(11010311_16v3)

능 력 단 위	메이크업 경영관리	능력단위 수준	6수준
분 류 번 호	11010311_16v3		
능력단위 정의	메이크업 경영관리는 메이크업 커리어 PR, 고객관리, 직원육성, 재무관리, 경영관리 등을 통해 메이크업 샵 운영을 효율적으로 관리할 수 있는 능력이다.		
평 가 방 법	지필평가 : 해당없음	시 간	-
	실무평가 : 수행평가	시 간	60분

	능력단위 요소 (세 부 항 목)	수 행 준 거 (세 세 항 목)
평가 내용	11010311_16v3.1 메이크업 커리어 PR하기	1.1 메이크업트렌드, 이미지, 뷰티코디네이션 등을 포트폴리오로 제작할 수 있다. 1.2 메이크업 시안을 가시적이고 다양한 미디어로 제작할 수 있다. 1.3 메이크업디자인 결과물, 시안, 관련 작품들을 DB로 활용할 수 있다. 1.4 메이크업디자이너 커리어, 작품 등을 개인 홍보자료로 구성하여 관리할 수 있다.
	11010311_16v3.2 고객 관리하기	2.1 고객의 기본적인 정보를 수집, 분류, 유지, 보완 관리할 수 있다. 2.2 이용 고객과 잠재 고객 정보를 수집하고 유지, 보완 관리 할 수 있다. 2.3 고객 유지와 신규 고객 확보를 위해 모니터링, 수요 조사를 계획할 수 있다. 2.4 고객요구와 평가결과를 수집하여 서비스 품질 향상에 반영할 수 있다. 2.5 고객 정보 DB가 외부에 유출되지 않도록 보안을 유지할 수 있다.
	11010311_16v3.3 직원 육성하기	3.1 메이크업 서비스와 고객 응대에 필요한 교육·훈련을 실시할 수 있다. 3.2 메이크업 관련 최신 정보(제품, 트렌드)를 교육·훈련을 통해 제공할 수 있다. 3.3 직원에 대한 직무평가를 인사고과에 반영할 수 있다. 3.4 성과와 직무역량에 따른 승급 체계 및 보상 제도를 마련하여 직원을 육성할 수 있다. 3.5 직원 만족도 향상을 위해 커뮤니케이션을 할 수 있다.
	11010311_16v3.4 재무 관리하기	4.1 매출을 관리하고 입출금 내역을 확인하여 운영비를 관리할 수 있다. 4.2 매장의 영업매출과 수입 대비 각종 지출을 관리할 수 있다. 4.3 적절한 원가를 적용하여 비용을 절감할 수 있다. 4.4 경영재무자료를 통해 예산 계획과 자금의 흐름을 통제 관리할 수 있다.
	11010311_16v3.5 경영 관리하기	5.1 직원을 채용하고, 고용관계 계약을 체결할 수 있다. 5.2 직무역량을 파악하여 업무를 조정하고 인력을 배치·운영할 수 있다. 5.3 매출수준, 고객, 업계동향 등을 파악하고 경영활동에 적용할 수 있다. 5.4 고객 및 자체평가 등을 통해 매장의 서비스수준을 개선할 수 있다.

관련 지식	- 메이크업 산업에 대한 지식 -메이크업 제품시장에 대한 지식 - 메이크업 제품의 특성에 대한 지식 - 메이크업 트렌드에 관한 지식 - 메이크업 제품 트렌드에 관한 지식 - 홍보·마케팅에 관한 지식 - 고객 관리 방법에 관한 지식 - 개인정보수집, 유지, 보완관리에 관한 지식 - 통계에 관한 이해 - 충성고객 확보와 관리에 관한 지식 - 예약시스템에 관한 지식 - 고객 수요 조사 및 만족도 조사 관련 설문 형태에 관한 지식 - 인사관리에 관한 지식 - 노무관리에 관한 지식 - 직무분석에 관한 지식 - 리더십에 관한 지식 - 직원평가에 관한 지식 - 평가에 따른 보상제도에 관한 지식 - 퇴직 및 이직 관리에 대한 지식 - 경력·직급별 필요한 교육·훈련 프로그램에 대한 정보 - 교육 프로그램 기획·개발·운영에 대한 지식 - 산업재해 관련 고용보험 처리 과정 관련 지식 - 커뮤니케이션에 관한 지식 - 매출대비 지출 항목 적정비율에 관한 지식 - 매출대비 비용관리에 대한 지식 - 세금납부에 관한 지식 - 각종 세법에 관한 지식 - 금융관련 정보 - 영업매출 데이터 관리 - 매장관리 지식 - 회계관리에 관한 지식 - 고용관리에 관한 지식 - 경영전반에 관한 지식
평가 시설·장비	- 컴퓨터 - 작업대 - 의자 - 필기도구

4. 네일 미용

4-1. 직무 기본 정보(1)

직 무	네일 미용	능력단위분류번호	1201010411_16v3
		능 력 단 위	네일숍 위생 서비스
직무 목적	네일숍 위생 서비스란 고객에게 안전하고 위생적인 서비스를 제공하기 위해 작업자와 고객의 위생을 관리하고 숍 환경을 위생적으로 관리하는 능력이다.		
개발 날짜	2016.06.30	개 발 기 관	사단법인 한국네일예술인협회

4-2. 직무 책임 및 역할

주 요 업 무	책임 및 역할
숍 청결 작업하기	1.1 네일숍의 작업환경을 최적화할 수 있다. 1.2 청소도구를 활용하여 수시로 숍 실내를 청소할 수 있다. 1.3 정리요령에 따라 숍 집기류를 정리할 수 있다. 1.4 청소점검표에 따라 수시로 숍의 청결상태를 점검할 수 있다.
숍 안전관리하기	2.1 안전사고 예방을 위해 안전 상태를 수시로 점검할 수 있다. 2.2 감염예방을 위하여 작업 시 출혈이 발생한 경우 상처부위, 작업자 손, 사용기기를 소독할 수 있다. 2.3 안전사고 발생 시 침착하고 정확하게 대처할 수 있다.
미용기구 소독하기	3.1 기구유형에 따라 효율적인 소독방법을 결정할 수 있다. 3.2 소득방법에 따라 네일 미용기구를 소독할 수 있다. 3.3 일회용 네일 용품을 위생적으로 관리할 수 있다. 3.4 위생 점검표에 따라 미용기구의 소독상태를 점검하고 정리할 수 있다.
손·발 소독하기	4.1 소독제품의 특성에 따라 소독방법을 선정할 수 있다. 4.2 소독방법에 따라 작업자의 손·발을 소독할 수 있다. 4.3 소독방법에 따라 고객의 손·발을 소독할 수 있다.

4-3. 직무수행 요건

구 분	상 세 내 용	
학습경험	• 대학	(전공 : 미용관련학과)
	• 직업능력개발 훈련기관	(전공 : 미용관련학과)
	• 네일미용 운영기관 자체훈련시설	(전공 : 미용관련학과)
	• 기능사 과정	(분야 : 네일미용과정)

자 격 증	• 미용사(네일)
지식·기술	- 네일숍 청소방법에 관한 지식 - 세정 및 청소도구 활용에 관한 지식 - 네일숍 소독방법에 관한 지식 - 미생물학에 관한 지식 - 집기관리에 관한 지식 - 청소점검표에 관한 지식 - 청소하는 기술 - 청소도구와 기기활용 기술 - 소독방법에 따라 작업하는 능력 - 집기관리 능력 - 청소점검표 파악 능력 - 전기안전에 관한 지식 - 소방안전에 관한 지식 - 감염경로와 소독에 관한 지식 - 제품보관에 관한 지식 - 전기기구 사용 기술 - 구급제품 사용 능력 - 제품 관리 능력 - 위생기준에 관한 지식 - 소독제품에 관한 지식 - 소독제품 관리에 관한 지식 - 소독도구 활용에 관한 지식 - 공중위생관리법에 관한 지식 - 미생물학에 관한 지식 - 위생 점검표에 대한 지식 - 소독방법에 따라 작업하는 능력 - 소독제품 사용능력 - 소독제품 관리능력 - 소독도구 활용능력 - 공중위생관리법에 대한 이해 능력 - 미생물학 이해 능력 - 위생 점검표 파악 능력 - 개인 위생관리에 대한 지식 - 소독에 관한 지식 - 공중위생관리법에 대한 지식 - 개인 위생관리 능력 - 소독 방법 적용에 관한 기술 - 공중위생 관리법에 대한 이해 능력
사전직무경험	없음
직무숙련기간	약 3개월

◈ 직무 기본 정보(2)

직 무	네일미용	능력단위분류번호	1201010412_16v3
		능 력 단 위	네일숍 고객 서비스
직무 목적	네일숍 고객 서비스란 고객관리와 상담을 통하여 고객만족을 성취하는 능력이다.		
개발 날짜	2016.06.30	개 발 기 관	사단법인 한국네일예술인협회

◈ 직무 책임 및 역할

주 요 업 무	책임 및 역할
데스크 안내 업무하기	1.1 고객에게 전화 응대 서비스를 할 수 있다. 1.2 고객의 방문 사유를 확인하고 안내할 수 있다. 1.3 서비스가 종료된 고객에게 요금을 안내한 후 정산 할 수 있다.
대기 고객 응대하기	2.1 방문한 고객을 친절하게 응대할 수 있다. 2.2 고객관리대장을 정확하게 작성할 수 있다. 2.3 예약대장을 활용하여 예약을 효율적으로 관리할 수 있다.
사후 관리 안내하기	3.1 작업 전·후의 변화를 비교하여 고객에게 설명할 수 있다. 3.2 작업 상태에 따라 관리에 적합한 제품을 사용하여 마무리할 수 있다. 3.3 건강한 네일 유지를 위한 관리법을 고객에게 설명할 수 있다.
불만족 고객 대처하기	4.1 고객의 불만족 사유를 파악할 수 있다. 4.2 고객의 불만족 사유에 대처할 수 있다. 4.3 불만족 고객의 보상 및 응대 결과에 대한 만족도를 확인할 수 있다.

◈ 직무수행 요건

구 분	상 세 내 용
학습경험	• 대학 (전공 : 미용관련학과) • 직업능력개발 훈련기관 (전공 : 미용관련학과) • 네일미용 운영기관 자체훈련시설 (전공 : 미용관련학과) • 기능사 과정 (분야 : 네일미용과정)
자 격 증	• 미용사(네일)

지식·기술	- 전화응대에 관한 지식 - 예약에 관한 지식 - 배웅 고객 응대에 관한 지식 - 요금정산에 관한 지식 - 전화기 사용법과 전화응대 능력 - 예약업무를 수행하는 능력 - 서비스 내역과 요금을 안내하는 능력 - 안내한 요금을 정산할 수 있는 능력 - 고객응대방법에 대한 지식 - 고객관리대장에 대한 지식 - 예약관리대장에 대한 지식 - 고객안내 동선에 관한 지식 - 고객응대 방법을 적용할 수 있는 능력 - 고객관리대장을 작성할 수 있는 능력 - 예약관리대장을 활용할 수 있는 능력 - 작업유형에 대한 지식 - 작업제품에 대한 지식 - 작업유형 적용 기술 - 작업제품 적용 기술 - 소비자보호법에 대한 지식 - 소비자 심리에 관한 지식 - 서비스 품질과 만족도 조사에 필요한 지식 - 고객의 불만족을 파악하는 능력 - 고객의 의견을 수용하고 응대하는 기술 - 상황에 따른 적절한 고객 응대 능력 - 제공된 보상에 대해 고객만족을 체크하는 능력
사전직무경험	없음
직무숙련기간	약 3개월

4-4. 평생경력개발 체계도

5	Advanced senior				총괄매니저 (네일미용_L5) 네일 미용교육과정 운영 네일 미용 교수법 네일 미용업 직무교육 네일 드릴 응용 헤나아트 네일 디자인 네일 디자인 자료수집 인조 네일 보수 네일 미용업 재고관리 네일 미용업 홍보관리 네일 미용업 인사관리 네일 미용업 재무관리 융합네일아트 3D 입체네일아트 네일 에어브러시 응용 핸드페인팅 아트 응용 인조 네일	
					↑	
4	Senior				파트매니저 인조네일보수	
					↑	
3	Advanced junior				현장실무자 (네일미용_L3) 기본 네일숍 특수관리 페디큐어 응용관리 매니큐어 응용관리 네일 폴리시 아트 기초 핸드페인팅 아트 아크릴 네일 젤 네일 랩 네일 팁 위드 젤 팁 위드 아크릴 팁 위드 랩	
					↑	

직능수준		헤어미용	피부미용	메이크업	네일미용	이용
2	Junior				실무보조자 (네일미용_L2) 2D 입체네일아트 기초 네일 컬러 네일 장식물 활용 자연 네일 보강 기초 팁 네일 네일 컬러링 네일 기본 관리 네일 화장물 적용 마무리 네일 화장물 적용 전 처리 네일 화장물 제거 네일 숍 고객서비스 네일 숍 위생서비스	
1						
직능수준 / 직능		헤어미용	피부미용	메이크업	네일미용	이용

4-5. 훈련기준

○ 과정/과목명 : 네일숍 위생 서비스(1201010411_16v3)

- 훈련개요

훈련목표	양질의 고객 서비스와 쾌적한 샵 환경을 위해 청결작업과 기구, 용품, 재료 소독이 가능하고 고객 상담과 시술 전 손 · 발을 소독할 수 있는 능력을 함양
수 준	2수준
훈련시간	40시간
훈련가능시설	실습실
권장훈련방법	집체훈련

- 편성내용

단 원 명 (능력단위 요소명)	훈 련 내 용 (수행준거)	평가 시 고려사항
숍 청결 작업하기	1.1 네일숍의 작업환경을 최적화할 수 있다. 1.2 청소도구를 활용하여 수시로 숍 실내를 청소할 수 있다. 1.3 정리요령에 따라 숍 집기류를 정리할 수 있다. 1.4 청소점검표에 따라 수시로 숍의 청결상태를 점검할 수 있다.	• 수행준거에 제시되어 있는 내용을 성공적으로 수행할 수 있는지를 평가해야 한다. • 평가자는 다음 사항을 평가해야 한다. - 소독기준에 따라 숍내의 집기와 재료 및 기구의 소독에 관한 지식 - 네일 작업용 도구 및 재료의 정리방법에 관한 지식 - 청소점검표에 따라 숍 실내 청소상태 파악에 대한 이해 여부 - 안전기준 숙지 여부 - 손·발 소독하기 위생관리기준 이행 여부
숍 안전관리하기	2.1 안전사고 예방을 위해 안전 상태를 수시로 점검할 수 있다. 2.2 감염예방을 위하여 작업 시 출혈이 발생한 경우 상처부위, 작업자 손, 사용기기를 소독할 수 있다. 2.3 안전사고 발생 시 침착하고 정확하게 대처할 수 있다.	
미용기구 소독하기	3.1 기구유형에 따라 효율적인 소독방법을 결정할 수 있다. 3.2 소득방법에 따라 네일 미용기구를 소독할 수 있다. 3.3 일회용 네일 용품을 위생적으로 관리할 수 있다. 3.4 위생 점검표에 따라 미용기구의 소독상태를 점검하고 정리할 수 있다.	
손·발 소독하기	4.1 소독제품의 특성에 따라 소독방법을 선정할 수 있다. 4.2 소독방법에 따라 작업자의 손·발을 소독할 수 있다. 4.3 소독방법에 따라 고객의 손·발을 소독할 수 있다.	

- 지식 · 기술 · 태도

구 분	주 요 내 용
지식	ㅇ 네일숍 청소방법에 관한 지식 ㅇ 세정 및 청소도구 활용에 관한 지식 ㅇ 네일숍 소독방법에 관한 지식 ㅇ 미생물학에 관한 지식 ㅇ 집기관리에 관한 지식 ㅇ 청소점검표에 관한 지식 ㅇ 전기안전에 관한 지식 ㅇ 소방안전에 관한 지식 ㅇ 감염경로와 소독에 관한 지식 ㅇ 제품보관에 관한 지식 ㅇ 위생기준에 관한 지식 ㅇ 소독제품에 관한 지식 ㅇ 소독제품 관리에 관한 지식 ㅇ 소독도구 활용에 관한 지식 ㅇ 공중위생관리법에 관한 지식 ㅇ 미생물학에 관한 지식

	ㅇ 위생 점검표에 대한 지식 ㅇ 개인 위생관리에 대한 지식 ㅇ 소독에 관한 지식 ㅇ 감염경로에 대한 지식 ㅇ 공중위생관리법에 대한 지식
기술	ㅇ 청소하는 기술 ㅇ 청소도구와 기기활용 기술 ㅇ 소독방법에 따라 작업하는 능력 ㅇ 집기관리 능력 ㅇ 청소점검표 파악 능력 ㅇ 전기기구 사용 기술 ㅇ 소화기 사용 기술 ㅇ 구급제품 사용 능력 ㅇ 제품 관리 능력 ㅇ 소독방법에 따라 작업하는 능력 ㅇ 소독제품 사용능력 ㅇ 소독제품 관리능력 ㅇ 소독도구 활용능력 ㅇ 공중위생관리법에 대한 이해 능력 ㅇ 미생물학 이해 능력 ㅇ 위생 점검표 파악 능력 ㅇ 개인 위생관리 능력 ㅇ 소독 방법 적용에 관한 기술 ㅇ 감염경로 파악 능력 ㅇ 공중 위생 관리법에 대한 이해 능력
태도	ㅇ 네일숍의 환경을 위생적으로 유지하고 관리하려는 자세 ㅇ 철저한 청소 도구와 기기 관리요령 준수 ㅇ 네일숍 실내 위생기준 준수 ㅇ 안전기준 준수 자세 ㅇ 안전사고 발생 시 신속하고 정확하게 대처하는 자세 ㅇ 미용기구를 꼼꼼하고 철저한 소독하려는 자세 ㅇ 소독제품과 소독도구에 대한 철저한 관리요령 준수 ㅇ 미용기구의 소독 위생기준 준수 ㅇ 개인위생 관리기준 준수 자세 ㅇ 지속적이고 철저하게 위생 관리하는 자세 ㅇ 소독제품과 소독도구에 대한 철저한 관리요령 준수

- 장비

장 비 명	단 위	활용구분(공용/공용)	1대당 활용인원
• 자외선 소독기	대	공용	-
• 소독도구와 기기	대	공용	-
• 청소도구와 기기	개	공용	-

※ 장비는 주장비만 제시한 것으로 그 외의 장비와 공구는 별도로 확보

- **재료**

재 료 목 록
• 청소제 • 손 소독제 • 기구 소독제

※ 재료는 주재료만 제시한 것으로 그 외의 재료는 별도로 확보

○ 과정/과목명 : 네일숍 고객 서비스(1201010412_16v3)

- **훈련개요**

훈련목표	네일숍 고객 서비스란 고객 관리와 상담을 통하여 고객만족을 성취하는 능력이다.
수 준	2수준
훈련시간	45시간
훈련가능시설	실습실
권장훈련방법	집체훈련

- **편성내용**

단 원 명 (능력단위 요소명)	훈 련 내 용 (수행준거)	평가 시 고려사항
데스크 안내 업무하기	1.1 고객에게 전화 응대 서비스를 할 수 있다. 1.2 고객의 방문 사유를 확인하고 안내할 수 있다. 1.3 서비스가 종료된 고객에게 요금을 안내한 후 정산 할 수 있다.	• 수행준거에 제시되어 있는 내용을 성공적으로 수행할 수 있는지를 평가해야 한다. • 평가자는 다음 사항을 평가해야 한다. • 데스크 안내 업무하기 - 전화 응대 방법에 대한 이해 여부 - 예약 업무에 관한 이해 여부 - 요금을 정산 방법에 대한 이해 여부 • 대기 고객 응대하기 - 고객 응대 방법에 대한 이해 여부 - 고객 관리대장에 대한 이해 여부 • 사후 관리 안내하기 - 작업 유형 이해 여부 - 작업 제품에 대한 지식 적용 유무 - 고객의 네일 유지 관리법에 대한 지식 적용 유무 • 불만족 고객 대처하기 - 불만족 사유에 대한 지식 적용 여부 - 고객의 요구사항 대처 여부
대기 고객 응대하기	2.1 방문한 고객을 친절하게 응대할 수 있다. 2.2 고객관리대장을 정확하게 작성할 수 있다. 2.3 예약대장을 활용하여 예약을 효율적으로 관리할 수 있다.	
사후 관리 안내하기	3.1 작업 전·후의 변화를 비교하여 고객에게 설명할 수 있다. 3.2 작업 상태에 따라 관리에 적합한 제품을 사용하여 마무리할 수 있다. 3.3 건강한 네일 유지를 위한 관리법을 고객에게 설명할 수 있다.	
불만족 고객 대처하기	4.1 고객의 불만족 사유를 파악할 수 있다. 4.2 고객의 불만족 사유에 대처할 수 있다. 4.3 불만족 고객의 보상 및 응대 결과에 대한 만족도를 확인할 수 있다.	

- 지식 · 기술 · 태도

구 분	주 요 내 용
지식	ㅇ 전화응대에 관한 지식 ㅇ 예약에 관한 지식 ㅇ 배웅 고객 응대에 관한 지식 ㅇ 요금정산에 관한 지식 ㅇ 고객응대방법에 대한 지식 ㅇ 고객관리대장에 대한 지식 ㅇ 예약관리대장에 대한 지식 ㅇ 고객안내 동선에 관한 지식 ㅇ 작업유형에 대한 지식 ㅇ 작업제품에 대한 지식 ㅇ 소비자보호법에 대한 지식 ㅇ 소비자 심리에 관한 지식 ㅇ 서비스 품질과 만족도 조사에 필요한 지식
기술	ㅇ 전화기 사용법과 전화응대 능력 ㅇ 예약업무를 수행하는 능력 ㅇ 서비스 내역과 요금을 안내하는 능력 ㅇ 안내한 요금을 정산할 수 있는 능력 ㅇ 고객응대 방법을 적용할 수 있는 능력 ㅇ 고객관리대장을 작성할 수 있는 능력 ㅇ 예약관리대장을 활용할 수 있는 능력 ㅇ 작업유형 적용 기술 ㅇ 작업제품 적용 기술 ㅇ 고객의 불만족을 파악하는 능력 ㅇ 고객의 의견을 수용하고 응대하는 기술 ㅇ 상황에 따른 적절한 고객 응대 능력 ㅇ 제공된 보상에 대해 고객만족을 체크하는 능력
태도	ㅇ 고객 지향적 태도 ㅇ 정중하고 예의바른 태도 ㅇ 고객의견을 경청하는 태도 ㅇ 고객에게 친절한 언행과 예의바른 태도 ㅇ 네일숍 고객 서비스에 최선을 다하는 노력 ㅇ 제품의 안전한 사용을 위한 노력 ㅇ 건강한 네일 관리를 위한 태도 ㅇ 고객 지향적 태도 ㅇ 정중하고 예의바른 태도 ㅇ 고객 요구에 대처하는 태도

- 장비

장 비 명	단 위	활용구분(공용/공용)	1대당 활용인원
• 작업대(책상) • 의자			

※ 장비는 주장비만 제시한 것으로 그 외의 장비와 공구는 별도로 확보

- 재료

재 료 목 록
• 필기구 • 고객관리 챠트

※ 재료는 주재료만 제시한 것으로 그 외의 재료는 별도로 확보

○ 과정/과목명 : 네일 미용업 재무관리(1201010432_16v3)

- 훈련개요

훈련목표	네일 미용업 재무관리란 미용업소 운영에 필요한 자금의 조달과 수입과 지출 계획, 효율적인 운용·관리로 금전적 가치를 증대시키는 업무를 관리하는 능력이다.
수 준	5
훈련시간	50시간
훈련가능시설	실습실
권장훈련방법	집체훈련

- 편성내용

단 원 명 (능력단위 요소명)	훈 련 내 용 (수행준거)	평가 시 고려사항
재무관리 계획하기	1.1 예산 효율적으로 계획할 수 있다. 1.2 효율적으로 인건비를 계획할 수 있다. 1.3 네일숍 운영을 위한 손익분기점을 계획할 수 있다. 1.4 세입 지출 관리 대장을 활용할 수 있다.	• 수행준거에 제시되어 있는 내용을 성공적으로 수행할 수 있는지를 평가해야 한다. • 평가자는 다음 사항을 평가해야 한다. - 수행준거에 따른 지식 · 기술 · 태도의 습득정도 - 상황에 따른 정량적 평가와 정성적 사항 - 재무관련 프로그램을 운영할 수 있는 기본 컴퓨터 활용 능력 - 경영원가 등을 정산할 수 있는 계산 능력 - 손익분기점 계산 능력
재무관리 실행하기	2.1 예산서를 근거로 예산을 집행할 수 있다. 2.2 직원의 인센티브를 정확하게 산출할 수 있다. 2.3 네일숍의 매출원가 산출을 통해서 숍의 손익분기점을 계산할 수 있다. 2.4 합리적이며 정확하게 세금을 신고할 수 있다.	
재무관리 평가하기	3.1 재무보고의 목적에 따라 필요한 재무정보를 파악할 수 있다. 3.2 재무관리에 대한 보고서를 작성할 수 있다. 3.3 재무상황의 파악하여 효율적인 개선안을 수립할 수 있다. 3.4 재무 계획 수립 시 자금의 흐름을 분석하고 운영 계획을 수립 할 수 있다.	

- 지식 · 기술 · 태도

구 분	주 요 내 용
지식	ㅇ 각종 세법 및 금융정보에 관한 지식 ㅇ 손익계산에 관한 지식 ㅇ 매출대비 인건비의 적정 비율 산정에 관한 지식 ㅇ 매출대비 인건비외 비용관리에 관한 지식 ㅇ 영업 매출 DB관리에 관한 지식 ㅇ 각종 세무회계에 관한 지식 ㅇ 손익계산에 관한 지식 ㅇ 매출대비 인건비의 적정 인센티브에 산정에 관한 지식 ㅇ 매출대비 비용관리에 관한 지식 ㅇ 영업매출DB관리에 관한 지식 ㅇ 재무정보 분석에 관한 지식 ㅇ 네일숍 가치 평가에 관한 지식 ㅇ 재무관리 보고서 작성에 관한 지식 ㅇ 재무문제 발생 시 개선안 수립에 관한 지식 ㅇ 자금의 흐름 분석과 자금계획 수립에 관한 지식
기술	ㅇ 손익계산서 계정과목별 현황파악기술 ㅇ 적정원가 산출 기법 ㅇ 예산수립 기법 ㅇ 영업매출관리 운영프로그램 사용 기법 ㅇ 손익계산서 계정과목별 현황파악기술 ㅇ 적정원가 산출 기법 ㅇ 예산수립 기법 ㅇ 영업매출관리 운영프로그램 사용 기법 ㅇ 재무정보를 분석할 수 있는 능력 ㅇ 기업 가치 평가에 관한 능력 ㅇ 재무정보 보고서 작성 능력 ㅇ 재무문제 발생 시 대처 및 개선안 수립 능력 ㅇ 자금 흐름을 분석하고 자금계획을 수립할 수 있는 능력
태도	ㅇ 투명한 재무관리를 위해 노력하는 자세 ㅇ 예산 수립과 결산 집행에 신중한 태도 ㅇ 손익계산에 따른 전략적 사고의지 ㅇ 지출을 절감하려는 자세 ㅇ 납세의무에 대한 성실한 태도 ㅇ 투명한 재무관리를 위해 노력하는 자세 ㅇ 예산 수립과 결산 집행에 신중한 태도 ㅇ 손익계산에 따른 전략적 사고의지 ㅇ 지출을 절감하려는 자세 ㅇ 납세의무에 대한 성실한 태도 ㅇ 재무 보고 및 재무 보고서의 목적 및 내용에 대해 이해하려는 자세 ㅇ 네일숍 내부, 외부에 대한 이해 및 각종 거래에 관한 이해라려는 태도 ㅇ 재무보고 작성에 대한 성실성, 정확하게 하려는 자세 ㅇ 재무 문제에 대한 적극적으로 해결하려는 자세

- 장비

장 비 명	단 위	활용구분(공용/공용)	1대당 활용인원
• 작업대(책상) • 의자 • 컴퓨터 • 빔			

※ 장비는 주장비만 제시한 것으로 그 외의 장비와 공구는 별도로 확보

- 재료

재 료 목 록
• 필기구

※ 재료는 주재료만 제시한 것으로 그 외의 재료는 별도로 확보

○ 과정/과목명 : 네일 미용업 재고관리(1201010435_16v3)

- 훈련개요

훈련목표	네일 미용업 재고관리란 네일숍에 사용되는 제품, 재료, 기구, 소모품의 재고량을 준비하기 위해 제품의 구매와 입출고를 확인할 수 있는 능력이다.
수 준	5
훈련시간	50시간
훈련가능시설	실습실
권장훈련방법	집체훈련

- **편성내용**

단 원 명 (능력단위 요소명)	훈 련 내 용 (수행준거)	평가 시 고려사항
재고관리 계획하기	1.1 네일숍에 필요한 작업 제품 리스트를 작성할 수 있다. 1.2 네일숍의 시판 제품의 리스트를 작성할 수 있다. 1.3 작성된 리스트 품목의 제품을 구매 계획할 수 있다	• 수행준거에 제시되어 있는 내용을 성공적으로 수행할 수 있는지를 평가해야 한다. • 평가자는 다음 사항을 평가해야 한다. - 수행준거에 따른 지식ㆍ기술ㆍ태도의 습득정도 - 상황에 따른 정량적 평가와 정성적 사항 평가 - 재고관련 컴퓨터프로그램 활용 능력 - 재료입출금 등을 정산할 수 있는 계산능력 - 정확한 재고 파악 여부
재고관리 실행하기	2.1 네일 미용업소에서 필요한 물품의 입 · 출고를 확인하여 최저물품 재고량 보다 부족한 물품을 주문 · 구매할 수 있다. 2.2 제품의 상태를 고려하여 제품 교환 및 반품할 수 있다. 2.3 재고관리 목표를 설정하여 적정 재고관리를 할 수 있다.	

- **지식 · 기술 · 태도**

구 분	주 요 내 용
지식	ㅇ 재고관리에 대한 지식 ㅇ 구매시점 관리에 관한 지식 ㅇ 경제적 구매량에 관한 지식 ㅇ 제품의 진열 방법에 대한 지식 ㅇ 재고관리에 대한 지식 ㅇ 제품구매에 대한 지식 ㅇ 구매시점 관리에 관한 지식 ㅇ 경제적 구매량에 관한 지식 ㅇ 재고 감축 포인트의 이해에 관한 지식
기술	ㅇ 컴퓨터 활용능력 ㅇ 제품 리스트 작성 능력 ㅇ 제품 입출고 수량 파악 능력 ㅇ 재고관리 운영체계 프로그램 사용 기술 ㅇ 제품의 진열 방법 능력 ㅇ 적정 재고 산출 능력 ㅇ 제품의 매입 시기를 적절하게 파악할 수 있는 능력 ㅇ 제품을 경제적으로 구매할 수 있는 능력 ㅇ 제품 입출고 수량 파악 및 재고 회전율 계산 능력 ㅇ 컴퓨터 활용능력

태도	ㅇ 제품 입 · 출고 수량을 정확하게 파악하려는 의지 ㅇ 제품을 경제적으로 구매하려는 노력 ㅇ 주인의식을 갖고 솔선수범하는 자세 ㅇ 정직하며 도덕적인 태도 ㅇ 재고조사의 중요성을 인지하는 자세 ㅇ 제품 입 · 출고 수량을 정확하게 파악하려는 의지 ㅇ 제품을 경제적으로 구매하려는 노력 ㅇ 주인의식을 갖고 솔선수범하는 자세 ㅇ 정직하며 도덕적인 태도

- 장비

장 비 명	단 위	활용구분(공용/공용)	1대당 활용인원
• 작업대(책상) • 의자 • 컴퓨터 • 빔			

※ 장비는 주장비만 제시한 것으로 그 외의 장비와 공구는 별도로 확보

- 재료

재 료 목 록
• 필기구

※ 재료는 주재료만 제시한 것으로 그 외의 재료는 별도로 확보

○ 과정/과목명 : 네일 미용업 홍보관리(1201010434_16v3)

- 훈련개요

훈련목표	네일 미용업 홍보 관리란 네일숍을 알리기 위해 홈페이지, 블로그, SNS 활동과 같은 마케팅을 실시하는 능력이다.
수 준	5
훈련시간	40시간
훈련가능시설	실습실
권장훈련방법	집체훈련

- 편성내용

단 원 명 (능력단위 요소명)	훈 련 내 용 (수행준거)	평가 시 고려사항
홍보관리 계획하기	1.1 네일 미용 숍 주변 상권과 고객 DB를 분석할 수 있다. 1.2 설문조사를 통하여 네일숍 상품과 판매제품의 호응을 분석 할 수 있다. 1.3 사례 분석 결과를 근거로 고객의 욕구를 파악하여 홍보활동을 계획할 수 있다.	• 수행준거에 제시되어 있는 내용을 성공적으로 수행할 수 있는지를 평가해야 한다. • 평가자는 다음 사항을 평가해야 한다. - 수행준거에 따른 지식┌기술┌태도의 습득정도 - 상황에 따른 정량적 평가와 정성적 사항 평가 - 고객DB정리, DM발송, SNS활용, 블로그운영, 등을 작업 할 수 있는 기본 모바일, 컴퓨터 활용 능력 - 마케팅 기획서 및 계획서 작성 능력
홍보관리 실행하기	2.1 고객 DB를 이용하여 신규 프로모션을 기획하여 홍보를 할 수 있다. 2.2 홈페이지, 블로그, SNS를 활용하여 홍보할 수 있다. 2.3 네일 숍 내·외부에 홍보물을 제작하여 홍보할 수 있다.	
홍보관리 평가하기	3.1 네일 미용업소에서 실행한 다양한 이벤트, 홈페이지, 블로그 등 SNS마케팅의 정보를 양적으로 평가 할 수 있다. 3.2 타깃 고객의 선호도, 행동변화, 매출 증가, 시장 점유율 변화 등 영향력의 효과를 평가할 수 있다. 3.3 목표 달성을 기준으로 보도 매체 발행부수, 방문객 수, 홍보관리 내용 분석, 전화문의,경제적 가치 등을 파악 평가할 수 있다.	

- 지식 · 기술 · 태도

구 분	주 요 내 용
지식	o 영업광고에 대한 지식 o 상권분석에 대한 지식 o 서비스 마케팅에 관한 지식 o SNS활용에 관한 지식 o DM 제작 방법에 대한 지식 o POP작성에 관한 지식 o 판매촉진을 위한 지식 o 텔레마케팅에 대한 지식 o 저작권, 초상권, 개인 정보유출에 관한 지식 o 매체 모니터링에 대한 지식 o 조사 및 분석에 대한 지식 o 보고서 작성 기술에 대한 지식

기술	o 컴퓨터 활용능력 o 제품 리스트 작성 능력 o 제품 입출고 수량 파악 능력 o 재고관리 운영체계 프로그램 사용 기술 o 제품의 진열 방법 능력 o 적정 재고 산출 능력 o 제품의 매입 시기를 적절하게 파악할 수 있는 능력 o 제품을 경제적으로 구매할 수 있는 능력 o 제품 입출고 수량 파악 및 재고 회전율 계산 능력 o 컴퓨터 활용능력
태도	o 제품 입 · 출고 수량을 정확하게 파악하려는 의지 o 제품을 경제적으로 구매하려는 노력 o 주인의식을 갖고 솔선수범하는 자세 o 정직하며 도덕적인 태도 o 재고조사의 중요성을 인지하는 자세 o 제품 입 · 출고 수량을 정확하게 파악하려는 의지 o 제품을 경제적으로 구매하려는 노력 o 주인의식을 갖고 솔선수범하는 자세 o 정직하며 도덕적인 태도

- 장비

장 비 명	단 위	활용구분(공용/공용)	1대당 활용인원
• 작업대(책상) • 의자 • 컴퓨터 • 빔			

※ 장비는 주장비만 제시한 것으로 그 외의 장비와 공구는 별도로 확보

- 재료

재 료 목 록
• 필기구

※ 재료는 주재료만 제시한 것으로 그 외의 재료는 별도로 확보

4-6. 평가기준

○ 과정/과목명 : 네일 숍 위생 서비스(1201010411_16v3)

<table>
<tr><td>능 력 단 위</td><td colspan="2">네일 숍 위생 서비스</td><td rowspan="2">능력단위 수준</td><td rowspan="2" colspan="2">2</td></tr>
<tr><td>분 류 번 호</td><td colspan="2">1201010411_16v3</td></tr>
<tr><td>능력단위 정의</td><td colspan="5">네일숍 위생 서비스란 고객에게 안전하고 위생적인 서비스를 제공하기 위해 작업자와 고객의 위생을 관리하고 숍 환경을 위생적으로 관리하는 능력이다.</td></tr>
<tr><td rowspan="2">평 가 방 법</td><td colspan="2">지필평가 : 단답형,선택형, 진위형</td><td>시 간</td><td colspan="2">8분</td></tr>
<tr><td colspan="2">실무평가 : 평가자체크리스트, 작업장평가</td><td>시 간</td><td colspan="2">10분</td></tr>
<tr><td rowspan="5">평가
내용</td><td>능력단위 요소
(세 부 항 목)</td><td colspan="4">수 행 준 거
(세 세 항 목)</td></tr>
<tr><td>숍 청결 작업하기</td><td colspan="4">1.1 네일숍의 작업환경을 최적화할 수 있다.
1.2 청소도구를 활용하여 수시로 숍 실내를 청소할 수 있다.
1.3 정리요령에 따라 숍 집기류를 정리할 수 있다.
1.4 청소점검표에 따라 수시로 숍의 청결상태를 점검할 수 있다.</td></tr>
<tr><td>숍 안전관리하기</td><td colspan="4">2.1 전기사고 예방을 위해 전기기기의 안전 상태를 수시로 점검할 수 있다.
2.2 감염예방을 위하여 작업시 출혈이 발생한 경우 상처부위, 작업자 손, 사용 기기를 소독할 수 있다.
2.3 안전사고 발생 시 침착하고 정확하게 대처할 수 있다.</td></tr>
<tr><td>미용기구 소독하기</td><td colspan="4">3.1 기구유형에 따라 효율적인 소독방법을 결정할 수 있다.
3.2 소득방법에 따라 네일 미용기구를 소독할 수 있다.
3.3 일회용 네일 용품을 위생적으로 관리할 수 있다.
3.4 위생 점검표에 따라 미용기구의 소독상태를 점검하고 정리할 수 있다.</td></tr>
<tr><td>손·발 소독하기</td><td colspan="4">4.1 위생지침에 따라 소독 절차를 파악할 수 있다.
4.2 소독제품의 특성에 따라 소독방법을 선정할 수 있다.
4.3 소독방법에 따라 시술자의 손·발을 소독할 수 있다.
4.4 소독방법에 따라 고객의 손·발을 소독할 수 있다.</td></tr>
<tr><td>관련
지식</td><td colspan="5">o 네일숍 청소방법에 관한 지식
o 세정 및 청소도구 활용에 관한 지식
o 네일숍 소독방법에 관한 지식
o 미생물학에 관한 지식
o 집기관리에 관한 지식
o 청소점검표에 관한 지식
o 전기안전에 관한 지식
o 소방안전에 관한 지식
o 감염경로와 소독에 관한 지식</td></tr>
</table>

	○ 제품보관에 관한 지식 ○ 위생기준에 관한 지식 ○ 소독제품에 관한 지식 ○ 소독제품 관리에 관한 지식 ○소독도구 활용에 관한 지식 ○ 공중위생관리법에 관한 지식 ○ 미생물학에 관한 지식 ○ 위생 점검표에 대한 지식 ○ 개인 위생관리에 대한 지식 ○ 소독에 관한 지식 ○ 감염경로에 대한 지식 ○ 공중위생관리법에 대한 지식
평가 시설·장비	• 자외선 소독기 • 청소도구와 기기 • 소독도구와 기기

○ 과정/과목명 : 네일 미용업 재무관리(1201010432_16v3)

<table>
<tr><td colspan="2">능 력 단 위</td><td colspan="2">네일 미용업 재무관리</td><td rowspan="2">능력단위 수준</td><td rowspan="2">5</td></tr>
<tr><td colspan="2">분 류 번 호</td><td colspan="2">1201010432_16v3</td></tr>
<tr><td colspan="2">능력단위 정의</td><td colspan="4">네일 미용업 재무관리란 미용업소 운영에 필요한 자금의 조달과 수입과 지출 계획, 효율적인 운용·관리로 금전적 가치를 증대시키는 업무를 관리하는 능력이다.</td></tr>
<tr><td colspan="2" rowspan="2">평 가 방 법</td><td colspan="2">지필평가 : 단답형, 선택형, 진위형</td><td>시 간</td><td>6분</td></tr>
<tr><td colspan="2">실무평가 : 평가자체크리스트, 작업장평가</td><td>시 간</td><td>20분</td></tr>
<tr><td rowspan="4">평가
내용</td><td>능력단위 요소
(세 부 항 목)</td><td colspan="4">수 행 준 거
(세 세 항 목)</td></tr>
<tr><td>재무관리 계획하기</td><td colspan="4">1.1 예산 효율적으로 계획할 수 있다.
1.2 효율적으로 인건비를 계획할 수 있다.
1.3 네일숍 운영을 위한 손익분기점을 계획할 수 있다.
1.4 세입 지출 관리 대장을 활용할 수 있다.</td></tr>
<tr><td>재무관리 실행하기</td><td colspan="4">2.1 예산서를 근거로 예산을 집행할 수 있다.
2.2 직원의 인센티브를 정확하게 산출할 수 있다.
2.3 네일숍의 매출원가 산출을 통해서 숍의 손익분기점을 계산할 수 있다.
2.4 합리적이며 정확하게 세금을 신고할 수 있다.</td></tr>
<tr><td>재무관리 평가하기</td><td colspan="4">3.1 재무보고의 목적에 따라 필요한 재무정보를 파악할 수 있다.
3.2 재무관리에 대한 보고서를 작성할 수 있다.
3.3 재무상황의 파악하여 효율적인 개선안을 수립할 수 있다.
3.4 재무 계획 수립 시 자금의 흐름을 분석하고 운영계획을 수립 할 수 있다.</td></tr>
<tr><td>관련
지식</td><td colspan="5">ㅇ 각종 세법 및 금융정보에 관한 지식
ㅇ 손익계산에 관한 지식
ㅇ 매출대비 인건비의 적정 비율 산정에 관한 지식
ㅇ 매출대비 인건비외 비용관리에 관한 지식
ㅇ 영업 매출 DB관리에 관한 지식
ㅇ 각종 세무회계에 관한 지식
ㅇ 손익계산에 관한 지식
ㅇ 매출대비 인건비의 적정 인센티브에 산정에 관한 지식
ㅇ 매출대비 비용관리에 관한 지식
ㅇ 영업매출DB관리에 관한 지식
ㅇ 재무정보 분석에 관한 지식
ㅇ 네일숍 가치 평가에 관한 지식
ㅇ 재무관리 보고서 작성에 관한 지식
ㅇ 재무문제 발생 시 개선안 수립에 관한 지식
ㅇ 자금의 흐름 분석과 자금계획 수립에 관한 지식</td></tr>
<tr><td>평가
시설·
장비</td><td colspan="5">• 자외선 소독기
• 청소도구와 기기
• 소독도구와 기기</td></tr>
</table>

○ 과정/과목명 : 네일 미용업 재고관리(1201010435_16v3)

<table>
<tr><td>능 력 단 위</td><td>네일 미용업 재고관리</td><td rowspan="2">능력단위 수준</td><td rowspan="2">5</td></tr>
<tr><td>분 류 번 호</td><td>1201010435_16v3</td></tr>
<tr><td>능력단위 정의</td><td colspan="3">네일 미용업 재고관리란 네일숍에 사용되는 제품, 재료, 기구, 소모품의 재고량을 준비하기 위해 제품의 구매와 입출고를 확인할 수 있는 능력이다.</td></tr>
<tr><td rowspan="2">평 가 방 법</td><td>지필평가 : 단답형, 선택형, 진위형</td><td>시 간</td><td>4분</td></tr>
<tr><td>실무평가 : 평가자체크리스트, 작업장평가</td><td>시 간</td><td>20분</td></tr>
</table>

<table>
<tr><td rowspan="3">평가 내용</td><td>능력단위 요소
(세 부 항 목)</td><td>수 행 준 거
(세 세 항 목)</td></tr>
<tr><td>재고관리 계획하기</td><td>1.1 네일숍에 필요한 작업 제품 리스트를 작성할 수 있다.
1.2 네일숍의 시판 제품의 리스트를 작성할 수 있다.
1.3 작성된 리스트 품목의 제품을 구매 계획할 수 있다.</td></tr>
<tr><td>재고관리 실행하기</td><td>2.1 네일 미용업소에서 필요한 물품의 입 · 출고를 확인하여 최저물품 재고량보다 부족한 물품을 주문 · 구매할 수 있다.
2.2 제품의 상태를 고려하여 제품 교환 및 반품할 수 있다.
2.3 재고관리 목표를 설정하여 적정 재고관리를 할 수 있다.</td></tr>
<tr><td>관련 지식</td><td colspan="2">o 재고관리에 대한 지식
o 구매시점 관리에 관한 지식
o 경제적 구매량에 관한 지식
o 제품의 진열 방법에 대한 지식
o 재고관리에 대한 지식
o 제품구매에 대한 지식
o 구매시점 관리에 관한 지식
o 경제적 구매량에 관한 지식
o 재고 감축 포인트의 이해에 관한 지식</td></tr>
<tr><td>평가 시설·장비</td><td colspan="2">• 작업대(책상)
• 의자
• 컴퓨터
• 빔</td></tr>
</table>

○ 과정/과목명 :네일 미용업 홍보관리(1201010434_16v3)

<table>
<tr><td colspan="2">능 력 단 위</td><td colspan="2">네일 미용업 홍보관리</td><td rowspan="2">능력단위 수준</td><td rowspan="2">5</td></tr>
<tr><td colspan="2">분 류 번 호</td><td colspan="2">1201010434_16v3</td></tr>
<tr><td colspan="2">능력단위 정의</td><td colspan="4">네일 미용업 홍보관리란 네일숍을 알리기 위해 홈페이지, 블로그, SNS 활동과 같은 마케팅을 실시하는 능력이다.</td></tr>
<tr><td colspan="2" rowspan="2">평 가 방 법</td><td colspan="2">지필평가 : 단답형, 선택형, 진위형</td><td>시 간</td><td>12분</td></tr>
<tr><td colspan="2">실무평가 : 평가자체크리스트, 작업장평가</td><td>시 간</td><td>20분</td></tr>
<tr><td rowspan="4">평가
내용</td><td>능력단위 요소
(세 부 항 목)</td><td colspan="4">수 행 준 거
(세 세 항 목)</td></tr>
<tr><td>홍보관리 계획하기</td><td colspan="4">1.1 네일 미용 숍 주변 상권과 고객 DB를 분석할 수 있다.
1.2 설문조사를 통하여 네일숍 상품과 판매제품의 호응을 분석 할 수 있다.
1.3 사례 분석 결과를 근거로 고객의 욕구를 파악하여 홍보 활동을 계획할 수 있다.</td></tr>
<tr><td>홍보관리 실행하기</td><td colspan="4">2.1 고객 DB를 이용하여 신규 프로모션을 기획하여 홍보를 할 수 있다.
2.2 홈페이지, 블로그, SNS를 활용하여 홍보할 수 있다.
2.3 네일 숍 내·외부에 홍보물을 제작하여 홍보할 수 있다.</td></tr>
<tr><td>홍보관리 평가하기</td><td colspan="4">3.1 네일 미용업소에서 실행한 다양한 이벤트, 홈페이지, 블로그 등 SNS마케팅의 정보를 양적으로 평가 할 수 있다.
3.2 타깃 고객의 선호도, 행동변화, 매출 증가, 시장 점유율 변화 등 영향력의 효과를 평가할 수 있다.
3.3 목표 달성을 기준으로 보도 매체 발행부수, 방문객 수, 홍보관리 내용 분석, 전화문의, 경제적 가치 등을 파악 평가할 수 있다.</td></tr>
<tr><td>관련
지식</td><td colspan="3">o 영업광고에 대한 지식
o 서비스 마케팅에 관한 지식
o DM 제작 방법에 대한 지식
o 판매촉진을 위한 지식
o 저작권, 초상권, 개인 정보유출에 관한 지식
o 조사 및 분석에 대한 지식</td><td colspan="2">o 상권분석에 대한 지식
o SNS활용에 관한 지식
o POP작성에 관한 지식
o 텔레마케팅에 대한 지식
o 매체 모니터링에 대한 지식
o 보고서 작성 기술에 대한 지식</td></tr>
<tr><td>평가
시설·
장비</td><td colspan="5">• 작업대(책상)
• 의자
• 컴퓨터
• 빔</td></tr>
</table>

참고문헌

1. 고객만족을 위한 서비스 경영론, 임종만, 윤천성, 임은진, 정미영, 무역경영사, 2003
2. 미용경영= Management in the beauty industry, 이상욱, 임은진,정미영, 최우석, 서울: 청람, 2007
3. 미용서비스론, 이숙연외 9인, 청구문화사, 2009
4. 미용경영학, 김수진외 2인, 도서출판 서우, 2013
5. 미용경영학, 김은숙외 6인, 메디시언, 2015
6. 미용학개론, 김형숙외 5인, ㈜영림미디어, 2015
7. 병원서비스 코디네이터 실전 워크북, 발행자:박종익,사단법인 한국서비스진흥협회/2012
8. 뷰티살롱 고객만족 서비스 김종근, 편저 서울: 리그라인, 2011
9. 뷰티업소 경영지원 매뉴얼, 2012.10.
10. 뷰티 매니지먼트= Beauty management 서울: 청람, 2011 임은진외 4인공저
11. 뷰티마케팅 인문학으로 하라: 뷰티업계의 멘토, 박정현 원장의 인문학 솔루션: 뷰티 바이블 마케팅편 박정현지음, 서울: 고려원북스, 2013
12. 소규모 뷰티업소 컨설팅 지원 운영지침, 한국보건산업진흥원, 2012
13. 이미지메이킹, 김재영외 2인, 예림/2012
14. 피부관리실의 고객만족을 위한 성공가이드, 권혜영, 성안당, 2012
15. 자영업경리에서 총무까지, 손원준, 한만용 지음, 핵심지식 만들기, 2011
16. 퓨전 경영학, 최현규 삼우사, 2013
17. 재무관리론, 강병호, 김석룡, 이종연, 무역경영사,1998
18. 재무관리, 김용현, 한양대학교출판부,2012년
19. 현대재무관리, 박정식, 박종원, 조재호다산출판사, 2006
20. 재무관리, 최승빈 외 대경, 2013
21. 현대재무관리론,박정식 ,다산출판사, 1979
22. 재고관리: 방법과 응용, 윤승철, 시공사, 1997
23. (수요 예측에 성공한 기업들이 선택한) 재고 관리 테크닉 79 , 유아사 가즈오 지음 ; 신주영 옮김, 한국물가정보, 2012

24. 미용경영학, 정훈, 예림, 2002
25. 성공하는 미용기업을 위한 미용경영학, 정훈, 청구문화사, 2016.
26. 알기쉬운 미용경영학, 김명기 외 7인, 청구문화사, 2016.

블로그 참고문헌

1. blog.naver.com - 문서명 : 좋은 입지의 점포 고르는법
2. blog.daum.net - 문서명 : 무점포창업.소호창업.쇼핑몰창업.프리렌서.온라인창업정보. 창업계획서 소자본창업아이템 유망창업아이템 여성소자 본창업아이템 요즘뜨는창업아이템
3. blog.naver.com - 문서명 : 창업컨설팅업체 소자본창업컨설팅 소자본창업아이템 소자본창업성공사례 소자본카페창업비용 여성소자본창업아이 템 무점포소자본창업아이템 청년창업아이템 무점포소자본창업아이템 창업가이드.창업컨설팅.소자본창업.무점포창업. 소호창업.쇼핑몰창업.프리렌서.온라인창...
4. blog.naver.com - 문서명 : 창업가이드.창업컨설팅.소자본창업.무점포창업.소호창업.쇼핑몰창업.프리렌서
5. blog.naver.com - 문서명 : 성공창업정보 창업가이드.창업컨설팅.소자본창업.무점포창업.소호창업.쇼핑몰창업.프리렌서.무점포창업.소호창업.쇼 핑몰창업.프리렌서.온라인창업정보.온라인서비스제공.전자상거래 창업컨설팅회사
6. wiseberg.blog.me - 문서명 : UCC활용한 맥도날드 빅맥 콘테스트
7. skhan815.blog.me - 문서명 : 한국인 '노래방 본능' 건드린 외국계 대박행진
8. blog.naver.com - 문서명 : 맥도날드와 하기스 기저귀 매출 상승 시키는 방법
9. sooji2.blog.me - 문서명 : 한국인 '노래방 본능' 깨운 맥도날드 대박
10. sbm011.blog.me - 문서명 : 소비자를 열광시켜라… 자발적 참여 마케팅 열풍
11. kr.godaddy.com - 문서명 : 온라인 마케팅 | 트래픽 및 매출 증대 - GoDaddy KR
12. www.hansung.ac.kr - 문서명 : 2. 제품 개발 계획 수립 방법
13. blog.naver.com - 문서명 : 마케팅 계획
14. blog.naver.com - 문서명 : "마사지카페 붐업, 점포별 30% 순수익 냅니다"
15. medi0000.blog.me - 문서명 : 온라인 커뮤니티 마케팅의 중요성
16. kiddy7.blog.me - 문서명 : 현대건설과 사회적 책임
17. jsh138.blog.me - 문서명 : 현대건설과 사회적 책임
18. ytr58.blog.me - 문서명 : 현대건설과 사회적 책임
19. eogh1020.blog.me - 문서명 : 현대건설과 사회적 책임
20. blog.naver.com - 문서명 : 현대건설과 사회적 책임
21. choio79.blog.me - 문서명 : [공유] 상권 결정의 요소

22. changup.tistory.com - 문서명 : 오사카유스호스텔 수학여행 손짓
23. nemosemo.tistory.com - 문서명 : [R-2] 스마트폰으로 SMART하게 라디오 듣는다 이벤트!!" 〉
24. gersigi0101.blog.me - 문서명 : 입지,상권.
25. www.bizincubator.co.kr - 문서명 : 5. 촉진 전략 수립
26. blog.naver.com - 문서명 : 라디오광고비용 및 종류 ★ 쉽게 배우자!
27. blog.naver.com - 문서명 : 2016년 신문광고 진행방법과 저렴한 비용안내 (조선일보 일간지 지면광고)
28. mediwith.blog.me - 문서명 : [온라인마케팅] 커뮤니티 마케팅의 중요성
29. tuvt41vep.blog.me - 문서명 : [창업/프랜차이즈] ◆좋은입지의 좋은점포 구하기◆
30. zerozone13.blog.me - 문서명 : [공유] 입지,상권.
31. 박상규, (2003),「외국관광객 유치를 위한 마케팅 전략」, 집문당
32. blog.adstars.org/242 [AD STARS]
http://www.hani.co.kr/arti/economy/economy_general/159990.html#csidx06cb2532d98ccff9525d6a031612732
33. 한국창업전략연구소
34. 필립코들러, 마케팅원론
35. [네이버지식백과] 재무관리 [Financial Management] (학문명백과 : 사회과학, 형설출판사)

저자소개

이영주 성신여자대학교 일반대학원 식품영양학과 미용건강전공 이학박사
휴엔미뷰티연구소 소장
한국신직업진흥원 대표
성신여자대학교 뷰티융합대학원 피부미용전공 외래교수

박혜경 숙명여자대학교 디자인대학원 미술학 석사
(사) 월드뷰티아트협회 회장
뷰티맵연구소 대표
한성대학교 디자인아트 평생교육원 외래교수

박미경 경희대학교 일반대학원 의상학과 이학박사
경북보건대학교 뷰티디자인과 메이크업전공 교수

황선순 서울여자대학교 일반대학원 의류학과 이학박사
대원대학교 뷰티스타일리스트과 메이크업 · 네일 전공 교수

박정원 건국대학교 일반대학원 의류학과 이학박사
송곡대학교 뷰티아트과 메이크업 · 네일 전공 교수

황혜주 차의과학대학교 일반대학원 의학과 바이오스파전공 보건학박사
차의과학대학교 보건산업대학원 메디컬뷰티산업학전공 교수

김영희 상명대학교 일반대학원 뷰티예술경영학과 박사수료
경동대학교 해양심층수학과 타라소테라피 스파관리학 창업실무 외래교수

(ncs기반) 쉽게배우는
뷰티서비스 경영

2017년 11월 10일 초판 발행
2025년 9월 10일 초판2쇄 발행

지은이 : (사)월드뷰티아트협회
펴낸이 : 이상태
펴낸곳 : 청구문화사
주소 : (03706) 서울특별시 서대문구 성산로11길 15
전화 : 02)332-0541 FAX : 02)337-9577
등록 : 1990년 11월 2일 제9-247호

가격 20,000원

ISBN 978-89-5616-758-9 93590